令和5年度 2023年版

図解でよくわかる 1級土木施工管理技術検定 第2次検定

速水洋志　吉田勇人　共著

誠文堂新光社

図解でよくわかる 令和5年度 2023年版
1級土木 第2次検定
施工管理技術検定
CONTENTS 目次

《巻末付録》令和4年度 第2次検定試験問題 解説・解答試案

1級土木施工管理技術検定第2次検定
受検資格について 9

1級土木施工管理技術検定
第2次検定の概要と学習対策 14

Lesson 1 必須問題
経験記述 19

チェックポイント

問題 1 経験記述文章例文50集 34

Lesson 2 土　工 137

チェックポイント

過去8年間の問題 土　工 解説・解答例 153

Lesson 3 コンクリート 181

チェックポイント

Lesson 4 品質管理 217

チェックポイント

Lesson 5 安全管理 251

チェックポイント

過去8年間の問題 安全管理 解説・解答例 264

Lesson 6 建設副産物・施工計画等 295

チェックポイント

図解でよくわかる

1級土木第2次検定 施工管理技術検定

まえがき

「1 級土木施工管理技術検定」は，建設業法に基づき，建設工事に従事する施工技術の確保，向上を図ることにより，資質を向上し，建設工事の適正な施工の確保に資するもので，国土交通大臣指定試験機関である一般財団法人 全国建設研修センターが実施する国家試験です。

「1 級土木施工管理技術検定」は,「第 1 次検定」及び「第 2 次検定」によって行われ, 第 1 次検定に合格すれば**「1 級土木施工管理技士補」**となり，**実務経験及び指導監督的実務経験年数を経て**「第 2 次検定」**の受検資格が得られます。**第 2 次検定合格者は所要の手続き後**「1 級土木施工管理技士」**と称することができます。

本書は，最近の傾向を十分把握し，過去の問題を重点としつつも，近年の新分野における「出題傾向」**を分析し**,「チェックポイント」**では図解を含めた解説，解答で編集**いたしました。

特に**「施工経験記述文章」**では，多くの土木工事種類，工種，施工管理種別に対応できるように，**「経験記述文章の例文 50 集」**を掲載するとともに，**「学科記述問題」**においては，**過去 8 年間全ての出題**に関しての解説及び模範解答試案を掲載しました。

受検者の皆さんには，本書を有効に活用され，試験に合格されることを心よりお祈りいたします。

共 著：速水洋志／吉田勇人

1級土木施工管理技術検定第2次検定

受検資格について

■1級土木施工管理技術検定「第2次検定のみ」の受検対象者の受検資格

以下の受検対象区分①～③のいずれかに該当する者が「第2次検定のみ」を受検できます。

受検対象区分①

「第1次検定・第2次検定」を受検し，第1次検定のみ合格した者

受検対象区分②

「第1次検定のみ」を受検して合格し，所定の実務経験を満たした者

受検対象区分③

技術士試験の合格者で，所定の実務経験を満たした者

※技術士法による第2次試験（平成15年文部科学省令第36号による技術士法施行規則の一部改正前の第2次試験合格者を含む）のうち以下の技術部門に合格した者

・建設部門

・水道部門

・上下水道部門

・農業部門（選択科目：農業土木，農業農村工学）

・林業部門（選択科目：森林土木）

・森林部門（選択科目：森林土木）

・水産部門（選択科目：水産土木）

・総合技術監理部門（選択科目：建設部門，水道部門，上下水道部門のいずれかに係るもの）

・総合技術監理部門（選択科目：農業土木，森林土木，水産土木）

■1級土木施工管理技術検定「第２次検定」受検者の学歴・資格・必要な実務経験年数

学歴又は資格	土木施工管理に関する必要な実務経験年数	
	指定学科	指定学科以外
大学 専門学校の「高度専門士」	卒業後3年以上	卒業後4年6ヵ月以上
	1年以上の指導監督的実務経験年数が含まれていること。	
短期大学 高等専門学校（5年制） 専門学校の「専門士」	卒業後5年以上	卒業後7年6ヵ月以上
	1年以上の指導監督的実務経験年数が含まれていること。	
高等学校 中等教育学校（中高一貫6年） 専修学校の専門課程	卒業後10年以上	卒業後11年6ヵ月以上
	1年以上の指導監督的実務経験年数が含まれていること。	
その他（学歴を問わず）	15年以上 1年以上の指導監督的実務経験年数が含まれていること。	

■土木施工管理技術検定に関する「実務経験」について

土木施工管理における「実務経験」とは，土木一式工事の実施にあたり，その施工計画の作成及び当該工事の工程管理，品質管理，安全管理等工事の施工の管理に直接的に関わる技術上のすべての職務経験をいい，具体的には次①～③をいいます。

①受注者（請負人）として施工を指揮・監督した経験（施工図の作成や，補助者としての経験も含む）
②発注者側における現場監督技術者等（補助者としての経験も含む）としての経験
③設計者等による工事監理の経験（補助者としての経験も含む）

また，それらに関して具体的な工事種別・工事内容・従事した立場等については本書 11～12 ページを参照してください。（実務経験の内容に不備があると受検できません）

「受検の手引」より

■土木施工管理に関する実務経験として「認められる」工事種別・工事内容

工事種別	工事内容
A. 河川工事	1. 築堤工事，2. 護岸工事，3. 水制工事，4. 床止め工事，5. 取水堰工事，6. 水門工事，7. 樋門（樋管）工事，8. 排水機場工事，9. 河道掘削（浚渫工事），10. 河川維持工事（構造物の補修）
B. 道路工事	1. 道路土工（切土，路体盛土，路床盛土）工事，2. 路床・路盤工事，3. 法面保護工事，4. 舗装（アスファルト，コンクリート）工事（※個人宅地内の工事は除く），5. 中央分離帯設置工事，6. ガードレール設置工事，7. 防護柵工事，8. 防音壁工事，9. 道路施設等の排水工事，10. トンネル工事，11. カルバート工事，12. 道路付属物工事，13. 区画線工事，14. 道路維持工事（構造物の補修）
C. 海岸工事	1. 海岸堤防工事，2. 海岸護岸工事，3. 消波工工事，4. 離岸堤工事，5. 突堤工事，6. 養浜工事，7. 防潮水門工事
D. 砂防工事	1. 山腹工工事，2. 堰堤工事，3. 地すべり防止工事，4. がけ崩れ防止工事，5. 雪崩防止工事 6. 渓流保全（床固め工，帯工，護岸工，水制工，渓流保護工）工事
E. ダム工事	1. 転流工工事，2. ダム堤体基礎掘削工事，3. コンクリートダム築造工事，4. 基礎処理工事，5. ロックフィルダム築造工事，6. 原石採取工事，7. 骨材製造工事
F. 港湾工事	1. 航路浚渫工事，2. 防波堤工事，3. 護岸工事，4. けい留施設（岸壁，浮桟橋，船揚げ場等）工事，5. 消波ブロック製作・設置工事，6. 埋立工事
G. 鉄道工事	1. 軌道盛土（切土）工事，2. 軌道敷設（レール，まくら木，道床敷砂利）工事（架線工事を除く），3. 軌道路盤工事，4. 軌道横断構造物設置工事，5. ホーム構築工事，6. 踏切道設置工事，7. 高架橋工事，8. 鉄道トンネル工事，9. ホームドア設置工事
H. 空港工事	1. 滑走路整地工事，2. 滑走路舗装（アスファルト，コンクリート）工事，3. エプロン造成工事，4. 滑走路排水施設工事，5. 燃料タンク設置基礎工事
I. 発電・送変電工事	1. 取水堰（新設・改良）工事，2. 送水路工事，3. 発電所（変電所）設備コンクリート基礎工事，4. 発電・送変電鉄塔設置工事，5. ピット電線路工事，6. 太陽光発電基礎工事
J. 通信・電気土木工事	1. 通信管路（マンホール・ハンドホール）敷設工事，2. とう道築造工事，3. 鉄塔設置工事，4. 地中配管埋設工事
K. 上水道工事	1. 公道下における配水本管（送水本管）敷設工事，2. 取水堰（新設・改良）工事，3. 導水路（新設・改良）工事，4. 浄水池（沈砂池・ろ過池）設置工事，5. 浄水池ろ材更生工事，6. 配水池設置工事
L. 下水道工事	1. 公道下における本管路（下水管・マンホール・汚水桝等）敷設工事，2. 管路推進工事，3. ポンプ場設置工事，4. 終末処理場設置工事
M. 土地造成工事	1. 切土・盛土工事，2. 法面処理工事，3. 擁壁工事，4. 排水工事，5. 調整池工事，6. 墓苑（園地）造成工事，7. 分譲宅地造成工事，8. 集合住宅用地造成工事，9. 工場用地造成工事，10. 商業施設用地造成工事，11. 駐車場整地工事　※個人宅地内の工事は除く
N. 農業土木工事	1. 圃場整備・整地工事，2. 土地改良工事，3. 農地造成工事，4. 農道整備（改良）工事，5. 用排水路（改良）工事，6. 用排水施設工事，7. 草地造成工事，8. 土壌改良工事
O. 森林土木工事	1. 林道整備（改良）工事，2. 擁壁工事，3. 法面保護工事，4. 谷止工事，5. 治山堰堤工事
P. 公園工事	1. 広場（運動広場）造成工事，2. 園路（遊歩道・緑道・自転車道）整備（改良）工事，3. 野球場新設工事，4. 擁壁工事
Q. 地下構造物工事	1. 地下横断歩道工事，2. 地下駐車場工事，3. 共同溝工事，4. 電線共同溝工事，5. 情報ボックス工事，6. ガス本管埋設工事
R. 橋梁工事	1. 橋梁上部（桁製作・運搬・架線・床版・舗装）工事，2. 橋梁下部（橋台・橋脚）工事，3. 橋台・橋脚基礎（杭基礎・ケーソン基礎）工事，4. 耐震補強工事，5. 橋梁（鋼橋，コンクリート橋，PC 橋，斜張橋，つり橋等）工事，6. 歩道橋工事
S. トンネル工事	1. 山岳トンネル（掘削工，覆工，インバート工，坑門工）工事，2. シールドトンネル工事，3. 開削トンネル工事，4. 水路トンネル工事
T. 鋼構造物塗装工事	1. 鋼橋塗装工事，2. 鉄塔塗装工事，3. 樋門扉・水門扉塗装工事，4. 歩道橋塗装工事

以下次頁へ続く

U. 薬液注入工事	1. トンネル掘削の止水・固結工事，2. シールドトンネル発進部・到達部地盤防護工事，3. 立坑底盤部遮水盤造成工事，4. 推進管周囲地盤補強工事，5. 鋼矢板周囲地盤補強工事 ※建築工事，個人宅地内の工事は除く
V. 土木構造物解体工事	1. 橋脚解体工事，2. 道路擁壁解体工事，3. 大型浄化槽解体工事，4. 地下構造物（タンク）等解体工事
W. 建築工事（ビル・マンション）	1. PC 杭工事，2. RC 杭工事，3. 鋼管杭工事，4. 場所打ち杭工事，5. PC 杭解体工事，6. RC 杭解体工事，7. 鋼管杭解体工事，8. 場所打ち杭解体工事，9. 建築物基礎解体後の埋戻し，10. 建築物基礎解体後の整地工事（土地造成工事），11. 地下構造物解体後の埋戻し，12. 地下構造物解体後の整地工事（土地造成工事）
X. 個人宅地工事	1. PC 杭工事，2. RC 杭工事，3. 鋼管杭工事，4. 場所打ち杭工事，5. PC 杭解体工事，6. RC 杭解体工事，7. 鋼管杭解体工事，8. 場所打ち杭解体工事
Y. 浄化槽工事	1. 大型浄化槽設置工事（ビル，マンション，パーキングエリアや工場等大規模な工事）
Z. 機械等設置工事（コンクリート基礎）	1. タンク設置に伴うコンクリート基礎工事，2. 煙突設置に伴うコンクリート基礎工事，3. 機械設置に伴うコンクリート基礎工事
AA. 鉄管・鉄骨製作	1. 橋梁，水門扉の工場での製作
AB. 上記に分類できないその他の土木工事	代表的な工事内容を実務経験証明書の工事内容欄に記入してください。

※「解体工事業」は建設業許可業種区分に新たに追加されました。（平成 28 年 6 月 1 日施行）　※「受検の手引」より引用
※解体に係る全ての工事が土木工事として認められる訳ではありません。
※上記道路維持工事（構造物の補修）には，道路標識柱，ガードレール，街路灯，落石防止網等の道路付帯設備塗装工事が含まれます。

■土木施工管理に関する実務経験とは「認められない」工事等

工事種別	工事内容
建築工事（ビル・マンション等）	躯体工事，仕上工事，基礎工事，杭頭処理工事， 建築基礎としての地盤改良工事（砂ぐい，柱状改良工事等含む）等
個人宅地内の工事	個人宅地内における以下の工事 造成工事，擁壁工事，地盤改良工事（砂ぐい，柱状改良工事等含む），建屋解体工事，建築工事及び駐車場関連工事，基礎解体後の埋戻し，基礎解体後の整地工事 等
解体工事	建築物建屋解体工事，建築物基礎解体工事 等
上水道工事	敷地内の給水設備等の配管工事 等
下水道工事	敷地内の排水設備等の配管工事 等
浄化槽工事	浄化槽設置工事（個人宅等の小規模な工事）等
外構工事	フェンス・門扉工事等囲障工事 等
公園（造園）工事	植栽工事，修景工事，遊具設置工事，防球ネット設置工事，墓石等加工設置工事 等
道路工事	路面清掃作業，除草作業，除雪作業，道路標識工場製作，道路標識管理業務 等
河川・ダム工事	除草作業，流木処理作業，塵芥処理作業 等
地質・測量調査	ボーリング工事，さく井工事，埋蔵文化財発掘調査 等
電気工事 通信工事	架線工事，ケーブル引込工事，電柱設置工事，配線工事，電気設備設置工事， 変電所建屋工事，発電所建屋工事，基地局建屋工事 等
機械等製作・塗装・据付工事	タンク，煙突，機械等の製作・塗装及び据付工事 等
コンクリート等製造	工場内における生コン製造・管理，アスコン製造・管理， コンクリート 2 次製品製造・管理 等
鉄管・鉄骨製作	工場での製作 等
建築物及び建築付帯設備塗装工事	階段塗装工事，フェンス等外構設備塗装工事，手すり等塗装工事，鉄骨塗装工事 等
機械及び設備等塗装工事	プラント及びタンク塗装工事，冷却管及び給油管等塗装工事，煙突塗装工事， 広告塔塗装工事 等
薬液注入工事	建築工事（ビル・マンション等）における薬液注入工事（建築物基礎補強工事等）， 個人宅地内の工事における薬液注入工事，不同沈下建造物復元工事　等

※「受検の手引」より引用。（※受検年度により変更される場合があります。必ず受検年度の「受検の手引」でご確認ください。）

■1級土木施工管理技術検定「第2次検定」受検手続

・試　験　日：**令和5年10月1日（日）**

・試　験　地：札幌・釧路・青森・仙台・東京・新潟・名古屋・大阪・岡山・広島・高松・福岡・那覇（※近郊都市も含む）

・合格発表：**令和6年1月12日（金）**

・申込受付期間：(1)　1級土木施工管理技術検定　第1次検定・第2次検定
令和5年3月17日（金）～3月31日（金）
(2)　1級土木施工管理技術検定　第1次検定
（令和4年度第1次検定合格者以外）
令和5年3月17日（金）～3月31日（金）
(3)　1級土木施工管理技術検定　第2次検定
（令和5年度第1次検定合格者に限る）
令和5年7月5日（水）～7月19日（水）

・申込受付方法：簡易書留郵便による個人別申込みとし，締切日までの消印のあるものまで有効とする。

・申込用紙等の販売開始日：令和5年2月17日（金）から

全国建設研修センター及び全国の委託機関にて販売する。（金額及び全国の委託機関先については，全国建設研修センターに問い合わせのこと）

・コールセンター並びにインターネットによる請求

詳細は全国建設研修センターのホームページ（https://www.jctc.jp/）を参照のこと。

土木施工管理技術検定試験に関する申込書類提出及び問い合わせ先

〒187-8540　東京都小平市喜平町2-1-2

一般財団法人　全国建設研修センター　土木試験課

TEL 042-300-6860　https://www.jctc.jp/

※令和5年1月5日調べのもので，今後変更されることがあります。**必ず受検年度の「受検の手引」**又は**「全国建設研修センター　土木試験課」へ確認してください。**

1級土木施工管理技術検定

第2次検定の概要と学習対策

第2次検定問題の構成

①経験記述　（必須問題）

実際に自分が経験した土木工事について記述文章形式で解答するもので，**「1級土木施工管理技士」**としての能力を，経験，知識，表現力，応用力等から総合的に判断するもので，本検定試験の最重要問題である。

記述文章形式であるので，決まった答えがあるわけではなく，（採点基準はあると思われるが）採点官の主観の判断に左右されることが多いと考えられる。したがって，記述文章は独りよがりにならず，誰が見ても分かりやすい，字の上手下手は気にせず，丁寧な読みやすい文章にしなくてはならない。

年度により，設問内容や解答する行数が変化する場合があるので，注意する必要がある。

チェックポイント

- **経　験**：文章全体の流れの中に，経験の有無のニュアンスは表れてくる。
- **知　識**：専門用語，説明文等において，専門知識の有無が判断される。
- **表現力**：起承転結の流れになっているか，他人の文章や文献，法規等の丸写しでないかが判断される。
- **応用力**：設問内容が年度ごとに，わずかずつ異なる場合がある。用意してきた論文と設問内容の差異に対してのとっさの応用力が試される。

②学科記述　（必須・選択問題）(令和3年度から出題形式が変更)

学科記述は，必須問題，選択問題（1）と選択問題（2），計10問が出題される。

・必須問題：問題2，問題3の2問題を解答。

・選択問題（1）：問題4～問題7までの4問題から2問題を選択し，解答。

・選択問題（2）：問題8～問題11までの4問題から2問題を選択し，解答。

「土工」，**「コンクリート」**，**「品質管理」**，**「安全管理」**，**「建設副産物」**，**「施工計画」**，**「工程計画」**から出題され，解答する。つまり，計6問について解答することになる。

各問題の出題形式としては，**「問題2（必須），選択問題（1）」が《用語・名称等の穴埋め問題》，「問題3（必須），選択問題（2）」が《留意点，概要・特徴，原因・対策等の簡潔な記述問題》，《誤っている語句・数値を正しい語句・数値に訂正する問題》，**に大きく分類され，それぞれについてほぼ正答が決まっている。

したがって，採点結果が明確になるので，計算ミス，取りこぼし，誤字・脱字等に注意するとともに，キーワードを使用した簡潔な文章記述にすることが大切である。

チェックポイント

・穴埋め問題：一般的には**「各種法規，指針，示方書等の基本説明からの出題」**が多く，これら文章の暗記・理解が最良である。分からない場合でも前後の文章の流れをつかむことにより分かることがある。誤字・脱字と空欄には細心の注意を払う必要がある。

・誤っている語句･数値を正しい語句･数値に訂正する問題：穴埋め問題と同様に，**「各種法規，指針，示方書等の基本説明からの出題」**がほとんどで，特に重要な数値に関するものが多い。基本的な数値，語句を理解することが重要である。

・記述問題：各管理における**「施工等に関する留意点，工法等の概要や特徴，ある事象に対しての原因や対策，危険防止と安全措置」**等について，簡潔に記述する問題である。一般的には，正答となる解答例が5～6題程度あり，このうち2～3題程度を記述することが多く，キーワードを必ず含んだ簡潔な文章にすることが重要である。

■第2次検定の配点と合格基準の目安

第2次検定における配点と合格基準は，特に公表されたものはないが，一般的には下記を目安としている。

① **経験記述**：必須問題として65%程度以上を合格基準点とする。(これに合格した者のみが，学科記述試験の採点を受けられる)

② **学科記述**：6問題の合計が65%程度以上を合格基準点とする。

③ **総合判断**：以上の①と②の合計が65%以上を合格点。

各問題及び設問の点数配分は公表されていないが，自己評価の目安として，次頁の値を目標値におけばよい。

種類		問題	配点の目安	目標値	備考
経験記述		問題 1	40 点	25 点	〔設問 2〕にほとんどの点が配分される。(※1)
学科記述	必須問題	問題 2	2 問 ×10＝20 点	15 点	各問題に各 10 点ずつを配分する。(※2)
		問題 3			
	選択問題 (1)	問題 4	2 問 ×10＝20 点	15 点	各問題に各 10 点ずつを配分する。(※2)
		問題 5			
		問題 6			
		問題 7			
	選択問題 (2)	問題 8	2 問 ×10＝20 点	10 点	各問題に各 10 点ずつを配分する。(※2)
		問題 9			
		問題10			
		問題11			
合計			100 点	65 点	

※ 1 **経験記述の〔設問 1〕**は，経験工事の要件判断であり，適正な解答が必要条件である。空欄あるいは致命的なミスは，以降の採点対象にならない可能性がある。

※ 2 全ての問題に関して 0 点は避けるようにしましょう。

第 2 次検定の学習対策

第 2 次検定の大きな特徴は，第 1 次検定の「択一式」とは異なり，ほとんどが自分で文章を書く「記述式」である。近年，パソコンの発展に伴い，筆記による文章作成及び漢字書き取りの能力が低下の傾向にあることも事実である。まずは自分の手で文章を書くことに慣れることから始めなくてはならない。

■学習スケジュール

1 級の「**第 1 次検定**」に合格した者が続いて「**第 2 次検定**」を受検する場合，「**第 1 次検定の合格発表**」を待って学習を始めると，「**第 2 次検定の試験日**」まで 1 ヵ月半程度となり，十分な学習期間とはいえない。

「**第 1 次検定の終了が第 2 次検定の始まり**」ととらえた学習スケジュールを組むのが最適である。本書を用いた学習スケジュールの一例を下記に示す。

時期	試験スケジュール	学習内容
7 月 2 日	第 1 次検定終了	・第 1 次検定試験終了後に公開される，試験問題及び正答により自己採点を行い，合否の目安を付けるとともに，誤解答箇所の再確認をする。 ・**【経験記述編】を読みとおす。** ・対象とする「**経験土木工事**」を決定し，**【問題 1】**の草案を作成する。
(約 38 日間)		
8 月 9 日	第 1 次検定発表	・**【学科記述編】を読みとおす。** ・「**過去 9 年間の問題**」について解答及び自己評価を行う。 ・**【問題 1】**の解答について，自己評価及び添削を行い，最終答案を確定する。 ・重点項目について，本書を最終的に読み直す。
(約 52 日間)		
10 月 1 日	第 2 次検定実施	・第 2 次検定終了後，自己採点を行い，合否の目安を付ける。まわりに有資格者や受検者がいれば，互いに採点・評価し合うことも一手である。

【特記事項】
・自分自身に合ったスケジュールを作成し，必ず実行していくことが重要である。
・早朝起床，出勤時間，出張時間，休憩時間，就寝前等，自分の生活パターンに合わせたスケジュールを作成し，習慣づけることが基本である。
・どのような試験においても，「学習」が最大の手段である（フロックを期待してはならない）。

■経験記述（【問題１】）の学習対策

設問の基本内容は，今後も変更されることはないと思われ，事前の学習が最も反映される問題である。試験前に解答を作成し，自分の文章にしておく必要がある。

①過去 9 年間の設問内容

出題年度	〔設問１〕：経験土木工事の記述	〔設問２〕：技術的課題の指定管理項目			
		品質管理	工程管理	安全管理	施工計画等
令和 4 年	○			○	
令和 3 年	○			○	
令和 2 年	○	○			
令和元年	○	○			
平成 30 年	○	○			
平成 29 年	○			○	
平成 28 年	○			○	
平成 27 年	○	○			
平成 26 年	○			○	

②「経験土木工事」の決定
・自分にとって最も自信があり，記憶のある現場を一つに絞って選定する。
・設問の「管理項目」によって，**「工事名」を変えるのはミスの原因**となるので避けたほうがよい。（**少なくとも〔設問１〕は完璧に記述できるようにしておく。**）
・全てが問題なく実施された現場にこだわる必要はない。トラブルが発生した現場でも，いかに対策・処置を施したかを記述したほうが説得力がある。

③設問の「管理項目」に対する準備
・過去の設問及び今後の傾向として，**「品質管理」**，**「安全管理」**についての**技術的課題**は必ず準備しておかなくてはならない。
・**「工程管理」**，**「施工計画」**において，**「環境影響対策（騒音・振動・交通等）」**，**「建設副産物（リサイクル・廃棄物等）」**についても近年の傾向から判断して準備の必要性がある。

④記述文章作成の基本

- 最低3回は作成すること。（1回目：草案，2回目：修正案，3回目：最終案）
- チェックポイント等を参照し，自己評価を行う。
- 土木技術者（上司，先輩，同僚等）から専門内容についての添削を受ける。
- 技術者以外（家族，友人等）から文章全体のイメージについての意見を聞く。
- 試験で使用できるHBの黒鉛筆，又はシャープペンシルを用いた解答に慣れること。

⑤最終チェック

- 自己評価の結果が70%以上（合格基準点65%に余裕を加える）の得点となるまで続ける。

■学科記述の学習対策　令和3年度からの出題形式

必須問題（【問題2】【問題3】）

選択問題(1)（【問題4】～【問題7】）から2問選択

選択問題(2)（【問題8】～【問題11】）から2問選択

①過去9年間の設問内容

出題年度	必須問題		選択問題(1)				選択問題(2)			
	問題2	問題3	問題4	問題5	問題6	問題7	問題8	問題9	問題10	問題11
令和4年	施工計画等	品質管理	コンクリート	品質管理	安全管理	土工	土工	コンクリート	安全管理	建設廃棄物
令和3年	コンクリート	施工計画等	土工	品質管理	安全管理	建設廃棄物	土工	コンクリート	安全管理	施工計画等

出題年度	選択問題(1)					選択問題(2)				
	問題2	問題3	問題4	問題5	問題6	問題7	問題8	問題9	問題10	問題11
令和2年	土工	コンクリート	品質管理	安全管理	施工計画等	土工	コンクリート	品質管理	安全管理	環境対策
令和元年	土工	コンクリート	品質管理	安全管理	建設廃棄物	土工	コンクリート	品質管理	安全管理	施工計画等
平成30年	土工	コンクリート	品質管理	安全管理	建設廃棄物	土工	コンクリート	品質管理	安全管理	施工計画等
平成29年	土工	コンクリート	品質管理	安全管理	施工計画等	土工	コンクリート	品質管理	安全管理	建設廃棄物
平成28年	土工	コンクリート	品質管理	安全管理	施工計画等	土工	コンクリート	品質管理	安全管理	建設廃棄物
平成27年	土工	コンクリート	品質管理	安全管理	品質管理	土工	コンクリート	品質管理	安全管理	環境対策

出題年度	【問題2】	【問題3】	【問題4】		【問題5】	【問題6】	
	土　工	コンクリート	品質管理	施工計画	安全管理	建設副産物	施工計画等
平成26年	○	○	○		○	○（設問1）	○（設問2）

②科目の準備

- 「土工」，「コンクリート」，「品質管理」，「安全管理」，「施工計画」，「環境保全対策」について出題されると思われるので，全項目について準備しておく。

③過去問題の練習

- 過去問題の全てについて解答を作成し，模範解答と照合し自己評価を行う。
- 最終チェックとして，自己評価の結果が70%以上（合格基準点65%に余裕を加える）の得点となるまで続ける。

1級土木施工管理技術検定　第2次検定

Lesson 1

経験記述

必須問題

Lesson 1　1級土木施工管理技術検定 第2次検定

経験記述

過去9年間の出題内容及び傾向と対策

■出題内容

年度	【問題　1】　出　題　文　の　内　容
令和4年 〜 平成26年	経験した土木工事のうちから1つの工事を選び，設問に答える。**(注意 1)** 〔設問　1〕：経験した土木工事 **(注意 2)** ⑴**工事名**　⑵**工事の内容**　①**発注者名**　②**工事場所**　③**工期**　④**主な工種**　⑤**施工量** ⑶工事現場における**施工管理上のあなたの立場**
令和 4年	〔設問　2〕：「現場状況から特に留意した安全管理」に関し，次の事項について具体的に記述する。ただし，交通誘導員の配置のみに関する記述は除く。
令和 3年	〔設問　2〕：「現場状況から特に留意した安全管理」に関し，次の事項について具体的に記述する。ただし，交通誘導員の配置のみに関する記述は除く。
令和 2年	〔設問　2〕：「現場状況から特に留意した品質管理」に関し，次の事項について具体的に記述する。
令和 元年	〔設問　2〕：「現場状況から特に留意した品質管理」に関し，次の事項について具体的に記述する。
平成 30年	〔設問　2〕：「現場状況から特に留意した品質管理」に関し，次の事項について具体的に記述する。
平成 29年	〔設問　2〕：「現場状況から特に留意した安全管理」に関し，次の事項について具体的に記述する。ただし，交通誘導員の配置のみに関する記述は除く。
平成 28年	〔設問　2〕：「現場状況から特に留意した安全管理」に関し，次の事項について具体的に記述する。ただし，交通誘導員の配置のみに関する記述は除く。
平成 27年	〔設問　2〕：「現場状況から特に留意した品質管理」に関し，次の事項について具体的に記述する。
平成 26年	〔設問　2〕：「現場状況から特に留意した安全管理」に関し，次の事項について具体的に記述する。ただし，交通誘導員の配置による安全管理は除く。

注意 1：あなたが経験した工事でないことが判明した場合は失格となります。
注意 2：「経験した土木工事」は，あなたが工事請負者の技術者の場合は，あなたの所属会社が受注した工事について記述してください。したがって，あなたの所属会社が二次下請業者の場合は，発注者名は一次下請業者名となります。
なお，あなたの所属が発注機関の場合の発注者名は，所属機関名となります。

■出題傾向（◎最重要項目　○重要項目　□基本項目　※予備項目　☆今後可能性）

出題項目	令和4年	令和3年	令和2年	令和元年	平成30年	平成29年	平成28年	平成27年	平成26年	重点
品質管理			○	○	○			○		○
工程管理										□
安全管理	※1.○	※1.○				※1.○	※1.○		※1.○	◎
施工計画等										☆

※1.（条件付き）

■対　策

(1)　〔設問 1〕の出題文の内容に関しては，平成 26 年度以降変化はない。

(2)　〔設問 2〕の指定項目については，**出題内容の変化**が見られるので，対応に注意する必要がある。

・平成 27 年度以前「対応処置」→平成 28 年度以降「対応処置とその評価」

　また，**記述量も変化**（解答用紙の行数の増減）することがあるので，経験した工事の現場状況をできるだけ思い出して草案を作っておくのがよい。経験記述がコピーではなく自身のものであれば，それほど慌てることではない。

・令和 2 年度，令和元年度，平成 30 年度に出題された「品質管理」とともに令和 4 年度，3 年度，平成 29 年度の「安全管理」の 2 項目は重要項目であり，受検対策は十分に行っておく必要がある。

・平成 26 年度においては「安全管理」とはなっているが，**「交通誘導員の配置による安全管理は除く」**，と条件が限定されている。

・令和 4 年度，令和 3 年度，平成 29 年度，平成 28 年度は**「交通誘導員の配置のみに関する記述は除く」**と出題されたことにも着目する。

(3)　今後，下記の項目についても重要な項目として，整理しておくべきである。

・**「工程管理」**：過去 9 年間出題されていないが，以前は出題されたこともあり基本的な管理項目，課題であるので準備をしておくのが望ましい。

・**「環境保全対策」**：近年，環境への関心の高まりとともに，学科記述問題においても**「廃棄物」**，**「リサイクル」**等に関する設問が増加しつつある。念頭において準備する必要がある。

■記述要領と自己評価

⑴記述要領

自らの経験記述の問題であり，施工管理上（施工計画，工程管理，品質管理，安全管理，出来形管理の中から指定）の技術的な課題及び対策・処置について記述する。

【問題 1】 **あなたが経験した土木工事のうちから 1つの工事を選び，次の［設問 1 ］，［設問 2 ］に答えなさい。**

〔注意〕 あなたが経験した工事でないことが判明した場合は失格となります。

［設問 1］ あなたが**経験した土木工事**について，次の事項を解答欄に明確に記入しなさい。

〔注意〕 「経験した土木工事」は，あなたが工事請負者の技術者の場合は，あなたの所属会社が受注した工事について記述してください。従って，あなたの所属会社が二次下請業者の場合は，発注者名は一次下請業者名となります。

なお，あなたの所属が発注機関の場合の発注者名は，所属機関名となります。

⑴ 工事名

【解　　説】

①自分が経験した土木工事であること。（詳細は受検年度の『受検の手引』を参照）

- 出題の**〔注意〕**として「あなたが経験した工事でないことが判明した場合は失格となる。」と特記されている。（他人の経験工事や架空工事，粉飾した工事は避ける）

②土木工事であることが明らかであること。（詳細は受検年度の『受検の手引』を参照）

- 主体が「建築工事」，「造園工事」，「管工事」，「電気工事」等は不可となる。
- ただし「○○住宅・基礎杭工事」，「○○公園・地盤改良工事」は認められる。

③工事場所が特定できること。

- 具体的な地区名，工区名を記入する。
- 「道路改良工事」だけでは不可である。「○○道路工事・第Ⅱ工区」まで書く必要がある。

④実際に施工された工事であること。

- 「架空工事」，「予定・計画工事」は不可である。

⑵　工事の内容

発注者名	
工事場所	
工　　期	
主な工種	
施 工 量	

【解　　説】

①発 注 者

- 契約事務所名を記入する。（代表者名は不要）
- 下請けの場合は，元請業者名を記入する。

②工事場所

- 都道府県，市町村名等具体的な地名を記入する。

③工　　期

- 受験日以前に完了していること。
- 契約書に示されている工期とする。
- 竣工検査が合格済みであること。

④主な工種（詳細は受検年度の『受検の手引』参照）

- 工事名（道路工事，河川工事等）ではなく，工種（路盤工，舗装工，護岸工，築堤工等）を記入する。
- 1～3 種程度の工種とする。(多く羅列しない)
- 後述の記述と適合する工種とする。

⑤施 工 量

- 「主な工種」と対比する施工名称とする。
- 施工量・数値・単位を必ず記入する。(「○○工　一式」は不可)
- 後述の記述と適合する施工量とする。

⑶　工事現場における施工管理上のあなたの立場

【解　　説】

①指導・監督的な立場であること。

- 「現場代理人」，「現場監督」，「現場主任」，「主任技術者」，「発注者側監督員」等とする。
- 「○○係」，「△△助手」，「作業主任者」は不可である。

②誤字・省略名を書かないこと。

- 「現場代利人」，「現場管督」，「現場主人」，「主人技術者」は不可である。
- 「現場代人」，「監督員」，「主任」は不可である。

［設問 2］ 上記工事の**現場状況から特に留意した**［ ※ ］に関し，次の事項について解答欄に具体的に記述しなさい。

⑴ **具体的な現場状況**と特に留意した**技術的課題**

⑵ 技術的課題を解決するために**検討した項目と検討理由及び検討内容**

⑶ 上記検討の結果，**現場で実施した対応処置とその評価**

※（［　　］内は施工計画，工程管理，品質管理，安全管理，出来形管理の中から指定される。）

⑴ **具体的な現場状況と特に留意した技術的課題**

⑵ **技術的課題を解決するために検討した項目と検討理由及び検討内容**

----

(3) 上記検討の結果，現場で実施した対応処置とその評価

【解　説】

①指定された管理項目について記述する。

・指定以外の管理項目名は書かないこと。

・指定された管理項目に対比するキーワードを記述する。

指定された管理項目	キ ー ワ ー ド （例）
①工程管理	工程確保／工期確保／工期短縮／進捗管理／進度管理／工程計画／工程修正／工程表
②品質管理	品質管理／品質確保／品質マネジメント／品質特性／品質標準／作業標準／管理図／ヒストグラム
③安全管理	安全管理／安全確保／安全施工／安全対策／防止対策／災害防止／危険防止／安全衛生
④施工管理	施工計画／事前調査／仮設計画／建設機械／環境保全／再生資源計画／建設副産物／リサイクル
⑤出来形管理	出来形管理／進捗管理／出来高／原価管理

②文章構成

・最近の解答用紙は，行数のみの指定で，字数は指定されていない。（概ね 1 行 20 字程度が目安。）

・字の大きさはバランスのとれたものとし，途中で大きさを変えない。

・導入・展開・結末と簡潔な文章構成とする。

・工事名，工種，施工量が［設問 1］内容と適合すること。

・書き出し，文章の区分は，先頭の 1 字を空ける。

・行をオーバーしない。及び，空いた行を作らない。

・技術的な課題でテーマにしたものの結果を検討内容と対応処置に明確に書くこと。

③ステップ 1－1：工事概要の記述

・工事の目的，必要性，効果等を記述する。

・現場の状況，施工期間，近隣生活環境，道路状況，資材処理等の施工現場周辺の状況を記述する。

④ステップ 1－2 ：主な工種，施工量の記述

・改行して書き出す。（先頭の 1 字を空ける）

・（［設問 1］(2)工事の内容）を，分かりやすく文章として記述する。

・ステップ 1－2 までは，指定された管理項目に関わらず，同一文章でも構わない。

⑤ステップ 2－1 ：技術的課題の記述

・改行して書き出す。

・技術的課題を生じた要因を記述する。（出来形管理については次の 4 つの管理に集約するとよい。）

指定管理項目	技術的課題を生じた要因（例）
①工程管理	・○○○○のため，工程の遅れが生じた。 ・○○○○により，工期延期が許されなかった。
②品質管理	・○○○○の規定を厳守する必要があった。 ・○○○○のため，品質の確保が困難となった。
③安全管理	・○○○○のため，災害のおそれが生じた。 ・○○○○により，通行人に危険が生じた。
④施工管理	・○○○○のため，騒音，振動の影響が発生した。 ・○○○○により，廃棄物の再利用を強く求められた。

⑥ステップ 2－2 ：具体的な解決策，対策・処置

・主として，施工方法，使用機械，使用材料等について，具体的数値を示し，記述する。

・例：「現場で実施した対応処置（対策や処置）」の具体的項目

指定管理項目	施工方法	使用機械	使用材料・設備
①工程管理	・他工法の採用，改良 ・労働時間の強化 ・作業人員の強化 ・工程計画の変更	・機械の組合せ変更 ・使用台数の強化 ・使用機種の変更 ・機械の大型化	・使用材料の変更 ・2 次製品の利用 ・資材利用計画の変更 ・使用設備計画の変更
②品質管理	・品質特性の管理 ・品質目標の適正化 ・出来高の管理	・使用機種の変更 ・機械能力の適正化 ・材料と機械の適合 ・施工法と機械の適合	・材料検査体制の強化 ・材料手配の適正化 ・使用設備の適正化
③安全管理	・安全教育の徹底 ・安全管理体制の強化 ・安全施設の適正化 ・誘導員の配置	・安全点検の強化 ・転倒防止の措置 ・接触防止の措置	・材料の安全性点検 ・足場工の設置，点検 ・土留め工の設置点検
④施工管理	・低公害工法への変更 ・建設副産物有効利用計画及び搬出計画 ・近隣への影響防止計画	・低公害機種への変更 ・使用時間の変更・制限 ・規則・法令の遵守	・公害低減設備の設置 ・リサイクル材料の利用 ・仮設備の設置・点検

⑦ステップ 3（まとめ）

・最後にキーワードを入れた文章で締めくくる。

・例（………。以上の結果，○○の確保（キーワード）ができた。）

① 最低一度は，必ず自分の言葉で，本書 30〜31 頁の**「練習用解答用紙」**を拡大コピーして書いてみること。

② 4 つの管理について準備するのが最良であるが，近年の傾向から判断して，「品質管理」「工程管理」「安全管理」は必ず準備する。

③ 各設問における解説によりチェックを行い，全てが満足されていなければならない。(絶対条件ではないが，方向性が定まらない人への道標である。)

④ 解答の行数の増減にも対応できるような文章を考えておくこと。(試験当日，文章を削ることは容易であるが，増やすことは難しい。)

⑵自己評価

①解答をしっかりと再確認すること。

・試験時間は十分あるので，途中退室はなるべく控えて，何度でも読み返しを行うこと。

・空欄がないか？

・誤字・脱字がないか？

・設問と解答欄の位置がずれていないか？

・設問と解答が合致した内容になっているか？

②［設問1］について，チェックポイントに基づいて自己評価を行ってみる。

・［設問 1 ］は，対象となる「経験した土木工事」そのものが適切であるかどうかを判断するものであり，ここで不可と判定されれば以降の採点がされない場合もある。再確認をしっかりと行う必要がある。

・「**工 事 名**」：具体的な土木工事と判断できるか？

・「**発注者名**」：元請け業者，下請け業者，発注者側等が明確であるか？

・「**工事場所**」：市区町村名まで書かれているか？

・「**工　　期**」：完了した工事となっているか？

・「**主な工種**」：具体的な工種となっているか？（工事になっていないか？）

・「**施 工 量**」：具体的な施工量となっているか？（課題に合った施工量か？）

③［設問2］について，チェックポイントに基づいて自己評価を行ってみる。

・**指 定 項 目**：指定された管理項目の記述となっているか？

・**キーワード**：管理項目に対するキーワードが記述されているか？

・**工 事 概 要**：［設問1］の内容と合致しているか？

・**技術的課題**：技術的課題を生じた要因が記述されているか？

・**検 討 内 容**：検討内容と採用に至った理由が記述されているか？

・**対 応 処 置**：施工方法，使用機械，材料・設備等の具体的項目が記述されているか？

・**ま　と　め**：対応処置の結果がテーマを解決したものになっているか？

・**評　　　価**：テーマを解決した結果をわかりやすく評価しているか？

経験記述文章例文

■経験記述例文に関する注意事項

経験記述例文は，複数の過去における受検者の予備答案について「工事種別」，技術的な課題における「管理計画別」及び「工事工種別」に整理をし，著者により内容について一部修正を行い，文章例文 50 集を掲載したものであり，参考とする際には下記の点に注意をすること。　**(担当著者)**

① 例文はあくまでも記述の方法について参考として示すものであり，合格を保証するものではない。

② 経験記述文章は，自分の経験を整理して記述するものであり，オリジナルでなければならない。例文を丸写し，あるいは一部修正を行って作成することは絶対に避けなければならない。経験した工事でないことが判明した場合には，失格となるので注意すること。

練習用解答用紙

（拡大コピーして使用して下さい。）

[設問　1]

(1) 工事名	
(2) 工事内容	発注者名： 工事場所： 工期： 主な工種： 施工量：
(3) 立場	

[設問　2]

(1) **具体的な現場状況**と特に留意した**技術的課題**

....

....

....

....

....

....

....

(2)　技術的課題を解決するために**検討した項目と検討理由及び検討内容**

(3)　上記検討の結果，**現場で実施した対応処置とその評価**

経験記述例文添削例

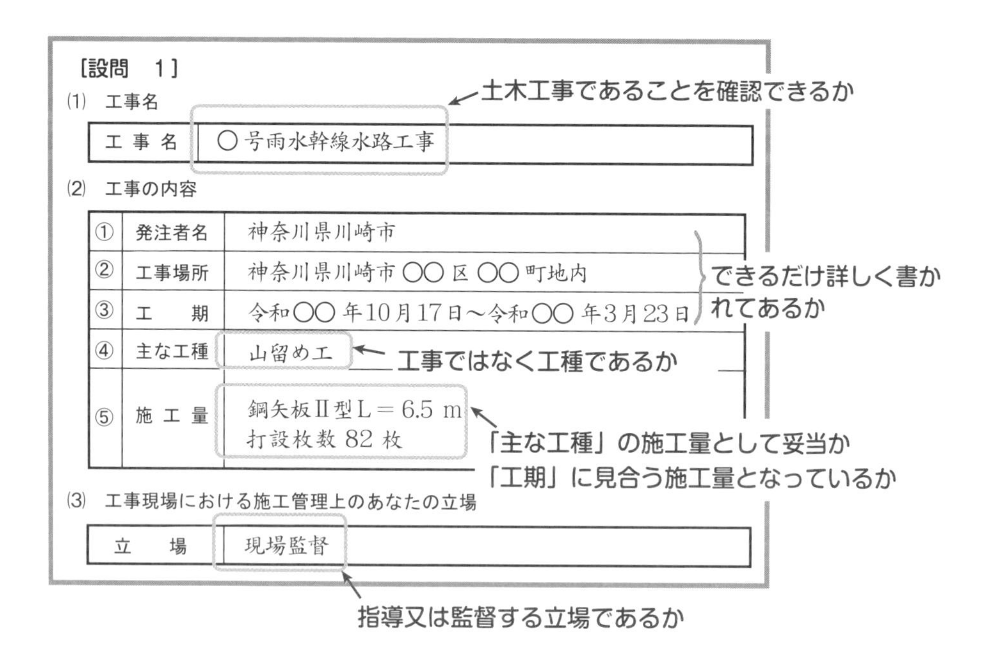

［設問　1］

⑴　工事名

工 事 名	○号雨水幹線水路工事

⑵　工事の内容

①	発注者名	神奈川県川崎市
②	工事場所	神奈川県川崎市〇〇区〇〇町地内
③	工　期	令和〇〇年10月17日～令和〇〇年3月23日
④	主な工種	山留め工
⑤	施 工 量	鋼矢板Ⅱ型L＝6.5 m 打設枚数82枚

⑶　工事現場における施工管理上のあなたの立場

立　場	現場監督

Lesson 1 経験記述

[設問 2]

(1) 具体的な現場状況と特に留意した技術的課題

本工事は、○号雨水幹線水路工事で、県道〇〇号線下に設置するボックスカルバートを施工するための掘削山留め工事である。

工種，施工量に見合った工事概要とする

山留め工施工場所は地下水が高く、〇〇川が近接していることと、掘削底面が砂地盤であることから、地下水位の設定とボイリングを防止する山留め工を品質管理の課題とした。

なぜこのテーマにしたのか？（概要）

テーマ（ボイリングを防止する山留め工）は以下設問の前書きと結びに必ず入れる

(2) 技術的課題を解決するために検討した項目と検討理由及び検討内容

ボイリングを防止するための地下水の設定について次の検討をした。

テーマに合った前書きとする

施工期間の河川計画水位が 11.2 m であったことから、施工時には河川位の影響があると考え、地下水位の設定は河川水位の 11.2 m とした。

砂地盤であることからボイリングを満足す鋼矢板の根入れ長を確保した。

鋼矢板を打ち込んだときに、矢板沿いに水道ができていると予想され、ウェルポイントで地下水を低下させ、ボイリングを防止した。

なぜテーマとしたのか？（具体的な内容）

解決方法は必ずテーマを明記する

(3) 上記検討の結果，現場で実施した対応処置とその評価

ボイリングを防止するために次の対応処置を行った。

テーマに合った前書きとする

地下水位を低下させるためにウェルポイントを 1.2 m ピッチで 32 本打ち込んだ。

矢板は、ボイリングを防止する根入れ 4.2 m 以上とすることにより、ウェルポイントを併用しボイリングを防止した。

現場で実施した手法の詳細，具体的な数量も書く

対応処置の結果は，必ずテーマを解決したと書く

評価としては、施工時の河川水位の設定を的確に行えたことと、その対策にウェルポイントを追加し効果を確実にしたことである。

評価は，ポイントを絞ってわかりやすく書く

経験記述文

例文No.	工事種別	技術的な（設問）課題		キーワード
		管理・計画	工事・工種	
No．1	河川工事	出来形管理	杭打ち工	中掘杭の掘削長の確保，支持層の確認
No．2	下水道工事	工程管理	杭打ち工	中間層に礫層がある場合の工法検討と工期の遵守
No．3	橋梁工事	品質管理	杭打ち工	中掘杭の根固めセメントミルクの品質確保
No．4	農業土木工事	環境保全対策	杭打ち工	ハンマによる打ち込み時の環境保全対策
No．5	河川工事	安全管理	杭打ち工	杭打設時の安全管理
No．6	道路工事	出来形管理	コンクリート工	海岸沿い構造物の鉄筋かぶりの確保
No．7	河川工事	施工計画	コンクリート工	構造スパンごとのコンクリート打設計画
No．8	道路工事	品質管理	コンクリート工	暑中コンクリートの品質管理
No．9	下水道工事	品質管理	コンクリート工	寒中コンクリートの品質管理
No.10	土地造成工事	品質管理	コンクリート工	コンクリートのコールドジョイント防止対策
No.11	道路工事	施工計画	コンクリート工	コンクリート打設時の騒音を軽減する施工方法
No.12	橋梁工事	安全管理	コンクリート工	コンクリート打設時の型枠の安全管理
No.13	河川工事	工程管理	コンクリート工	コンクリートポンプ車台数と打設計画
No.14	橋梁工事	施工計画	仮設土留め工	土留めの低公害工法と補助工法の採用
No.15	河川工事	安全管理	仮設土留め工	土留め支保工の撤去方法
No.16	道路工事	施工計画	仮設土留め工	土留め支保工の撤去方法
No.17	河川工事	環境保全対策	仮設土留め工	土留め矢板打ち込み時の騒音振動防止対策
No.18	河川工事	品質管理	仮設土留め工	地下水位の測定時期とボイリングの防止
No.19	下水道工事	安全管理	仮設土留め工	土留め工の点検と安全管理
No.20	下水道工事	工程管理	仮設土留め工	仮設土留めの工期短縮
No.21	農業土木工事	工程管理	仮設土留め工	土留め工のブロック割り並行作業と工程管理
No.22	河川工事	安全管理	仮設土留め工	支保工撤去時の安全管理
No.23	農業土木工事	品質管理	管路工（推進工）	管路推進工工事の精度管理
No.24	農業土木工事	工程管理	管路工（推進工）	クリティカルパスの明確化と工程の見直し
No.25	下水道工事	施工計画	管路工（管布設）	狭小部での施工計画

章例文50集

例文No.	工事種別	技術的な（設問）課題		キーワード
		管理・計画	工事・工種	
No.26	下水道工事	安全管理	シールド工	掘削地盤の沈下事故防止
No.27	下水道工事	工程管理	シールド工	セグメントの発注管理
No.28	下水道工事	出来形管理	シールド工	曲線部の線形管理
No.29	下水道工事	施工計画	シールド工	曲線部線形確保の施工計画
No.30	河川工事	施工計画	河川護岸工	コンクリートのひび割れ防止
No.31	河川工事	工程管理	河川護岸工	法面湧水処理と工期短縮
No.32	河川工事	品質管理	河川護岸工	間詰めコンクリートのひび割れ防止
No.33	河川工事	安全管理	河川樋管工	車両通行と歩行者への安全確保
No.34	農業土木工事	安全管理	地盤改良工	施工機械のトラフィカビリティー確保
No.35	河川工事	品質管理	地盤改良工	地盤改良のセメント添加量
No.36	道路工事	環境保全対策	地盤改良工	セメント系固化材使用時の環境保全対策
No.37	下水道工事	工程管理	地盤改良工	薬液注入による止水の工期短縮
No.38	河川工事	品質管理	河川土工	築堤土の品質確保
No.39	河川工事	品質管理	河川土工	盛土締め固めの品質管理
No.40	農業土木工事	出来形管理	造成工	出来形管理の効率化
No.41	河川工事	出来形管理	築堤工	盛土の沈下管理
No.42	農業土木工事	出来形管理	築堤工	盛土の安定管理
No.43	道路工事	工程管理	舗装工	舗装改良工事の工期短縮
No.44	道路工事	品質管理	舗装工	アスファルト合材の品質管理
No.45	道路工事	品質管理	舗装工	暑中における路盤工の密度管理
No.46	道路工事	施工計画	舗装工	路床施工時の湧水対策
No.47	補修・補強工事	施工計画	耐震補強	堤防の耐震補強対策工法の選定
No.48	補修・補強工事	品質管理	耐震補強	改良深度の品質管理
No.49	補修・補強工事	安全管理	耐震補強	改良機械の安全対策
No.50	補修・補強工事	施工計画	コンクリートの補修	ひび割れ補修工法の選定

経験記述文章例文 **No. 1** 【河川工事】

設問課題 （両課題に対応） キーワード	管理・計画的課題	出来形管理
	工事・工種的課題	杭打ち工（中掘杭）
	中掘杭の掘削長の確保，支持層の確認	

[設問 1]

⑴ 工事名

工 事 名	○○川河川改修工事第2工区（取り付け暗渠工事）

⑵ 工事の内容

①	発注者名	静岡県○○土木事務所
②	工事場所	静岡県○○市○○町○丁目○番
③	工　　期	令和○○年11月10日～令和○○年3月20日
④	主な工種	中掘杭基礎工
⑤	施 工 量	ＰＨＣ杭φ500 mm、10本 杭長平均14 m 取り付け暗渠延長18.5 m

⑶ 工事現場における施工管理上のあなたの立場

立　　場	現場監督

[設問 2]

⑴ **具体的な現場状況と特に留意した技術的課題**

この記述例文の文章構成

本工事は、○○川河川改修工事に伴う取り付け暗渠の基礎を中掘杭工法で行うものである。 ｝課題となる工事の概要

中掘杭工法は、杭径φ500 mmを用い先端根固めを行う。この工法では、支持力の発現がその場で確認できないことから、確実に杭先端が支持層へ根入れされ、平均杭長14 mを確保することの確認を課題とした。

｝問題の提議（なぜ課題としたか）／課題のテーマ

⑵ 技術的課題を解決するために検討した項目と検討理由及び検討内容

中掘杭工法による杭長の確保と先端支持層の確認を行うため、以下の検討を行った。　前書き

既存ボーリングデータが1本しかなく、周辺の地形形状から河川付近での地層の変化が予想され、取り付け暗渠（延長18.5 m）全ての基礎杭で同一の支持層深さとなっているかが、確定できなかった。また、先端根固めを行うことから、支持層深さを明確にして、全ての基礎杭において杭沈設長を確保する必要がある。　課題の具体的内容（問題提議の詳細）

よって、ボーリング調査を1本追加実施し、支持層深さを確定し、平均杭長14 mを確保した。　課題の解決方法

⑶ 上記検討の結果，現場で実施した対応処置とその評価

検討の結果、次の対応処置を実施した。　前書き

新しいボーリング調査を、既存調査位置から構造物の最遠ポイントで実施し、杭配置縦断図に地層変化、支持層深さを追記した。また、　課題解決をいかに現場で実施したか

スパイラルオーガが所定の深さに達した段階で掘削土砂の確認とオーガ電流値の変化から支持層深さと杭長14 mを確保した。　対応処置と結果

対応処置の結果、中掘杭工法により所定の杭長を確保した取り付け暗渠工事を完了させることができた。　成果の評価

経験記述文章例文 No. 2 【下水道工事】

設問課題 （両課題に対応） キーワード	管理・計画的課題	工程管理
	工事・工種的課題	杭打ち工（中掘杭）
	中間層に礫層がある場合の工法検討と工期の遵守	

［設問 1］

⑴ 工事名

工 事 名	第○○号道路擁壁基礎工事

⑵ 工事の内容

①	発注者名	栃木県○○下水道事務所
②	工事場所	栃木県○○市○○町○丁目
③	工　期	令和○○年10月12日～令和○○年3月20日
④	主な工種	中掘杭による擁壁基礎工
⑤	施 工 量	ＰＨＣ杭φ700mm、38本 杭長20m

⑶ 工事現場における施工管理上のあなたの立場

立　場	現場主任

［設問 2］

⑴ **具体的な現場状況と特に留意した技術的課題**

本工事は、擁壁工の基礎工事である。

課題となる工事の概要

ボーリング調査は、擁壁計画付近で2箇所行われており、両調査ともに地盤から4m付近の浅い深度に礫層が1m程度あることが確認できていた。中掘り杭で掘削する場合、礫層を打ち抜くことが困難で工期の遵守が難しいと予想されたことから、工程管理を課題とした。

問題の提議
（なぜ課題としたか）
と課題のテーマ

⑵ 技術的課題を解決するために検討した項目と検討理由及び検討内容

中掘り杭工法で施工困難となる要因を特定し、工期を遵守するために次のことを行った。 ― 前書き

礫層は厚さ1m、礫径90mmで、杭内径の1/5以下（100mm以下）であったが、ボーリング調査では実際の礫径より小さい可能性があった。よって、スパイラルオーガでこの層を掘削することは難しく、工期の遅れが予想されたため、採用工法の再検討を行った。 ― 課題の具体的内容（問題提議の詳細）

礫層は、基礎地盤面から比較的浅い3m付近であったことから、礫層を先行排除することで確実な工程で中掘り杭を打設するものとした。 ― 課題の解決方法

⑶ 上記検討の結果，現場で実施した対応処置とその評価

検討の結果、以下の対応処置を実施した。 ― 前書き

杭径700mm、杭内径500mmであることから、杭径500mm用のプレボーリング工法により礫層までを排除した。掘削排土された礫径が100mm程度以上であったため、礫層の先行排除を継続させた。プレボーリングの施工日数分の遅れは生じたが、工期内に施工することができた。 ― 課題解決をいかに現場で実施したか 対応処置と結果

プレボーリングを先行しながら、中掘り杭を施工したことで工期の遅れを最小限に抑えたことが評価できる。 ― 成果の評価

経験記述文章例文 No.3 【橋梁工事】

設問課題（両課題に対応）	管理・計画的課題	品質管理
	工事・工種的課題	杭打ち工（中掘杭）
キーワード	中掘杭の根固めセメントミルクの品質確保	

[設問 1]

(1) 工事名

工 事 名	一般国道〇〇号〇〇改良工事（〇〇橋下部工事）

(2) 工事の内容

①	発注者名	千葉県〇〇地域整備センター
②	工事場所	千葉県市川市〇〇町〇丁目〇番
③	工 期	令和〇〇年10月2日～令和〇〇年3月31日
④	主な工種	中掘杭工（先端根固め工）
⑤	施 工 量	鋼管杭φ600 mm、5+9=14セット 杭長25 m

(3) 工事現場における施工管理上のあなたの立場

立 場	現場監督

[設問 2]

(1) 具体的な現場状況と特に留意した技術的課題

本工事は、一般国道〇〇号線の改良工事に伴う基礎工事で、鋼管杭を中掘杭工法で行うものである。

課題となる工事の概要

杭先端処理として採用されている根固め球根の施工にあたり、スパイラルオーガの先端から噴出するセメントミルクの品質を確保することを課題とした。

問題の提議（なぜ課題としたか）と課題のテーマ

⑵ 技術的課題を解決するために検討した項目と検討理由及び検討内容

杭先端処理の根固め球根を築造する、セメントミルクの品質を確保するために次のように検討した。（前書き）

①バラセメントの計量は、計量器による重量、水は水管計によって各所定の量を確認する。
②計量した水にセメントを投入し練り混ぜ、セメントミルクの比重を測定することによって、水セメント比を確認する。
③セメントミルクの圧縮強度は、地盤強度か
（課題の具体的内容（問題提議の詳細））

ら20 N/mm² を管理値とし、セメントミルクの品質を確保した。（課題の解決方法）

⑶ 上記検討の結果，現場で実施した対応処置とその評価

検討の結果、次の対応処置をした。（前書き）

混練したセメントミルクをミキサ吐出口から採取し比重を65%となるよう管理した。また、同様に採取したセメントミルクでφ5×10 cmの円柱供試体を作成し、橋台ごとに1回、3本
（課題解決をいかに現場で実施したか）

採取し、圧縮強度20 N/mm² 以上を得てセメントミルクの品質を確保した。（対応処置と結果）

評価としては、セメントミルクの品質を確保することにより、確実な支持力を得る基礎を構築することができたことである。（成果の評価）

経験記述文章例文 No．4 【農業土木工事】

設問課題 (両課題に対応)	管理・計画的課題	環境保全対策
	工事・工種的課題	杭打ち工（打ち込み杭）
キーワード	ハンマによる打ち込み時の環境保全対策	

[設問 1]

(1) 工事名

工 事 名	○○ 2期地区水門工事

(2) 工事の内容

①	発注者名	山梨県 ○○ 農務事務所
②	工事場所	山梨県 ○○ 市 ○○ 町 ○○ 地先
③	工　　期	令和○○年12月10日～令和○○年2月15日
④	主な工種	杭打ち工
⑤	施 工 量	ＰＨＣ杭ϕ450mm、4本 杭長10m

(3) 工事現場における施工管理上のあなたの立場

立　　場	現場監督

[設問 2]

(1) **具体的な現場状況と特に留意した技術的課題**

本工事は、幅 4.0m、高さ2.5mの鋼製スライドゲートを設置する水門工の基礎工事で、打込み工法で行うものであった。

課題となる工事の概要

打込み工法の実施にあたっては、騒音、振動が近隣への生活環境の障害となることが懸念されたので、打込み工法の施工時に環境保全対策を課題とした。

問題の提議
（なぜ課題としたか）
と課題のテーマ

⑵ 技術的課題を解決するために検討した項目と検討理由及び検討内容

打込み工法から現場周辺の生活環境を保全するために、次のような検討を行った。 ― 前書き

①○○市環境保全課へ現場周辺の用途地域の確認を行った結果、敷地境界で、騒音規制基準値85デシベル、振動規制基準値75デシベルを守る必要があった。
②現場周辺を再調査した結果、学校、病院等の公共施設はなかったが、数戸の家屋があった。 ― 課題の具体的内容（問題提議の詳細）

③事前に周辺住民への現場説明を行った結果、杭打ち用ハンマには油圧ハンマを採用し、騒音振動に対する保全対策を実施した。 ― 課題の解決方法

⑶ 上記検討の結果，現場で実施した対応処置とその評価

環境保全対策のため、現場では次の対応処置を行った。 ― 前書き

低公害型の油圧ハンマを用い、作業時間を午前8時から午後7時までに終了させることを厳守するとともに、連続作業時間を2日と（施工数量4本）することによって、周辺環境の保全対策を実施した。 ― 課題解決をいかに現場で実施したか／対応処置と結果

現場での処置により、周辺住民からの苦情もなく打込み杭による基礎工事を終えたことが評価できる。 ― 成果の評価

経験記述文章例文 **No. 5** 【河川工事】

設問課題（両課題に対応）	管理・計画的課題	安全管理
	工事・工種的課題	杭打ち工（打ち込み杭）
キーワード	杭打設時の安全管理	

［設問 1］

⑴ 工事名

工 事 名	○○○ 排水路整備工事

⑵ 工事の内容

①	発注者名	埼玉県三郷市
②	工事場所	埼玉県三郷市 ○○ 町 ○○ 地先
③	工　期	令和○○年7月20日～令和○○年9月30日
④	主な工種	既製杭（PHC）杭打ち工
⑤	施 工 量	ＰＨＣ杭φ600 mm、12本 杭長20 m

⑶ 工事現場における施工管理上のあなたの立場

立　場	現場主任

［設問 2］

⑴ **具体的な現場状況と特に留意した技術的課題**

本工事は、現場打ちボックスカルバート工の基礎、ＰＨＣ杭φ600 mm を施工する。 ｝課題となる工事の概要

施工するボックスカルバートは、現況の水路底面から 2.3 m を埋め戻して杭打機の地盤を確保することから、杭打ち機の転倒を防止 ｝問題の提議（なぜ課題としたか）

することと、ヤットコ使用後の穴への労働者の落下を防止することを課題とした。 ｝課題のテーマ

⑵ 技術的課題を解決するために検討した項目と検討理由及び検討内容

杭打ち機の転倒防止と、ヤットコ使用後の穴による労働災害を防止するために以下のことを行った。 ― 前書き

杭打ち機が埋め戻した土水路内で転倒することを防止するために、排水路河床の堆積土を湿地ブルドーザで掘削し、下流工区で発生した砂質土を敷き均したうえで、作業範囲に鉄板を敷くこととし、杭打ち機の安定を確保した。また、ヤットコを使用して杭を打設したあとの穴には、発生土を使用して埋めることにより労働者の安全を確保した。 ― 課題の具体的内容（問題提議の詳細）／課題の解決方法

⑶ 上記検討の結果，現場で実施した対応処置とその評価

杭打ち時の労働災害を防止するために、現場では以下の対応処置を行った。 ― 前書き

杭打ち機の安定を確保するために、下流工区で発生した砂質土を60 cm 敷き均し、鉄板を走行範囲に2列で敷いた。杭打ち後は仮置きしておいた本現場での発生土を用い、ヤットコの穴を埋めて安全対策を実施した。 ― 課題解決をいかに現場で実施したか／対応処置と結果

現場での処置により、杭打ち時の労働災害を未然に防止し、事故もなく基礎工事を終えたことが評価できる。 ― 成果の評価

経験記述文章例文 No. 6 【道路工事】

設問課題 （両課題に対応） キーワード	管理・計画的課題	出来形管理
	工事・工種的課題	コンクリート工
	海岸沿い構造物の鉄筋かぶりの確保	

［設問 1］

⑴ 工事名

工 事 名	県道 ○○ 号線 ○○地区改良工事

⑵ 工事の内容

①	発注者名	新潟県土木部
②	工事場所	新潟県新潟市 ○○ 区地先
③	工　　期	令和○○年9月10日～令和○○年3月10日
④	主な工種	擁壁工、コンクリート（鉄筋組立）工
⑤	施 工 量	擁壁工H＝5.0 m 施工延長＝42.6 m

⑶ 工事現場における施工管理上のあなたの立場

立　　場	現場監督

［設問 2］

⑴ 具体的な現場状況と特に留意した技術的課題

本工事は、県道 ○○ 号線改良工事の道路拡幅に伴う高さ 5.0 mの現場打ち擁壁である。（課題となる工事の概要）

鉄筋コンクリート擁壁を施工する現場は海岸に近いため、塩害、耐久性への影響が考えられた。このことから、コンクリートの耐久（問題の提議（なぜ課題としたか））

性を確保するため、鉄筋の最小かぶりを確保するための出来形管理が課題となった。（課題のテーマ）

(2) 技術的課題を解決するために検討した項目と検討理由及び検討内容

鉄筋の腐食を防止するために、鉄筋かぶりを確保するために次のことを行った。（前書き）

①主鉄筋径が 29 mm、配力筋径が 16 mmと太径であり、海岸に近いことからコンクリート製スペーサを検討した。
②鉄筋の結束線が腐食しないように、防食結束線の採用を検討した。
③セパレータの先端の鋼材部分がかぶり部分をおかさないよう大きめのプラスチックコーンを用い、鋼材のかぶり確保するための検討を行った。（課題の具体的内容と課題の解決方法）

(3) 上記検討の結果，現場で実施した対応処置とその評価

検討の結果、海岸沿いの構造物に最小かぶりを確保させるために次の対応処置をとった。（前書き）

コンクリート製高強度スペーサを 1 m^2 あたり 2 個以上配置し、鉄筋の結束線は被覆結線を使用した。（課題解決をいかに現場で実施したか）また、塩害対策用の大きめのプラスチックコーンを使用することで、設計の鉄筋かぶりを確保することができた。（対応処置と結果）

現場での処置により、海岸近くに施工するコンクリートの塩害対策を行い、耐久性を確保した構造物を構築することができた。（成果の評価）

経験記述文章例文 **No. 7** 【河川工事】

設問課題（両課題に対応）	管理・計画的課題	施工計画
	工事・工種的課題	コンクリート工
キーワード	構造スパンごとのコンクリート打設計画	

［設問 1］

⑴ 工事名

工 事 名	○○ 地区 ○○ 水路改修工事

⑵ 工事の内容

①	発注者名	埼玉県○○県土整備事務所
②	工事場所	埼玉県坂戸市 ○○ 町地先
③	工　期	令和○○年11月20日～令和○○年2月15日
④	主な工種	現場打ちコンクリート水路工
⑤	施 工 量	水路幅 5.5 m、施工延長 54 m 現場打ち水路 6 スパン

⑶ 工事現場における施工管理上のあなたの立場

立　場	現場監督

［設問 2］

⑴ 具体的な現場状況と特に留意した技術的課題

　この工事は、現場打ちの排水路、延長 54 mを 6 スパンで施工するものである。 ｝課題となる工事の概要

　所定の工期が約 2ヵ月と比較的短く、現場打ち水路 6 スパンのコンクリートを順次ブロック毎に打設していくと工期内に終えることが難しいことから、 ｝問題の提議（なぜ課題としたか）

工期短縮を図るスパン毎のコンクリート打設計画を課題とした。 ｝課題のテーマ

⑵ 技術的課題を解決するために検討した項目と検討理由及び検討内容

記述例	構成
現場打ち水路6スパンを所定の工期内に施工するために、次のことを行った。	前書き
①現場打ち6スパンの構造物を1スパン飛ばしの2ブロック（1ブロック3スパン）に分け、1ブロック（3スパン）を同時施工とした。 ②1ブロック目の水路底版のコンクリート打設、養生が終了した段階で、2ブロック目の水路底版コンクリートの打設を始めた。	課題の具体的内容 （問題提議の詳細）
以上、ブロック分けと1ブロックと2ブロックの施工をラップさせる施工計画を立案することで、工期短縮を図った。	課題の解決方法

⑶ 上記検討の結果，現場で実施した対応処置とその評価

記述例	構成
施工計画の検討を行った結果、次の対応処置を実施した。	前書き
1ブロック目の3スパンを底版型枠設置からコンクリート打設、養生、脱型までを順次行い、2ブロック目の施工を実施させた。これと同時に1ブロック目の側壁コンクリートの打設を実施し、計画どおり施工を実施した。	課題解決をいかに現場で実施したか 対応処置と結果
評価としては、施工ブロックを適切に設定し、施工順序等を明確に示して工事を行ったことである。	成果の評価

経験記述文章例文 No.8 【道路工事】

設問課題 (両課題に対応)	管理・計画的課題	品質管理
	工事・工種的課題	コンクリート工
キーワード	暑中コンクリートの品質管理	

[設問 1]

(1) 工事名

工事名	浦安市○−○号幹線道路整備工事

(2) 工事の内容

①	発注者名	千葉県浦安市
②	工事場所	千葉県浦安市○○町○丁目○○番
③	工　期	令和○○年6月8日〜令和○○年2月18日
④	主な工種	道路付帯工、コンクリート擁壁工
⑤	施工量	L型擁壁、H＝1.8 m、L＝32 m 鉄筋コンクリート60.8 m^3

(3) 工事現場における施工管理上のあなたの立場

立　場	現場主任

[設問 2]

(1) 具体的な現場状況と特に留意した技術的課題

本工事は、現場打ち土留め擁壁で、高さ1.8 m、延長32 mのL型擁壁である。 ――課題となる工事の概要

本道路工事は6月から開始され、その全体工程計画のなかで、本擁壁工事のレディーミクストコンクリートの打設時期が、夏季にあたり、 ――問題の提議（なぜ課題としたか）

暑中コンクリート対策を講じるためコンクリートの品質確保を課題とした。 ――課題のテーマ

⑵ 技術的課題を解決するために検討した項目と検討理由及び検討内容

猛暑の昼間に打設するコンクリート工事で品質低下を防止するために次の検討を行った。	前書き
①コンクリートの混和剤として、AE 減水剤を検討し単位水量を減じて、ワーカビリティーを高めるコンクリートを打設することとした。 ②コンクリートの締め固めを確実に行うために、型枠に目印をつけ、バイブレーターを直角に差込み、横送りを禁止した。	課題の具体的内容（問題提議の詳細）
③コンクリート表面の急激な乾燥を防止するためのマット養生と散水方法を検討しコンクリートの品質向上に努めた。	課題の解決方法

⑶ 上記検討の結果，現場で実施した対応処置とその評価

現場において、暑中のコンクリートの品質を確保するために以下の対応処置を行った。	前書き
気温が 30℃を超えた時点で、遅延型の AE 減水剤に加え、流動化剤を使用した。 また、打設後 7 日間は養生マットに散水を	課題解決をいかに現場で実施したか
行うことにより、湿潤状態を保ち、猛暑時のコンクリートの品質を確保した。	対応処置と結果
現場での対応処置により、仕上がりの良いひび割れのないコンクリートを打設することができたことは評価できる。	成果の評価

経験記述文章例文 No.9 【下水道工事】

設問課題 （両課題に対応）	管理・計画的課題	品質管理
	工事・工種的課題	コンクリート工
キーワード	寒中コンクリートの品質管理	

［設問 1］

(1) 工事名

工事名	○○幹線水路工事

(2) 工事の内容

①	発注者名	福島県○○下水道事務所
②	工事場所	福島県○○市○○町○丁目
③	工期	令和○○年11月22日～令和○○年3月23日
④	主な工種	土留めコンクリート工
⑤	施工量	もたれ式土留め擁壁H＝3.5 m 延長26 m 鉄筋コンクリート52 m^3

(3) 工事現場における施工管理上のあなたの立場

立場	工事主任

［設問 2］

(1) 具体的な現場状況と特に留意した技術的課題

本工事は、雨水○号幹線水路φ800 mmの敷設に伴い、法面の補強をもたれ式土留め擁壁で施工する工事である。 ―― 課題となる工事の概要

もたれ式擁壁は現場打ちコンクリートで施工され、打設工事は、冬季において行われる ―― 問題の提議（なぜ課題としたか）

ことから、寒中コンクリートとしての材料の品質管理を課題とした。 ―― 課題のテーマ

⑵ 技術的課題を解決するために検討した項目と検討理由及び検討内容

寒中コンクリートで、コンクリート材料の品質を確保するために次の対策を検討した。 ― 前書き

①材料は、セメントは普通ポルトランドセントを使用し、現場で凍結した骨材、雪の入った骨材を使用しないように天候に注意し管理する。
②配合は、促進型のAE減水剤を用い、AEコンクリートとし、水セメント比は激しく変化しない気温状況と露出状態から65%とする。
③コンクリートの打込み時温度を5～20℃と ― 課題の具体的内容（問題提議の詳細）

することにより、寒中コンクリートとしての材料の品質を確保する対策を検討した。 ― 課題の解決方法

⑶ 上記検討の結果，現場で実施した対応処置とその評価

寒中コンクリートのコンクリート材料の品質を確保するために次のことを行った。 ― 前書き

コンクリートは、検討した所定の材料、配合とすることを徹底し、上屋で骨材を保存することにより雪の混入を防止。また、打込み時の ― 課題解決をいかに現場で実施したか

温度を15℃程度にして、作業性も確保し、寒中コンクリートの品質を確保し施工を実施した。 ― 対応処置と結果

評価としては、上屋の設置等現場条件に対する対応が計画どおり実施することができたことがあげられる。 ― 成果の評価

経験記述文章例文 No.10 【土地造成工事】

設問課題（両課題に対応）	管理・計画的課題	品質管理
	工事・工種的課題	コンクリート工
キーワード	コンクリートのコールドジョイント防止対策	

[設問 1]

(1) 工事名

工 事 名	○○ 遊水池改修工事

(2) 工事の内容

①	発注者名	京都府 ○○ 広域振興局
②	工事場所	京都府南丹市 ○○ 町地先
③	工 期	令和○○年7月22日～令和○○年1月26日
④	主な工種	遊水池擁壁工（コンクリート工）
⑤	施 工 量	コンクリート打設量680 m^3

(3) 工事現場における施工管理上のあなたの立場

立 場	現場監督

[設問 2]

(1) **具体的な現場状況と特に留意した技術的課題**

本工事は、○○地区排水機場の遊水池逆T式擁壁を現場打ちで改築する工事である。
（課題となる工事の概要）

擁壁の施工延長は 56 mと比較的長く、またコンクリート総打設量が 680 m^3 と多いことから、打継目が必要になる。
（問題の提議（なぜ課題としたか））

施工にあたり、打継目コールドジョイントの発生防止を課題とした。
（課題のテーマ）

(2) 技術的課題を解決するために検討した項目と検討理由及び検討内容

コンクリート打継目のコールドジョイントの発生を防止するために、次のことを行った。（前書き）

擁壁立壁のコンクリートを打ち込む際、外気温を測定したところ26度であったため、打ち重ね時間間隔が2時間以内となる区画を計画した。また、1層の高さを30cm程度とし、バイブレータをコンクリートの流れの先端に追従させながら、ジョイント面を十分に締め固めた。コンクリートの練り混ぜから打込み（課題の具体的内容（問題提議の詳細））

時間を短くし、コールドジョイントの発生を防止し、コンクリートの品質を確保した。（課題の解決方法）

(3) 上記検討の結果，現場で実施した対応処置とその評価

コールドジョイントの発生を防止するため次の対応処置を行った。（前書き）

練り混ぜから打込みの時間が80分となることから、測定した外気温26度より、打ち重ね時間間隔を2時間以内とした。

バイブレータを下層に10 cm程度入れ、十分に締固めを行うように施工した。

以上により、コンクリートの品質を確保する（課題解決をいかに現場で実施したか　対応処置と結果）

ことができた。このとき、気温の測定を確実に実施し施工に反映させたことが評価できる。（成果の評価）

経験記述文章例文　No.11　【道路工事】

設問課題（両課題に対応）	管理・計画的課題	施工計画
	工事・工種的課題	コンクリート工
キーワード	コンクリート打設時の騒音を軽減する施工方法	

[設問 1]

(1) 工事名

工事名	道路改良工事

(2) 工事の内容

①	発注者名	三重県 ○○ 地域工事事務所
②	工事場所	三重県 ○○ 市 ○○ 町地先
③	工　期	令和○○年11月15日～令和○○年2月18日
④	主な工種	道路付帯工、L型擁壁工
⑤	施工量	現場打ちL型擁壁 施工延長56 m

(3) 工事現場における施工管理上のあなたの立場

立場	現場監督

[設問 2]

(1) **具体的な現場状況と特に留意した技術的課題**

本工事は ○○ 道道路拡幅に伴い現場打ちL型擁壁を56 m施工するものである。（課題となる工事の概要）

L型擁壁を施工する切土区間は、民家が近接している住宅地になっており、近隣住民からの要望もあって騒音振動を軽減させる必要があった。（問題の提議（なぜ課題としたか））

よって、擁壁工のコンクリート施工時に発生する騒音を軽減させる施工計画を課題とした。（課題のテーマ）

⑵ 技術的課題を解決するために検討した項目と検討理由及び検討内容

コンクリート工事時に発生する騒音を軽減させるために、次の事項を検討し実施した。

前書き

コンクリートミキサー車の待機場所は、必ず現場内で待機させ、コンクリート排出終了時のふかし運転はしないようにする。

コンクリートポンプ車の設置場所は、宅地から離れた位置とし、コンクリート圧送パイプ内の抵抗が少なくなるように十分整備したものを用い、パイプの長さも極力短くした。

課題の具体的内容
（問題提議の詳細）

以上の施工方法を現場で徹底することで、施工時の騒音を軽減する対策とした。

課題の解決方法

⑶ 上記検討の結果，現場で実施した対応処置とその評価

検討の結果、次の対応処置を現場で実施した。

前書き

コンクリートポンプ車、コンクリートミキサー車ともに道路側へ配置することで宅地側の騒音を軽減させた。

圧送パイプの整備が確実に行われていることを確認し、エンジンへの負担を少なくした。また、電動式バイブレータを用いる等で騒音を軽減させて工事を行うことができた。

課題解決をいかに現場で実施したか
対応処置と結果

評価としては、周辺住民からの苦情もなく工事を終えられたことである。

成果の評価

経験記述文章例文 No.12 【橋梁工事】

設問課題 (両課題に対応)	管理・計画的課題	安全管理
	工事・工種的課題	コンクリート工
キーワード	コンクリート打設時の型枠の安全管理	

[設問 1]

(1) 工事名

工事名	○○地区橋梁工事（○号橋梁）

(2) 工事の内容

①	発注者名	千葉県○○農林振興センター
②	工事場所	千葉県茂原市○○町○丁目○○
③	工期	令和○○年11月15日～令和○○年3月26日
④	主な工種	橋梁下部工（逆T式橋台）
⑤	施工量	鉄筋コンクリート162 m^3 型枠195 m^2

(3) 工事現場における施工管理上のあなたの立場

立場	現場監督

[設問 2]

(1) 具体的な現場状況と特に留意した技術的課題

この工事は○○川橋梁工事で、下部工を逆T式直接基礎で施工するものである。 ｝課題となる工事の概要

○○橋の橋梁下部工施工にあたり、竪壁部の躯体厚が基礎部で1.40 m、変化部位置で0.90 mと比較的躯体厚が厚いことから、 ｝問題の提議（なぜ課題としたか）

コンクリート打設中の型枠変形防止を安全管理の課題とした。 ｝課題のテーマ

⑵ 技術的課題を解決するために検討した項目と検討理由及び検討内容

コンクリート打設中の型枠の変形を防止するために、次のことを行った。

前書き

①コンクリート打設前に、折れ曲がり、通り、高さ等、精度上の点検を行った。

②取付金具にゆるみがないこと、ハンチ部の浮き上がり防止が確実であること等、施工上の確認を行った。

③型枠内の清掃状況を確認し、コンクリート打設中は型枠の見張り役を決めて配置すること

課題の具体的内容
（問題提議の詳細）

によって、コンクリート打設中の型枠変形を防止し、安全管理を行った。

課題の解決方法

⑶ 上記検討の結果，現場で実施した対応処置とその評価

コンクリート打設中の型枠変形等を防止するために次の対応処置を行った。

前書き

設置した型枠は、下げ振り、トランシットを用いて精度上の点検を行った。

コンクリート打設中の見張りは、型枠を組み立てた大工を配置して、応急処置に備えることで安全に施工を行った。

課題解決をいかに現場で実施したか
対応処置と結果

以上、対応処置の結果により型枠の変形を防止することができ、無事故で工事を終えることができたことは評価できる。

成果の評価

経験記述文章例文 No.13 【河川工事】

設問課題（両課題に対応）キーワード	管理・計画的課題	工程管理
	工事・工種的課題	コンクリート工
	コンクリートポンプ車台数と打設計画	

[設問 1]

(1) 工事名

工 事 名	○○ 排水機場下部工事

(2) 工事の内容

①	発注者名	愛知県豊橋市
②	工事場所	愛知県豊橋市 ○○ 町地内
③	工　　期	令和○○年11月10日～令和○○年3月20日
④	主な工種	下部工（コンクリート工）
⑤	施 工 量	コンクリート打設量190 m^3

(3) 工事現場における施工管理上のあなたの立場

立　　場	現場主任

[設問 2]

(1) **具体的な現場状況と特に留意した技術的課題**

この工事は、○○ 排水路末端に設置される排水機場の下部コンクリート工事である。 ｝課題となる工事の概要

下部工の底版、1回のコンクリート打設量が多く、練り混ぜから打込みまでの時間を守ることが難しくなる可能性があった。 ｝問題の提議（なぜ課題としたか）

よって、コンクリートの打設計画を工程管理の課題とした。 ｝課題のテーマ

⑵ 技術的課題を解決するために検討した項目と検討理由及び検討内容

記述例	構成
コンクリートの打設計画を次のように検討した。	前書き
1日当たりのコンクリート打設量は190 m^{3}であった。予定どおりの打設ができない場合はミキサー車の待機時間が長くなり、コンクリート練り混ぜから打込み終了までの時間の限度を守れなくなるため、コンクリート打設予定量と1日の作業時間をグラフで表し、コンクリートの打設量の計画を明確にした。	課題の具体的内容（問題提議の詳細）
ミキサー車の運搬時間等の問題はなかったが、コンクリートポンプ車を2台配置して余裕のあるコンクリート打設工程を計画し実施した。	課題の解決方法

⑶ 上記検討の結果，現場で実施した対応処置とその評価

記述例	構成
検討の結果、コンクリートポンプ車2台を配置して次の対応処置を行った。	前書き
当日の外気温22℃であったことから、作成したグラフの打設量と練り混ぜから打ち込み時間の制限である120分を管理しながら、コンクリート製造工場と随時連絡をとり、出荷量を調整した。このことにより余裕をもった工期、工程を確保した。	課題解決をいかに現場で実施したか 対応処置と結果
現場の対応処置で評価できることは、ポンプ車を2台配置することを早期に検討し、採用することができたことである。	成果の評価

経験記述文章例文 No.14 【橋梁工事】

設問課題 （両課題に対応）	管理・計画的課題	施工計画
	工事・工種的課題	仮設土留め工
キーワード	土留めの低公害工法と補助工法の採用	

［設問 1］

(1) 工事名

工事名	○○橋梁工事

(2) 工事の内容

①	発注者名	国土交通省 ○○ 地方整備局
②	工事場所	長野県東御市 ○○ 町地内
③	工期	令和○○年10月25日～令和○○年5月20日
④	主な工種	橋梁下部工、土留め工
⑤	施工量	鋼矢板Ⅲ型 L＝9.5 m、186 枚

(3) 工事現場における施工管理上のあなたの立場

立場	現場監督

［設問 2］

(1) 具体的な現場状況と特に留意した技術的課題

本工事は、○○川の橋梁下部工を施工するもので、鋼矢板Ⅲ型を用いた土留め工事である。（課題となる工事の概要）

工事現場は周辺に宅地が近接しており、騒音振動を防止するため、鋼矢板は低公害工法を採用し圧入することになっていた。しかし、ボーリング調査からN値が40の砂地盤層が（問題の提議（なぜ課題としたか））

あるため、打設工法の再検討が課題となった。（課題のテーマ）

⑵ 技術的課題を解決するために検討した項目と検討理由及び検討内容

周辺に宅地が近接しているために低公害工法を採用していたが、油圧式圧入機でN値40の砂層を打ち抜けないため補助工法の検討を行った。 ｝前書き

油圧圧入機の施工可能N値は15程度であり、N値40の砂層を圧入するのは不可能である。この層を打ち抜く補助工法を検討した結果、アースオーガかウォータージェットの併用が選定された。 ｝課題の具体的内容（問題提議の詳細）

現場は宅地が近接していることから、仮設設備をできるだけ小規模にする必要があったので、現場条件に合った補助工法としてウォータージェット工法を採用した。 ｝課題の解決方法

⑶ 上記検討の結果，現場で実施した対応処置とその評価

補助工法を採用して鋼矢板9.5mを圧入するために次の処置を行った。 ｝前書き

矢板の油圧圧入機に補助工法として14.7MPaのウォータージェットを用いた。ウォータージェットはN値40の砂層を抜くまでの使用とし、砂層貫通後は圧入機だけで鋼矢板9.5mの土留めを実施した。 ｝課題解決をいかに現場で実施したか 対応処置と結果

補助工法の採用により、周辺住民からの苦情もなく仮設土留め工事を終えたことが評価できる点である。 ｝成果の評価

経験記述文章例文 No.15 【河川工事】

設問課題（両課題に対応）	管理・計画的課題	安全管理
	工事・工種的課題	仮設土留め工
キーワード	土留め支保工の撤去方法	

［設問 1］

(1) 工事名

工 事 名	○○道路改良工事

(2) 工事の内容

①	発注者名	○○県土整備事務所
②	工事場所	埼玉県川越市○○町地内
③	工　　期	令和○○年10月20日～令和○○年3月15日
④	主な工種	ボックスカルバート施工時土留め工
⑤	施 工 量	鋼矢板Ⅱ型 L＝6.5 m、86 枚 切梁 2.1 t 腹起し 3.2 t

(3) 工事現場における施工管理上のあなたの立場

立　　場	現場監督

［設問 2］

(1) 具体的な現場状況と特に留意した技術的課題

本工事で課題とするのは、現場打ちボックスカルバートを施工するために行う鋼矢板による仮設土留め工事である。 ｝課題となる工事の概要

掘削深さは 4.5 m で 2 段の支保工を設置する計画であった。躯体位置に切梁を設置するこ ｝問題の提議（なぜ課題としたか）

とから、コンクリート打ち継ぎ時の支保工の撤去方法を安全管理の課題とした。 ｝課題のテーマ

⑵ **技術的課題を解決するために検討した項目と検討理由及び検討内容**

コンクリートの打ち継ぎ時の撤去時期について次のように検討した。 ― 前書き

最下段（2段目）の切梁を撤去する際、ボックスカルバートの底版と側壁を打設し、底版に盛替え梁を設置することとした。

盛替え梁は、設置する位置での土圧に耐えられる断面を計算により求め、鋼矢板と躯体との間に無筋コンクリートで打設することで安全に支保工を撤去するものとした。 ― 課題の具体的内容（問題提議の詳細）

以上、盛替え梁をコンクリートにすることで仮設時の安全を確保して支保工の撤去を実施した。 ― 課題の解決方法

⑶ **上記検討の結果，現場で実施した対応処置とその評価**

支保工を安全に撤去する盛替え梁を検討した結果、次の処置を行った。 ― 前書き

盛替え梁の断面は、設置位置の土圧から座屈しない厚さ30 cmで設定しコンクリートを打設した。

仮設用であり、養生期間をできるだけ短縮することから早強コンクリートを採用した盛替え梁とすることで安全な支保工の撤去を行った。 ― 課題解決をいかに現場で実施したか 対応処置と結果

現場では、盛替え梁を確実に設置することで支保工を安全に撤去できたことが評価できる。 ― 成果の評価

経験記述文章例文 **No.16** 【道路工事】

設問課題（両課題に対応）	管理・計画的課題	施工計画
	工事・工種的課題	仮設土留め工
キーワード	土留め支保工の撤去方法	

[設問 1]

(1) 工事名

工 事 名	○○号幹線道路補修工事

(2) 工事の内容

①	発注者名	国土交通省 ○○ 地方整備局
②	工事場所	青森県五所川原市 ○○ 町地内
③	工 期	令和○○年9月22日～令和○○年7月11日
④	主な工種	ボックスカルバート施工時土留め工
⑤	施 工 量	鋼矢板Ⅲ型 L＝10.5 m、132 枚 切梁1.8 t 腹起し4.2 t

(3) 工事現場における施工管理上のあなたの立場

立 場	現場監督

[設問 2]

(1) 具体的な現場状況と特に留意した技術的課題

　この工事は、幅 2.0 m、高さ 2.8 mの現場打ちボックスカルバートを施工するために行う仮設工事である。 ｝課題となる工事の概要

　仮設土留めの掘削深さが 4.5 mであることから 2 段の支保工を設置して掘削した。 ｝問題の提議（なぜ課題としたか）

これらの条件から、コンクリート打ち継ぎと支保工の撤去を施工計画の課題とした。 ｝課題のテーマ

⑵ 技術的課題を解決するために検討した項目と検討理由及び検討内容

コンクリートの打設計画と支保工の撤去時期について次のように検討した。　　前書き

①ボックスカルバートの底版と側壁 0.6 m を打設、埋め戻しを行い 2 段目の支保工を撤去するとき、埋め戻しの土圧が少ないため、盛替えばりを設置することなく、捨ばりで支保を行った。

②1 段目の支保工撤去は、側壁高 2.8 m を打設し、埋め戻した後に撤去することから、　　課題の具体的内容（問題提議の詳細）

盛替えばりにより本体構造物の安全を確保して支保工の撤去計画を実施した。　　課題の解決方法

⑶ 上記検討の結果，現場で実施した対応処置とその評価

2段の支保工を撤去する施工計画を検討した結果、次の処置を行った。　　前書き

2段目撤去時に切梁間隔 3.0 m と同じ位置に、太鼓落としを捨ばりとして設置した。

1段目撤去時には、コンクリート打設後に盛替えばりを設置して、埋め戻しと捨ばり設置を行い、支保工の撤去を実施した。　　課題解決をいかに現場で実施したか 対応処置と結果

現場での処置により、安全に支保工を撤去することができ、周辺環境への影響もなく、ボックスカルバートを施工することができた。　　成果の評価

経験記述文章例文 No.17 【河川工事】

設問課題 (両課題に対応)	管理・計画的課題	環境保全対策
	工事・工種的課題	仮設土留め工
キーワード	土留め矢板打ち込み時の騒音振動防止対策	

[設問 1]

(1) 工事名

工事名	排水機場工事

(2) 工事の内容

①	発注者名	埼玉県越谷市
②	工事場所	埼玉県越谷市○○町○○○
③	工期	令和○○年9月22日～令和○○年2月10日
④	主な工種	鋼矢板山留め工
⑤	施工量	鋼矢板Ⅲ型L＝12.5 m、192 枚

(3) 工事現場における施工管理上のあなたの立場

立場	現場監督

[設問 2]

(1) 具体的な現場状況と特に留意した技術的課題

本工事は、排水機場の仮設土留め工事で鋼矢板12.5 mを192枚打設するものである。 ｝課題となる工事の概要

鋼矢板の打設にあたり、注意しなければならないことは、本工事現場が市街地内にあり、騒音、振動への配慮が必要である。よって、 ｝問題の提議（なぜ課題としたか）

鋼矢板打ち込み時の騒音、振動に対する環境保全対策を課題とした。 ｝課題のテーマ

⑵ 技術的課題を解決するために検討した項目と検討理由及び検討内容

鋼矢板打ち込み時に、市街地の環境保全を行うために次のことを検討した。	前書き
①低騒音、低振動で施工するために、最も効果が期待できる圧入工法を採用した。 ②低騒音型機械の採用としては、アースオーガ併用の押し込み機とした。 ③作業工程の短縮は、施工機械が大きいことから困難を要したが、同上工法により騒音基	課題の具体的内容（問題提議の詳細）
準値85dBを超えないため、午後7時までの作業とすることによって、環境保全対策を行った。	課題の解決方法

⑶ 上記検討の結果，現場で実施した対応処置とその評価

検討の結果、以下の処置を行った。	前書き
アースオーガ押し込み機は45kWを用い、また、油圧圧入機は 200t級で土留め矢板を圧入した。圧入機の 200t級はディーゼルエンジン駆動であるため、1日あたりの作業時間を	課題解決をいかに現場で実施したか
午後 7 時までとして、現場周辺への環境保全対策を実施した。	対応処置と結果
現場での処置により、周辺住民からの苦情もなく、鋼矢板による仮設工事を終えたことが評価できる。	成果の評価

経験記述文章例文 **No.18** 【河川工事】

設問課題（両課題に対応）	管理・計画的課題	品質管理
	工事・工種的課題	仮設土留め工
キーワード	地下水位の測定時期とボイリングの防止	

［設問 1］

⑴ 工事名

工 事 名	○号雨水幹線水路工事

⑵ 工事の内容

①	発注者名	神奈川県川崎市
②	工事場所	神奈川県川崎市 ○○ 区 ○○ 町地内
③	工　　期	令和○○年10月17日～令和○○年3月23日
④	主な工種	山留め工
⑤	施 工 量	鋼矢板Ⅱ型L＝6.5 m 打設枚数82枚

⑶ 工事現場における施工管理上のあなたの立場

立　　場	現場監督

［設問 2］

⑴ **具体的な現場状況と特に留意した技術的課題**

本工事は、○号雨水幹線水路工事で、県道○○号線下に設置するボックスカルバートを施工するための掘削山留工事である。（課題となる工事の概要）

山留め工施工場所は地下水が高く、○○川が近接していること、掘削底面が砂地盤であることから、（問題の提議（なぜ課題としたか））地下水位の設定とボイリングを防止する山留め工を品質管理の課題とした。（課題のテーマ）

(2) 技術的課題を解決するために検討した項目と検討理由及び検討内容

ボイリングを防止するための地下水の設定について次の検討をした。 ― 前書き

施工期間の河川計画水位が11.2 mであったことから、施工時には河川位の影響があると考え、地下水位の設定は河川水位の11.2 mとした。
砂地盤であることからボイリングを満足する鋼矢板の根入れ長を確保した。 ― 課題の具体的内容（問題提議の詳細）

鋼矢板を打ち込んだときに、矢板沿いに水道ができていると予想され、ウェルポイントで地下水を低下させ、ボイリングを防止した。 ― 課題の解決方法

(3) 上記検討の結果，現場で実施した対応処置とその評価

ボイリングを防止するために次の対応処置を行った。 ― 前書き

地下水位を低下させるためにウェルポイントを1.2 mピッチで32本打ち込んだ。
矢板は、ボイリングを防止する根入れ4.2 m以上とすることにより、ウェルポイントを併用しボイリングを防止した。 ― 課題解決をいかに現場で実施したか 対応処置と結果

評価としては、施工時の河川水位の設定を的確に行えたことと、その対策にウェルポイントを追加し効果を確実にしたことである。 ― 成果の評価

経験記述文章例文 No.19 【下水道工事】

設問課題（両課題に対応）キーワード	管理・計画的課題	安全管理
	工事・工種的課題	仮設土留め工
	土留め工の点検と安全管理	

[設問 1]

(1) 工事名

工事名	千葉〇〇線下水道移設工事

(2) 工事の内容

①	発注者名	千葉県四街道市
②	工事場所	千葉県四街道市 〇〇 町地内
③	工　期	令和〇〇年6月15日～令和〇〇年3月25日
④	主な工種	仮設土留め工
⑤	施工量	鋼矢板Ⅲ型L＝8.5 m、打設枚数 256 枚

(3) 工事現場における施工管理上のあなたの立場

立　場	現場主任

[設問 2]

(1) **具体的な現場状況と特に留意した技術的課題**

この工事は、老朽化した下水道管を鋼矢板による土留めで撤去改修する工事である。（課題となる工事の概要）

施工区間の車線は住宅に近接しており、掘削時の土留め矢板の変形は、周辺構造物に与える影響が大きいと予想されたため、（問題の提議（なぜ課題としたか））

土留め壁の安全性を確認する点検手法、項目を安全管理の課題とした。（課題のテーマ）

⑵ 技術的課題を解決するために検討した項目と検討理由及び検討内容

本工事における土留め工の安全を確保するために次のような点検手法と点検項目の検討を行った。

前書きと課題の結果

①計器観測を補うための目視点検として、土留め壁の水平変位を下げ振りで、鉛直変位をトランシットで確認した。また支保工のはらみ、局部的な変形の確認は水糸を張って行った。
②計器観測は、土留め壁の挿入式傾斜計と切梁に土圧計を設置した。土圧計の値と予測計算結果を比較して、土留め壁の挙動を把握することにより、工事の安全管理を行った。

課題の具体的内容

⑶ 上記検討の結果，現場で実施した対応処置とその評価

土留め壁の安全性を確認するために、現場での安全管理は次のように行った。

前書き

目視点検の頻度は毎日２回、仮設設備と周辺構造物については、工事開始時と終了時に行った。計器観測は矢板内の掘削を行っている間は毎日１回、躯体の施工中は週１回実施することによって、土留め壁の安全を確保した。

課題解決をいかに現場で実施したか
対応処置と結果

評価としては、目視点検項目と計器観測項目とを適正に選択し、それを実施、管理したことである。

成果の評価

経験記述文章例文 No.20 【下水道工事】

設問課題（両課題に対応）キーワード	管理・計画的課題	工程管理
	工事・工種的課題	仮設土留め工
	仮設土留めの工期短縮	

[設問 1]

(1) 工事名

工事名	○○調節池改修その○工事

(2) 工事の内容

①	発注者名	愛媛県○○局
②	工事場所	愛媛県○○市○○町地内
③	工期	令和○○年8月21日～令和○○年3月20日
④	主な工種	土留め工
⑤	施工量	鋼矢板Ⅲ型L＝10.5 m 打設枚数 280 枚

(3) 工事現場における施工管理上のあなたの立場

立場	現場監督

[設問 2]

(1) 具体的な現場状況と特に留意した技術的課題

本工事は、老朽化したコンクリート壁の調整池を撤去し改修する工事である。（課題となる工事の概要）

既設のコンクリート壁の撤去にあたり、土留め工として鋼矢板Ⅲ型を打込み、切梁、腹起しを2段設置するものである。（問題の提議（なぜ課題としたか））

工程計画を検討したところ、掘削作業に時間がかかり、5日の工期短縮が課題となった。（課題のテーマ）

⑵ 技術的課題を解決するために検討した項目と検討理由及び検討内容

掘削、土留め工の作業方法を改善し、工程を短縮するために下記の検討を行った。 ― 前書きと課題の結果

鋼矢板の打込み完了後の掘削について、支保工に偏土圧が作用しないブロック割りを検討した。

ブロック割りの各箇所で、並行作業はできるかどうか検討を行った。

掘削中に土留め支保工に作用する土圧、変形を観測する箇所を検討した。 ― 課題の具体的内容

以上の検討により、作業工程を５日以上短縮する工程計画をたてた。 ― 課題の解決方法

⑶ 上記検討の結果，現場で実施した対応処置とその評価

現場では以下のように行った。 ― 前書き

分割したブロックの左右、中央の３ブロックのうち、中央ブロックの支保工を設置した後に左右ブロックの掘削を同時に開始した。このとき、中央部の土圧と支保工のひずみを測定、監視し、安全を確認してから左右の支保 ― 課題解決をいかに現場で実施したか

工を設置した。この並行作業を可能としたことから、工期を７日短縮することができた。 ― 対応処置と結果

工期短縮と安全の確保を同時に行ったことと予定より２日短縮できたことが評価できる。 ― 成果の評価

経験記述文章例文　**No.21**　**【農業土木工事】**

設問課題（両課題に対応）	管理・計画的課題	工程管理
	工事・工種的課題	仮設土留め工
キーワード	土留め工のブロック割り並行作業と工程管理	

[設問 1]

(1) 工事名

工事名	○○用水機場下部工事

(2) 工事の内容

①	発注者名	静岡県○○農林事務所
②	工事場所	静岡県浜松市○○区○○町地内
③	工　期	令和○○年5月25日～令和○○年3月18日
④	主な工種	仮設土留め工
⑤	施工量	鋼矢板Ⅱ型L＝9.5 m、342枚

(3) 工事現場における施工管理上のあなたの立場

立　場	現場主任

[設問 2]

(1) **具体的な現場状況と特に留意した技術的課題**

本工事は、用水ポンプ場仮設土留め工事であり、2段切梁式で行うものである。（課題となる工事の概要）

下部工躯体のコンクリート工事は、周囲を閉合した矢板内で掘削して行うことから、左右、上下流ともに2段に交差した切梁、それを支（問題の提議（なぜ課題としたか））

える中間杭が設置された中での煩雑な作業となり、土留め支保の工程管理を課題とした。（課題のテーマ）

⑵ 技術的課題を解決するために検討した項目と検討理由及び検討内容

土留め支保工と掘削を効率よく行うために、次のことを行った。

前書き

①施工ブロックは、バックホウ掘削範囲を考慮して、左右両端と中央の3つに分割した。
②矢板打ち込み後、支保工に偏土圧が作用しないように中央部ブロックからの掘削とした。
③中央ブロックの掘削後、支保を設置している間、右側ブロックの掘削を並行作業とした。
④支保工の計器観測もブロック毎に行い、順

課題の具体的内容
（問題提議の詳細）

次各ブロックの並行作業を実施することで工期を確保した。

課題の解決方法

⑶ 上記検討の結果，現場で実施した対応処置とその評価

土留め支保工の工期を確保するために、以下の対応処置を行った。

前書き

中央ブロックの支保設置後、右側ブロックの掘削を開始している間、中央部の計器観測と安全確認を行い、右側部の支保工事を開始した。左側ブロックも同様に施工し、ブロック毎の並行作業で工期を確保した。

課題解決をいかに現場で実施したか
対応処置と結果

評価としては、対応処置として行った工程管理とともに、支保工の計器観測などの安全管理も加えて実施できたことである。

成果の評価

経験記述文章例文 **No.22** 【河川工事】

設問課題	管理・計画的課題	安全管理
（両課題に対応）	工事・工種的課題	仮設土留め工
キーワード	支保工撤去時の安全管理	

[設問 1]

(1) 工事名

工 事 名	水害対策河川整備事業○○排水機場下部工工事

(2) 工事の内容

①	発注者名	茨城県 ○○○ 部
②	工事場所	茨城県水戸市 ○○ 地内
③	工　　期	令和 ○○ 年12月26日～令和 ○○ 年7月25日
④	主な工種	山留め工
⑤	施 工 量	鋼矢板Ⅲ型 L＝11.5 m、204 枚 切梁 H 350×350、19.6 m、2 段 腹起し H 350×350 mm

(3) 工事現場における施工管理上のあなたの立場

立　　場	現場代理人

[設問 2]

(1) **具体的な現場状況と特に留意した技術的課題**

本工事は排水機場コンクリート工事である。　（課題となる工事の概要）

下部工の基礎床付け面の掘削深さは平均で4.5 m であることから、鋼矢板による土留めを行い、2 段式切梁による支保工を設置した。切梁は1本当たり19.6 mを2段設置し、合計20 本と多くなることから、　（問題の提議（なぜ課題としたか））

危険の伴う撤去時の安全管理を課題とした。　（課題のテーマ）

(2) 技術的課題を解決するために検討した項目と検討理由及び検討内容

切梁、腹起し等の支保工を撤去するときに、次の事項を安全管理として検討した。 ― 前書きと課題の結果

①切梁中間継ぎ手の解体は、作業員の落下が考えられるため、常に２人作業で行った。

②支保材の取り外しは、クレーンで吊ってから取り外すこととし、玉掛者には２本吊りを徹底させた。

③玉掛けの不備等で材料の落下による災害を防止するために、搬出する作業場所には立ち入り禁止処置としてバリケードを設置し、労働者の立ち入りを禁止した。

― 課題の解決方法

(3) 上記検討の結果，現場で実施した対応処置とその評価

現場では以下のように行った。 ― 前書き

支保工の解体作業を行う作業者には、墜落制止用器具を使用させ、ボルトを全て外さないように周知させて作業を行った。

ワイヤーロープは毎朝必ず点検を行い、立ち入り禁止処置のバリケードは常時点検を行い、支保工撤去時の安全管理を行った。

― 課題解決をいかに現場で実施したか　対応処置と結果

評価としては、安全管理項目を明確に指示し、それを徹底して実施できたことで作業員の事故もなく工事を終えたことである。 ― 成果の評価

経験記述文章例文 No.23 【農業土木工事】

設問課題（両課題に対応）	管理・計画的課題	品質管理
	工事・工種的課題	管路工（推進工）
キーワード	管路推進工工事の精度管理	

[設問 1]

(1) 工事名

工事名	○○地区用水路その２工事

(2) 工事の内容

①	発注者名	群馬県前橋市
②	工事場所	群馬県前橋市○○町
③	工期	令和○○年8月28日～令和○○年3月28日
④	主な工種	用水管路工（推進工）
⑤	施工量	管路推進工 ϕ1200 mm、L＝350 m 立坑 H＝6.5 m、２箇所

(3) 工事現場における施工管理上のあなたの立場

立場	現場主任

[設問 2]

(1) 具体的な現場状況と特に留意した技術的課題

本工事は、農業用水路管の改修で、JR横断区間を推進工で施工するものである。
（課題となる工事の概要）

農業用水路の工事は、農業用水が使用されない、９月から３月の期間内に完了させなければならない工事であることから、工事を所
（問題の提議（なぜ課題としたか））

定の工期内に正確に施工できるように、推進管工事の精度の品質管理を課題とした。
（課題のテーマ）

(2) 技術的課題を解決するために検討した項目と検討理由及び検討内容

記述例	構成
推進工事の推進管の精度を確保するために、次のような検討を行った。	前書き
推進工事による管路布設工事は、立坑2箇所を設置する1スパン、全延長350mである。推進工事において、推進管の施工精度の確保を適切に管理することは、工事全体の工程に大きく影響する。	課題の具体的内容（問題提議の詳細）
よって、本工事での推進管の許容値を下記に設定した。 ①自主管理値・±30mm以内・継続、実施 ②許容管理値・±50mm以内・中止、対策 以上により、推進管精度の品質を確保した。	課題の解決方法

(3) 上記検討の結果，現場で実施した対応処置とその評価

記述例	構成
検討の結果、下記事項を実施した。	前書き
推進管路の上下左右の測定は、推進中はレーザーで常時監視し、かつ1本（4m）ごとに測定を行った。許容値の自主管理値、許容管理値は、朝夕2回以上、全作業員に周知徹底を図った。	課題解決をいかに現場で実施したか
測定値と許容値における作業判断により、±15mm以内の精度を確保した。	対応処置と結果
対応処置の結果、推進工の精度を確保したことに加え、施工品質の向上に努めた結果、工期に余裕をもって終えることができた。	成果の評価

経験記述文章例文　No．24　【農業土木工事】

設問課題 （両課題に対応） キーワード	管理・計画的課題	工程管理
	工事・工種的課題	管路工（推進工）
	クリティカルパスの明確化と工程の見直し	

[設問 1]

(1) 工事名

工事名	第○号幹線用水路改修その1工事

(2) 工事の内容

①	発注者名	埼玉県川越市
②	工事場所	埼玉県川越市○○町
③	工　期	令和○○年8月15日～令和○○年6月22日
④	主な工種	用水管路工（推進工）
⑤	施工量	管路推進工 φ800 mm、L＝920 m 立坑 H＝8.0 m、2箇所

(3) 工事現場における施工管理上のあなたの立場

立　場	現場主任

[設問 2]

(1) **具体的な現場状況と特に留意した技術的課題**

本工事は農業用水路管改修工事で、県道横断区間をさや管式の推進工事で施工した。（課題となる工事の概要）

農業用水路は、農地へ用水を使用していない、非かんがい期間内に完了させなければならない。また、工事開始が当初工程より16日遅れていることから、（問題の提議（なぜ課題としたか））

工期を短縮するために、工程管理を課題とした。（課題のテーマ）

⑵ 技術的課題を解決するために検討した項目と検討理由及び検討内容

推進工事の工期を短縮するために、次のような検討を行った。 ── 前書き

当初工程より、工事開始の遅れ16日を考慮した実際の工程表を作成した。これにより、全体工事スケジュールを決定している工事の大部分が推進工であることが明確になり、クリティカルパスをできる限り推進工のみとする工程計画を行った。 ── 課題の具体的内容（問題提議の詳細）

クリティカルパスを明確にすることにより、推進工に人員を適切に投入し、優先的に工事を進めることにより、工期短縮を行った。 ── 課題の解決方法

⑶ 上記検討の結果，現場で実施した対応処置とその評価

検討の結果、下記事項を実施した。 ── 前書き

クリティカルパスを推進工のみとするために、立坑工事、薬液注入工事、付帯工事は発注者、道路管理者と協議のうえ、所轄警察署の道路使用許可の交付を受け、夜間作業の併用を行った。また、道路復旧等は管布設後に行うことにより、工期短縮を行い工期が厳守できた。 ── 課題解決をいかに現場で実施したか 対応処置と結果

評価としては、検討時に早期に所轄警察署との協議を始めたことにより、比較的早い段階で夜間工事を計画できたことである。 ── 成果の評価

経験記述文章例文 No.25 【下水道工事】

設問課題 （両課題に対応）	管理・計画的課題	施工計画
	工事・工種的課題	管路工（管布設）
キーワード	狭小部での施工計画	

[設問 1]

(1) 工事名

工 事 名	○○水路○号　管布設工事

(2) 工事の内容

①	発注者名	埼玉県○○部
②	工事場所	埼玉県○○市○○町地内
③	工　期	令和○○年6月21日～令和○○年1月20日
④	主な工種	塩ビ管布設工
⑤	施 工 量	塩ビ管φ250、L＝635 m 1号人孔布設10箇所

(3) 工事現場における施工管理上のあなたの立場

立　場	現場代理人

[設問 2]

(1) 具体的な現場状況と特に留意した技術的課題

本工事は、市街地の町道に開削工法で汚水管を布設する工事である。 ―― 課題となる工事の概要

工事範囲は全体的に道幅が狭かったので土工事で2tダンプトラックを使用した。しかし、一部の区間で道路幅が 1.9 mと非常に狭く、バックホウなどの建設機械が使用できないた ―― 問題の提議（なぜ課題としたか）

め、狭小部の施工計画が課題となった。 ―― 課題のテーマ

⑵ 技術的課題を解決するために検討した項目と検討理由及び検討内容

狭小な施工スペースで塩ビ管を布設するため、以下の施工方法の検討を行った。 ―― 前書き

施工方法として、大型の機械を使用しない人力掘削の方法とダンプトラックが進入できる場所までの土砂の運搬方法を検討し、1号人孔より規模が小さい物の採用を検討した。 ―― 課題の具体的内容（問題提議の詳細）

以上、重機を使用しないプレキャスト人孔の設置方法等について、発注者と協議を行い、道路幅 1.9 mの狭小部における塩ビ管の布設、人孔をプレキャストに変更した施工計画を立案し、工事を実施した。 ―― 課題の解決方法

⑶ 上記検討の結果，現場で実施した対応処置とその評価

狭小部での施工計画を立案し工事を行った。 ―― 前書き

アスファルト舗装版は削岩機で粉砕し、掘削積み込みを人力で行い、ベルトコンベアを連結し、残土運搬を行った。

人孔には角型の特殊人孔を採用し、人孔設置後管路の人力掘削を行い、塩ビ管の布設を行った。施工スパンを 10 m と短くすることで狭小部での施工が可能となった。 ―― 課題解決をいかに現場で実施したか 対応処置と結果

現地に合った施工方法を詳細に検討し、採用し施工できたことが評価できる。 ―― 成果の評価

経験記述文章例文 No. 26 【下水道工事】

設問課題 （両課題に対応） キーワード	管理・計画的課題	安全管理
	工事・工種的課題	シールド工
	掘削地盤の沈下事故防止	

[設問 1]

(1) 工事名

工 事 名	○○幹線水路工事

(2) 工事の内容

①	発注者名	神奈川県○○市○○下水道部
②	工事場所	神奈川県○○市○○町○丁目
③	工　　期	令和○○年10月20日〜令和○○年3月18日
④	主な工種	シールド工、人孔築造工
⑤	施 工 量	シールド工ϕ1500 mm、L＝450 m 特殊人孔　1箇所

(3) 工事現場における施工管理上のあなたの立場

立　　場	現場代理人

[設問 2]

(1) 具体的な現場状況と特に留意した技術的課題

本工事は、下水管ϕ1500mmを圧気式手掘シールド工法で布設する工事である。 （課題となる工事の概要）

工事区間の地質が沖積粘土で、土被りが6m程度と浅い箇所があり、シールドマシン通過後に地盤沈下の発生が懸念された。 （問題の提議（なぜ課題としたか））

このことから、シールドマシン通過後に地盤が沈下することを防止する安全管理が課題となった。 （課題のテーマ）

(2) 技術的課題を解決するために検討した項目と検討理由及び検討内容

シールドマシンの掘進に伴い土被りが浅い軟弱地盤層の沈下を防止するために以下の検討を行った。

前書き

①沈下を防止するためには、確実に裏込め注入を行うことが重要なポイントと考え、注入を管理する方法を検討した。
②注入時、路面の隆起や沈下を早期に把握できるように測量計画を検討した。
③掘進に伴い、シールドマシン上部の地層を安定させる対策を検討した。
以上、沈下に対する安全管理を検討した。

課題の具体的内容
（問題提議の詳細）
課題の解決方法

(3) 上記検討の結果，現場で実施した対応処置とその評価

安全管理方法の検討結果として、現場において下記事項を実施した。

前書き

①裏込め注入は1リング掘進ごとに行い、後部の既に注入した部分についても点検し、増し注入を行った。②路面の測量は事前に行い、掘進中は毎日2回実施した。③切刃の地層を常に確認し、増粘材を注入した。
以上、沈下を防止し安全に掘進することができた。

課題解決をいかに現場で実施したか
対応処置と結果

評価としては、裏込め注入に着目し沈下を防止したことがあげられる。

成果の評価

経験記述文章例文　No. 27　【下水道工事】

設問課題（両課題に対応）	管理・計画的課題	工程管理
	工事・工種的課題	シールドエ
キーワード	セグメントの発注管理	

[設問 1]

(1) 工事名

工事名	○○幹線水路工事

(2) 工事の内容

①	発注者名	神奈川県○○市○○下水道部
②	工事場所	神奈川県○○市○○町○丁目
③	工期	令和○○年10月20日～令和○○年3月18日
④	主な工種	シールドエ、人孔築造工
⑤	施工量	シールドエ ϕ1500 mm、L＝450 m 特殊人孔　1箇所

(3) 工事現場における施工管理上のあなたの立場

立場	現場代理人

[設問 2]

(1) 具体的な現場状況と特に留意した技術的課題

本工事は、下水管ϕ1500 mmを圧気式手掘シールドエ法で布設する工事である。（課題となる工事の概要）

工事区間中に、曲線半径が異なるカーブが4箇所あり、異形セグメントを多用する必要があった。異形セグメントは発注から受け入れまで14日を必要としたため、（問題の提議（なぜ課題としたか））

異形セグメントの発注管理方法が工程管理の課題となった。（課題のテーマ）

Lesson 1 経験記述

(2) 技術的課題を解決するために検討した項目と検討理由及び検討内容

　シールド掘進は、昼夜２班交代制で実施しており、曲線部ではシールドマシンの挙動に合わせて異形セグメントを使用する。
　このことから、掘進先の地質と過去の実績から異形セグメントを使用に先立ち調達する必要があり、工程の遅れを生じさせないため、以下の検討を行った。

前書き
課題の具体的内容
（問題提議の詳細）

①カーブ部の地質を調査し、セグメント組み立て想定パターンを作成した。
②過去の実績を調査して余分な使用を避ける方法を検討することにより工程管理を行った。

課題の解決方法

(3) 上記検討の結果，現場で実施した対応処置とその評価

　工程管理の検討結果として、現場において下記事項を実施した。

前書き

①カーブ部の地質は、含水比の高い粘土層であったため、高さをやや上げ沈下を防止する組み立てを想定してセグメントを発注した。
②緊急に備えたパターンを想定し、予備のセグメントを準備した。
　以上の方法で工期内に完成することができた。

課題解決をいかに現場で実施したか
対応処置と結果

　評価としては、予備セグメントを準備し余裕をもって工事を行えたことがあげられる。

成果の評価

経験記述文章例文　No.28　【下水道工事】

設問課題（両課題に対応）	管理・計画的課題	出来形管理
	工事・工種的課題	シールドエ
キーワード	曲線部の線形管理	

［設問 1］

(1)　工事名

工事名	○○幹線水路工事

(2)　工事の内容

①	発注者名	神奈川県○○市○○下水道部
②	工事場所	神奈川県○○市○○町○丁目
③	工　期	令和○○年10月20日～令和○○年3月18日
④	主な工種	シールドエ、人孔築造工
⑤	施工量	シールドエϕ1500mm、L＝450m 特殊人孔　1箇所

(3)　工事現場における施工管理上のあなたの立場

立場	現場代理人

［設問 2］

(1)　**具体的な現場状況と特に留意した技術的課題**

本工事は、下水管ϕ1500mmを圧気式手掘シールド工法で布設する工事である。

（課題となる工事の概要）

工事区間中に、曲線半径R＝30m、R＝60m、R＝120mのカーブが4箇所、計6箇所のカーブがあり、シールドマシンを計画どおりに掘進させることが困難で、トンネル内の測量が重要となり、出来形管理の方法が課題となった。

（問題の提議（なぜ課題としたか）課題のテーマ）

(2) 技術的課題を解決するために検討した項目と検討理由及び検討内容

シールド掘進は昼夜２班交代制で実施しており、曲線部ではシールドマシンの挙動に合わせて異形セグメントの使用を決定するため、正確な測量方法と測定頻度について以下の検討を行った。

前書き
課題の具体的内容
（問題提議の詳細）

①カーブ部においては裏込め材が固化するまでセグメントが動くので、固定した手前の基準点から測量する手順を計画した。
②計画路線の中間地点で測量精度を確保するため、地上からチェックボーリングを計画することにより、線形の出来形管理を行うこととした。

課題の解決方法

(3) 上記検討の結果，現場で実施した対応処置とその評価

検討結果より、線形の品質管理として現場において下記事項を実施した。

前書き

①カーブ部のシールドマシンの反力の影響でセグメントが動くため、影響が生じない 200 m 手前から切刃の位置を観測した。
②全延長 60％掘進し、地質が安定している位置でチェックボーリングを行い、中心線の確認を行うことにより、線形を許容値内とした。

課題解決をいかに現場で実施したか
対応処置と結果

評価としては、測量精度を確保する対策を併用できたことがあげられる。

成果の評価

経験記述文章例文 No.29 【下水道工事】

設問課題 (両課題に対応) キーワード	管理・計画的課題	施工計画
	工事・工種的課題	シールドエ
	曲線部線形確保の施工計画	

[設問 1]

(1) 工事名

工事名	○○幹線水路工事

(2) 工事の内容

①	発注者名	神奈川県○○市○○下水道部
②	工事場所	神奈川県○○市○○町○丁目
③	工期	令和○○年10月20日～令和○○年3月18日
④	主な工種	シールドエ、人孔築造工
⑤	施工量	シールドエφ1500 mm、L=450 m 特殊人孔 1箇所

(3) 工事現場における施工管理上のあなたの立場

立場	現場代理人

[設問 2]

(1) 具体的な現場状況と特に留意した技術的課題

本工事は、下水管φ1500mmを圧気式手掘シールドエ法で布設する工事である。 （課題となる工事の概要）

工事区間中に、曲線半径R=30m、R=60m、R=120mのカーブが4箇所、計6箇所のカーブがあり、シールドマシンを計画どおりに掘進させることが困難で、シールドマシンで計画線形を確保する施工方法が課題となった。 （問題の提議（なぜ課題としたか）課題のテーマ）

(2) 技術的課題を解決するために検討した項目と検討理由及び検討内容

シールド掘進は昼夜２班交代制で実施しており、曲線部ではシールドマシンの挙動に合わせて異形セグメントの使用を決定するため、正確な測量方法と測定頻度が線形を確保するためには重要となり、以下の検討を行った。

（前書き 課題の具体的内容（問題提議の詳細））

①カーブ部においては裏込め材が固化するまでセグメントが動くので固定した手前の基準点から測量する手順を計画した。

②計画路線の中間地点で測量精度を確保するため、地上からチェックボーリングを計画することにより、計画線形の確保を行うこととした。

（課題の解決方法）

(3) 上記検討の結果，現場で実施した対応処置とその評価

検討結果より、下記計画線形を確保する施工計画を現場において実施した。

（前書き）

①カーブ部のシールドマシンの反力の影響でセグメントが動くため、影響が生じない 200 m 手前から切刃の位置を観測した。

②全延長 60%掘進し、地質が安定している位置でチェックボーリングを行い、中心線の確認を行うことにより、線形を許容値内とした。

（課題解決をいかに現場で実施したか 対応処置と結果）

評価としては、測量精度を確保する対策を併用できたことがあげられる。

（成果の評価）

※本例文は記述例文 No. 28 と同じ工事で，出来形管理を施工計画に書き換えたものである。試験で予想と違う課題が出題された場合の参考例である。

経験記述文章例文　No.30　【河川工事】

設問課題 （両課題に対応）	管理・計画的課題	施工計画
	工事・工種的課題	河川護岸工
キーワード	コンクリートのひび割れ防止	

［設問 1］

(1) 工事名

工事名	○○川整備工事

(2) 工事の内容

①	発注者名	静岡県○○土木事務所
②	工事場所	静岡県浜松市○○区○○地先
③	工期	令和○○年10月22日～令和○○年3月31日
④	主な工種	防潮堤護岸工
⑤	施工量	防潮堤H＝1.4 m、L＝86 m

(3) 工事現場における施工管理上のあなたの立場

立場	現場主任

［設問 2］

(1) **具体的な現場状況と特に留意した技術的課題**

本工事は、○○川改修に伴い既設護岸を改修する工事である。 ｝課題となる工事の概要

下流で実施している防潮堤の施工実績等から、施工後コンクリート表面にひび割れが目立ち、事後対策で補修を行っている報告があった。 ｝問題の提議（なぜ課題としたか）

本地区においても、ひび割れの発生を防止する施工計画の立案を課題とした。 ｝課題のテーマ

⑵ 技術的課題を解決するために検討した項目と検討理由及び検討内容

ひび割れ発生を防止する施工計画について、次のような検討を行った。

前書き

ひび割れの発生原因は、壁厚が80 cmと厚いことからマスコンクリートの影響が出たものと考えられた。よって、マスコンクリート対策として、①セメントの種類を中庸熱ポルトランドセメントを用いた。②先に打設したコンクリートとの打設間隔を短くした。③１回の打設時間をなるべく長く一気に打ち込まないようにすることにより、マスコンクリートの影響を少なくする施工計画を立案した。

課題の具体的内容
（問題提議の詳細）

課題の解決方法

⑶ 上記検討の結果，現場で実施した対応処置とその評価

検討の結果、以下の施工計画を実施した。

前書き

マスコンクリートの影響を少なくするために、中庸熱ポルトランドセメントを使用し、打ち込み温度を抑えた。底版、パラペット部の打設は、延長を９ｍとしてひび割れ誘発目地を設置し、外気温との差が大きくならないようシートで保温し、確実に施工を行った。

課題解決をいかに現場で実施したか
対応処置と結果

評価としては、ひび割れ発生原因の想定とその対策案を早期に検討することにより、余裕をもって施工することができたことである。

成果の評価

経験記述文章例文 No.31 【河川工事】

設問課題 （両課題に対応）	管理・計画的課題	工程管理
	工事・工種的課題	河川護岸工
キーワード	法面湧水処理と工期短縮	

[設問 1]

(1) 工事名

工事名	第〇〇号〇〇河川整備工事

(2) 工事の内容

①	発注者名	山梨県〇〇土木事務所
②	工事場所	山梨県大月市〇〇地先
③	工期	令和〇〇年10月11日～令和〇〇年3月18日
④	主な工種	護岸工
⑤	施工量	積みブロック護岸 200 m^2

(3) 工事現場における施工管理上のあなたの立場

立場	工事主任

[設問 2]

(1) **具体的な現場状況と特に留意した技術的課題**

本工事は、〇〇川の護岸改修工事である。 — 課題となる工事の概要

非出水期の工事で、護岸施工範囲を大型土のうにより仮り締め切りを行い既設護岸の撤去、基礎部の掘削を開始した。基礎面の処理を行っていたところ、湧水が多く基礎部のコンクリートの施工が困難となった。 — 問題の提議（なぜ課題としたか）

よって、仮排水処理対策を加えた工程管理を課題とした。 — 課題のテーマ

(2) 技術的課題を解決するために検討した項目と検討理由及び検討内容

湧水の処理方法を検討し、工期の遅れを生じさせないようにした。 ―― 前書き

盛土による仮締め切り内には、φ150 mmの水中ポンプ３台を設置して掘削を行ったが、法面からの湧水が多く、法面の一部に崩壊が生じた。そこで、仮設盛土法尻に土のうを積み、押さえ盛土の効果により、法面の補強と湧水対策を行った。また、残工事を整理し、工程計画を修正するために、再度ネットワークを作成した。その修正工程により、重点的に管理が必要な作業を把握し、工程を確保した。 ―― 課題の解決方法

(3) 上記検討の結果，現場で実施した対応処置とその評価

検討の結果、以下のことを実施した。 ―― 前書き

修正工程により、重点的に管理が必要となった、基礎コンクリート工、法面整形工、護岸ブロック工については、作業員を増員して施工した。また、資材納入の調整もあわせて ―― 課題解決をいかに現場で実施したか

行った。その結果、作業日数の短縮を行い、工期を確保した。 ―― 対応処置と結果

評価としては、現場の変化に対し柔軟に対応し、対策方法、工程の再検討などを的確に行えたことがあげられる。 ―― 成果の評価

経験記述文章例文　No.32　【河川工事】

設問課題（両課題に対応）	管理・計画的課題	品質管理
	工事・工種的課題	河川護岸工
キーワード	間詰めコンクリートのひび割れ防止	

［設問 1］

(1)　工事名

工 事 名	○○川特定治水整備工事

(2)　工事の内容

①	発注者名	静岡県 ○○ 土木事務所
②	工事場所	静岡県島田市 ○○ 地先
③	工　　期	令和○○年9月10日～令和○○年3月26日
④	主な工種	護岸工
⑤	施 工 量	法枠式ブロック張工 3000 m^2 基礎コンクリート工 280 m

(3)　工事現場における施工管理上のあなたの立場

立　　場	現場主任

［設問 2］

(1)　具体的な現場状況と特に留意した技術的課題

本工事は、○川の河川護岸工事である。 ― 課題となる工事の概要

前年度、同時期に施工した下流工区の工事で、プレキャストコンクリート法枠の間詰めコンクリート部分に線状のひび割れが発生していた。ひび割れは、補修が必要な 0.4 mm 以上 ― 問題の提議（なぜ課題としたか）

のものが多いことから、間詰めコンクリートの品質管理を課題とした。 ― 課題のテーマ

⑵ 技術的課題を解決するために検討した項目と検討理由及び検討内容

ひび割れ発生を防止する、間詰めコンクリートの品質管理を次のように行った。 ―― 前書き

ひび割れの発生原因は、施工時期が風の強い冬季に施工され、また、遮蔽物のない工事箇所において、コンクリート打設直後の初期養生中に発生したものと考えられた。その要因としては、風によりコンクリート表面が急速に乾燥して、コンクリートの硬化作用が止まり、コンクリートが収縮したものと判断した。 ―― 課題の具体的内容（問題提議の詳細）

このことから、養生中の風対策、確実な養生によりコンクリートの品質を確保した。 ―― 課題の解決方法

⑶ 上記検討の結果，現場で実施した対応処置とその評価

検討の結果、以下のことを実施した。 ―― 前書き

ひび割れを防止するために、間詰めコンクリートを打設して水が引いた時期に、再度コテ仕上げを行った。養生は、浸透型の表面養生材を散布して養生マットで覆い、5日間特に ―― 課題解決をいかに現場で実施したか

風が当たらないよう実施した。結果、ひび割れは見られず、所定の品質は確保できた。 ―― 対応処置と結果

評価としては、下流工事の結果を踏まえ、ひび割れ発生の原因を早期に推定できたことである。 ―― 成果の評価

経験記述文章例文 No.33 【河川工事】

設問課題（両課題に対応）キーワード	管理・計画的課題	安全管理
	工事・工種的課題	河川樋管工
	車両通行と歩行者への安全確保	

［設問 1］

⑴ 工事名

工 事 名	◯◯ 樋管整備工事

⑵ 工事の内容

①	発注者名	愛知県名古屋市
②	工事場所	愛知県名古屋市 ◯◯ 区 ◯◯ 地先
③	工　期	令和◯◯年10月12日～令和◯◯年3月10日
④	主な工種	樋管工
⑤	施 工 量	樋管 2.2×2.2 m、L＝20 m

⑶ 工事現場における施工管理上のあなたの立場

立　場	現場主任

［設問 2］

⑴ 具体的な現場状況と特に留意した技術的課題

この工事は、河川改修工事に伴い行われる県道を横断する樋管工事である。（課題となる工事の概要）

県道◯◯線は、非常に交通量の多い道路であり、施工箇所周辺は住宅が建ち並んでいる。また、工事現場の近くに◯◯小学校があって、通学路となっている。（問題の提議（なぜ課題としたか））そのため、歩行者の安全確保を課題とした。（課題のテーマ）

⑵ 技術的課題を解決するために検討した項目と検討理由及び検討内容

工事現場周辺の環境を保全する対策を次のように検討した。（前書き）

①県道○○線を横断する樋管の施工延長を、県道○○線が片側通行となるように、分割して施工した。
②歩行者、通学路については、仮設の歩道を片側通行にした県道○○線と分離して設け、通学路を確保した。
③通学路には、単管パイプを組み立て、手すりを設置し、安全面にも配慮することにより歩行者の安全を確保した。（課題の具体的内容と課題の解決方法）

⑶ 上記検討の結果，現場で実施した対応処置とその評価

検討の結果、以下のことを実施した。（前書き）

車両の通行帯の確保にあたり、片側通行とし、交通規制を行った。通学路、歩行者用の仮設歩道には、幅２m、単管手すり75 cmを設置し、すべり防止マットを敷いて常時点検を行うことにより、（課題解決をいかに現場で実施したか）仮設歩道の歩行者の安全を確保することができた。（対応処置と結果）

工事の結果、検討した対応処置を現場で確実に実施することで歩行者の安全を確保できたことが評価できる。（成果の評価）

経験記述文章例文 No.34 【農業土木工事】

設問課題 （両課題に対応） キーワード	管理・計画的課題	安全管理
	工事・工種的課題	地盤改良工
	施工機械のトラフィカビリティー確保	

［設問 1］

⑴ 工事名

工 事 名	○○号排水路工事

⑵ 工事の内容

①	発注者名	茨城県○○市
②	工事場所	茨城県○○市○○地先
③	工　　期	令和○○年8月22日～令和○○年3月8日
④	主な工種	排水路工
⑤	施 工 量	現場打ち排水路 B 2.8×H 1.5 m 施工延長＝226 m

⑶ 工事現場における施工管理上のあなたの立場

立　　場	現場主任

［設問 2］

⑴ 具体的な現場状況と特に留意した技術的課題

本工事は、現況の土水路を現場打ち水路として改修する排水路工事である。
（課題となる工事の概要）

排水路を建設する場所は、土水路であったことから河底に土砂が堆積し非常に軟弱で、工事用道路を設置して施工することが非常に困難であった。
（問題の提議（なぜ課題としたか））

よって、施工機械のトラフィカビリティーを確保して安全に施工にすることを工事の課題とした。
（課題のテーマ）

⑵ 技術的課題を解決するために検討した項目と検討理由及び検討内容

掘削用重機のトラフィカビリティーを確保するために、以下のことを検討した。（前書き）

施工機械のトラフィカビリティーは、湿地ブルドーザのコーン指数より $400\ kN/m^2$ を確保することとした。そこで必要なコーン指数を得るために、土水路であった基礎部をセメント系固化材を使用して地盤改良することとした。

改良厚さは、バックホウによる撹拌能力を考慮して 50 cm とし、掘削対象範囲の基礎部（課題の具体的内容（問題提議の詳細））を全て改良し、施工機械のトラフィカビリティーを確保した。（課題の解決方法）

⑶ 上記検討の結果，現場で実施した対応処置とその評価

検討の結果、現場では下記を実施した。（前書き）

一般地盤用のセメント系固化材を使用し、水路基礎部を地盤改良しながら水路方向へ施工した。改良厚さは 50 cm とし、掘削重機のトラフィカビリティーを確保した。また、掘削後、敷鉄板を設置して、工事用道路とすることで、安全に施工することができた。（課題解決をいかに現場で実施したか 対応処置と結果）

評価としては、軟弱地盤を地盤改良とする判断と、改良強度を的確に設定することができたことである。（成果の評価）

経験記述文章例文 No.35 【河川工事】

設問課題（両課題に対応）	管理・計画的課題	品質管理
	工事・工種的課題	地盤改良工
キーワード	地盤改良のセメント添加量	

［設問 1］

⑴ 工事名

工事名	平成〇〇年度〇号排水路整備工事

⑵ 工事の内容

①	発注者名	静岡県磐田市
②	工事場所	静岡県磐田市〇〇〇地先
③	工　期	令和〇〇年9月15日～令和〇〇年2月18日
④	主な工種	排水路工
⑤	施工量	ボックスカルバートL＝12.0 m 地盤改良96 m^3

⑶ 工事現場における施工管理上のあなたの立場

立　場	工事主任

［設問 2］

⑴ **具体的な現場状況と特に留意した技術的課題**

本工事は、〇〇排水路の市道横断部に設置するボックスカルバートで、軽弱な基礎部を深度8.0 mの範囲で改良する工事である。　　課題となる工事の概要

基礎地盤8.0 mを改良するにあたり、必要な設計基準強度は200 kN/m^2であった。　　問題の提議（なぜ課題としたか）

この強度を得るために、室内配合試験における最適なセメント添加量を品質管理の課題とした。　　課題のテーマ

(2) 技術的課題を解決するために検討した項目と検討理由及び検討内容

本文	注記
改良強度とセメント添加量の品質管理について、次のように検討した。	前書き
改良地盤に対し、3本の試験供試体を作成し、全ての供試体が設計基準の85%以上とした。また、3本の平均値を設計基準強度以上とした。設計基準強度と室内目標強度は、200 kN/m² ＝室内目標強度×0.3～0.4の関係にある。よって、地盤改良体のセメント添加量は572 kN/m² を室内目標強度とし、最適な添	課題の具体的内容（問題提議の詳細）
加量を配合試験結果から求め、セメント添加量の品質管理を行った。	課題の解決方法

(3) 上記検討の結果，現場で実施した対応処置とその評価

本文	注記
検討の結果、以下のことを実施した。	前書き
改良地盤の試験供試体は、800 m³ ごとに1回、3本採取した。試験供試体の品質管理を設計基準強度に対し85%以上、平均値100%以上とした。高炉セメントによる配合試験より、室内目標強度572 kN/m² に対し232 kgの添加量とし、品質を確保した。	課題解決をいかに現場で実施したか 対応処置と結果
工事の結果、検討した対応処置を現場で確実に実施することで、良質な地盤改良基礎を構築できたことが評価できる。	成果の評価

経験記述文章例文　No.36　【道路工事】

設問課題（両課題に対応）	管理・計画的課題	環境保全対策
	工事・工種的課題	地盤改良工
キーワード	セメント系固化材使用時の環境保全対策	

[設問 1]

(1) 工事名

工事名	国第○設道路改良工事

(2) 工事の内容

①	発注者名	三重県○○建設事務所
②	工事場所	三重県○○市○○町
③	工期	令和○○年11月21日～令和○○年7月6日
④	主な工種	道路路床工
⑤	施工量	延長82.6 m

(3) 工事現場における施工管理上のあなたの立場

立場	現場主任

[設問 2]

(1) **具体的な現場状況と特に留意した技術的課題**

本工事は、幹線○号道路工事で、県道○○線に接続させる82.6 m工区である。（課題となる工事の概要）

幹線○号線で施工する路床土は、CBR試結果より、0.8％程度で路床改良が必要であった。この路床改良に使用する材料は、セ（問題の提議（なぜ課題としたか））

メント系固化材を用いることから、現場内外への環境保全を課題とした。（課題のテーマ）

(2) 技術的課題を解決するために検討した項目と検討理由及び検討内容

路床改良時の環境保全対策を、次のように検討した。 ― 前書き

路床厚 46 cm をセメント系固化材で改良するとき、道路の両側に仮囲いを設置して、セメントの飛散を防止することを現場外部への対策とした。

現場内においては、改良材の飛散対策として、改良を行うバックホウ運転者、及び誘導員に防塵メガネ、防塵マスクを着用させて作業を行うことにより現場内と外部に対する環境保全を行った。

― 課題の具体的内容と課題の解決方法

(3) 上記検討の結果，現場で実施した対応処置とその評価

現場における環境保全として、下記のとおり実施した。 ― 前書き

工事範囲に仮囲いを設置して、現場外への改良時のセメントの飛散を防止した。現場内ではセメントが飛散するので、防塵メガネ、防塵マスクを着用させることによって、現場内外への環境保全を行った。

― 課題解決をいかに現場で実施したか 対応処置と結果

以上、現場での処置により、現場での事故もなく、現場周辺からの苦情もなくセメント固化材を用いて工事ができた。 ― 成果の評価

経験記述文章例文 No.37 【下水道工事】

設問課題 （両課題に対応） キーワード	管理・計画的課題	工程管理
	工事・工種的課題	地盤改良工
	薬液注入による止水の工期短縮	

［設問 1］

(1) 工事名

工 事 名	雨水○○3号幹線管路工事

(2) 工事の内容

①	発注者名	愛媛県松山市
②	工事場所	愛媛県松山市○○町地内
③	工　　期	令和○○年6月18日～令和○○年3月22日
④	主な工種	雨水管布設工
⑤	施 工 量	φ600mm、L＝82m、 薬液注入、本数30本

(3) 工事現場における施工管理上のあなたの立場

立　　場	現場主任

［設問 2］

(1) 具体的な現場状況と特に留意した技術的課題

本工事は、雨水用の排水路推進工事である。 — 課題となる工事の概要

本地区は、ボーリングデータ等から地下水が高いことが分かっていたので、地下水低下工法にディープウェル工法を採用し地下水を下げた。しかし、予想よりも湧水が多く薬液注入の数量が増加することが予想されたことから、 — 問題の提議（なぜ課題としたか）

工期短縮に留意した。 — 課題のテーマ

(2) 技術的課題を解決するために検討した項目と検討理由及び検討内容

仮設排水と薬液注入の施工量増加に対し、工期を短縮するために次のことを行った。

前書きと課題の結果

地下水が高く、到達立坑で薬液注入時にディープウェルを併用施工する必要があるが、揚水により薬液が希釈されてゲル化機構を失う可能性があり、ディープウェルを停止して工期を確保できる薬液注入工法の再検討を行った。

地下水の影響を考慮してゲルタイムは瞬結タイプを選び、標準注入速度の大きい二重管ストレーナー工法を採用することにより、薬液注入の工期を確保することができた。

課題の解決方法

(3) 上記検討の結果，現場で実施した対応処置とその評価

検討の結果、現場では以下のことを実施した。

前書き

溶液型水ガラス系は瞬結タイプを用い、注入速度16L/minを管理基準値として自己記録流量計で管理した。異常時は注入中断する処置を周知徹底し、注入圧力が0.5～1.5 MPaと変化する状況を監視し、予定工程内で30本の削孔を行うことができた。

課題解決をいかに現場で実施したか
対応処置と結果

現場条件から行った処置で、ゲルタイムや注入速度の選定を的確に行うことにより、薬液注入の工期を守ることができた。

成果の評価

経験記述文章例文 No.38 【河川工事】

設問課題（両課題に対応）	管理・計画的課題	品質管理
	工事・工種的課題	河川土工
キーワード	築堤土の品質確保	

[設問 1]

(1) 工事名

工 事 名	○○ 排水路工事その5

(2) 工事の内容

①	発注者名	神奈川県平塚市
②	工事場所	神奈川県平塚市 ○○ 地先
③	工　期	令和○○年11月10日～令和○○年5月23日
④	主な工種	堤防築堤工
⑤	施 工 量	盛土量3265 m^3

(3) 工事現場における施工管理上のあなたの立場

立　場	現場監督

[設問 2]

(1) 具体的な現場状況と特に留意した技術的課題

本工事は、○○ 排水樋管改築工事に伴う二級河川 ○○○ 川の堤防築堤工事である。 ｝課題となる工事の概要

堤防高 4.8 m、法面勾配 2 割の築堤に使用する築堤土は、近傍地区のため池から発生した浚渫土の脱水ケーキであり、築堤材料として好ましいものとは言えない。 ｝問題の提議（なぜ課題としたか）

したがって、築堤土の品質管理を課題とした。 ｝課題のテーマ

⑵ 技術的課題を解決するために検討した項目と検討理由及び検討内容

ため池泥土の脱水ケーキを築堤土として使用することから、築堤土の品質を管理するために、以下のことを検討した。　― 前書き

近傍地区浚渫土の脱水ケーキの強熱減量は14%と高く、関東ロームの約2倍程度であった。一般的に水溶性の材料や、有機物を含んだ土は、遮水材料としては好ましいものではない。よって、脱水ケーキと現地発生土を混合させ、強熱減量が堤体材料として実績のある関東ロームと同程度となるようにすることにより、築堤土の品質を確保した。

課題の具体的内容（問題提議の詳細）

課題の解決方法

⑶ 上記検討の結果，現場で実施した対応処置とその評価

築堤土の品質を確保するために、次のとおり実施した。　― 前書き

樋管建設時に発生した堤体の土と、近傍ため池からの脱水ケーキをブレンドした。

関東ローム程度の強熱減量約7%となるようにブレンドし、現地での試験で確認することにより品質を確保した。

課題解決をいかに現場で実施したか
対応処置と結果

盛土材料としての品質を確保する方法として、強熱減量に着目したことにより現場発生土を利用した堤防盛土を行うことができた。

成果の評価

経験記述文章例文　No.39　【河川工事】

設問課題（両課題に対応）キーワード	管理・計画的課題	品質管理
	工事・工種的課題	河川土工
	盛土締め固めの品質管理	

［設問 1］

(1) 工事名

工事名	総合治水対策特定河川工事

(2) 工事の内容

①	発注者名	埼玉県〇〇県土整備事務所
②	工事場所	埼玉県春日部市〇〇地先
③	工期	令和〇〇年9月12日～令和〇〇年2月14日
④	主な工種	盛土工
⑤	施工量	堤防延長163m 盛土12000m^3

(3) 工事現場における施工管理上のあなたの立場

立場	工事主任

［設問 2］

(1) 具体的な現場状況と特に留意した技術的課題

本工事は、〇〇川の補強盛土工事である。（課題となる工事の概要）

堤高5.5m、天端幅4.7mの現況堤防に対し、本工事で堤高7.8m、天端幅5.0mまで盛土を行う。堤防の施工延長は、劣化の進んでいる〇〇橋上下流163mであり、盛土（問題の提議（なぜ課題としたか））

量が12000m^3と比較的多いことから締固めの品質を確保することを課題とした。（課題のテーマ）

(2) 技術的課題を解決するために検討した項目と検討理由及び検討内容

本工事において、盛土の締固めの品質を確保するために以下のことを行った。 ｝前書き

盛土には15t級ブルドーザを用い、1層の仕上がりを30cm以下となるように敷きならしを行った。このとき、締固め時に均一で安定したものになるように、沈下盤に30cmの目盛をつけて設置し、まきだしの管理を行った。

締固めにはタイヤローラ8tを用い、入念に締固めた。締固めの管理はRI計測器を用い、1000m²当たり10点の平均値が90%以上となるよう管理し、締固めの品質管理を行った。 ｝課題の具体的内容と課題の解決方法

(3) 上記検討の結果，現場で実施した対応処置とその評価

堤防の補強盛土を行うにあたり、締固めの品質を確保するために次のことを行った。 ｝前書き

施工範囲を1管理単位1000m²とし、10ブロックに分割して締固め管理を実施した。最大乾燥密度の規格値90%に対し、平均値94%を目標とした。また測定値のばらつきは±2%となる締固めを行い盛土の品質管理を行った。 ｝課題解決をいかに現場で実施したか対応処置と結果

工事の結果、検討した対応処置を現場で確実に実施し、築堤工事を完了させたことが評価できる。 ｝成果の評価

経験記述文章例文　No.40　【農業土木工事】

設問課題（両課題に対応）	管理・計画的課題	出来形管理
	工事・工種的課題	造成工
キーワード	出来形管理の効率化	

[設問 1]

(1) 工事名

工事名	県営○○地区農地造成工事

(2) 工事の内容

①	発注者名	千葉県○○市○○部
②	工事場所	千葉県○○市○○町地内
③	工期	令和○○年10月6日～令和○○年3月26日
④	主な工種	盛土工
⑤	施工量	盛土85000 m^3

(3) 工事現場における施工管理上のあなたの立場

立場	現場代理人

[設問 2]

(1) **具体的な現場状況と特に留意した技術的課題**

本工事は、水田に耕作に適した土を約85000 m^3 盛土する農地造成工事である。（課題となる工事の概要）

農地造成を行う面積は7haで、その約半分の水田に対し所定の盛土を行うものであったが、盛土量が非常に多く工事の進捗を明確にするための測量と図化、土量計算の作業効率化が課題となった。（問題の提議（なぜ課題としたか）／課題のテーマ）

(2) 技術的課題を解決するために検討した項目と検討理由及び検討内容

記述例	構成
造成時の盛土量の管理を効率的に行うために以下のことを行った。	前書き
当初測量に4日、内業、土量計算に2日も要したことから、造成面積7haの農地に対し、迅速に測量を行える方法を検討した。 測量結果から、効率的に横断図を作成する手順を検討した。 横断図から、迅速に土量計算を行えるような土量計算書の作成を検討した。	課題の具体的内容（問題提議の詳細）
以上の出来形管理計画を立案することにより、工事の進捗を確実に管理することができた。	課題の解決方法

(3) 上記検討の結果，現場で実施した対応処置とその評価

記述例	構成
検討の結果、下記事項を実施した。	前書き
最新の測量技術を調査して、短期間に広範囲の測量を行えるレーザースキャナ測量システムを採用した。自動計測のため、測量作業が1日で終えることができ、データ整理と報告書作成をフォーマット化し2日で処理ができた。	課題解決をいかに現場で実施したか
以上により、出来形管理の効率化を図ることができ、出来形管理を確実に行うことができた。	対応処置と結果
評価としては、最新の測量機器を採用し、運用できたことである。	成果の評価

経験記述文章例文 No.41 【河川工事】

設問課題（両課題に対応）	管理・計画的課題	出来形管理
	工事・工種的課題	築堤工
キーワード	盛土の沈下管理	

[設問 1]

(1) 工事名

工事名	○○調整池新設工事

(2) 工事の内容

①	発注者名	国土交通省関東地方整備局
②	工事場所	埼玉県坂戸市 ○○ 地先
③	工期	令和○○年8月22日～令和○○年6月8日
④	主な工種	築堤工
⑤	施工量	延長135 m 築堤量5126 m^3

(3) 工事現場における施工管理上のあなたの立場

立場	現場主任

[設問 2]

(1) 具体的な現場状況と特に留意した技術的課題

本工事は、○○ 地区に新規に設置する洪水用調整池の築堤工事である。（課題となる工事の概要）

調整池の基礎地盤は軟弱で圧密沈下が生じることがわかっており、盛土工法はプレロード工法で築堤を行うこととなっていた。よって、（問題の提議（なぜ課題としたか））

圧密沈下が予定どおり進行していることの確認方法を課題とした。（課題のテーマ）

⑵ 技術的課題を解決するために検討した項目と検討理由及び検討内容

築堤後の圧密沈下を確認するために、次のことを検討した。

（前書き）

軟弱な基礎地盤での現場観測項目は、上部シルト５ｍ上に地表面沈下板を設置し、調査地点の沈下量を測定した。下部シルト層6.3ｍには、層別沈下計を設置し土層の沈下量を測定した。上部、下部のシルト層内に間隙水圧計を設置して圧密進行状況を観測した。

各現場測定項目について、プレロード終了まで定期的に測定し圧密沈下量42 cmの進行を確認するようにした。

（課題の具体的内容と課題の解決方法）

⑶ 上記検討の結果，現場で実施した対応処置とその評価

検討の結果、次のことを行った。

（前書き）

不動点から沈下板ロッド先端の水準測量を行い、各現場測定地点で、盛土期間中は１日１回、１ヵ月目までは３日に１回、３ヵ月目までは１週１回、３ヵ月以降は１ヵ月１回の測定頻度で実施した。最終的にプレロード期間９ヵ月において圧密沈下量42 cmを確認した。

（課題解決をいかに現場で実施したか　対応処置と結果）

軟弱地盤上に行った盛土の挙動を正確に把握することにより、その測定と対応処置を適切に行うことができたことが評価できる。

（成果の評価）

経験記述文章例文　No.42　【農業土木工事】

設問課題（両課題に対応）キーワード	管理・計画的課題	出来形管理
	工事・工種的課題	築堤工
	盛土の安定管理	

[設問 1]

(1) 工事名

工 事 名	県営湛水防除事業 ○○ 地区調整池その２工事

(2) 工事の内容

①	発注者名	静岡県 ○○ 農林事務所
②	工事場所	静岡県湖西市 ○○ 地先
③	工　　期	令和○○年6月17日～令和○○年3月31日
④	主な工種	調整池築堤工
⑤	施 工 量	延長420m、盛土量8400m³

(3) 工事現場における施工管理上のあなたの立場

立　　場	現場代理人

[設問 2]

(1) 具体的な現場状況と特に留意した技術的課題

本工事は県営湛水防除事業で実施する、農地防災用の調整池築堤工事である。（課題となる工事の概要）

工事の実施にあたり、設計書、土質調査資料等から、本堤体の基礎地盤は軟弱なことがわかっていた。N値が 1～2 の圧密沈下が生じるシルト層が8m程度堆積していることから、（問題の提議（なぜ課題としたか））

盛土変形に対する安定管理を課題とした。（課題のテーマ）

⑵ 技術的課題を解決するために検討した項目と検討理由及び検討内容

築堤中、築堤後の堤体の安定を管理するために、次のことを検討した。

前書き

堤体の挙動に対して、定性的な傾向を以下とした。

①盛土面にヘアークラックが発生する。

②盛土中央部の沈下量が急激に増加する。

③盛土法尻付近の変位量が増加する。

④盛土の変形が進み、かつ間隙水圧が上昇し続ける。

課題の具体的内容（問題提議の詳細）

これらを盛土面に設置した沈下板や盛土法尻に設置した変位杭、間隙水圧測定で評価し、盛土変形に対する安定管理を行った。

課題の解決方法

⑶ 上記検討の結果，現場で実施した対応処置とその評価

検討の結果、現場において下記の事項を実施した。

前書き

盛土面沈下板は、堤頂法肩2箇所に設置した。法尻には5mピッチで2本地表面変位杭を設置した。堤頂部には間隙水圧計を設置し、別に定めた観測頻度に合わせて盛土面のクラック発生状況を観測し、安定管理を実施した。

課題解決をいかに現場で実施したか
対応処置と結果

軟弱地盤上に行った盛土の挙動を正確に把握することにより、その測定と対応処置を適切に行うことができた。

成果の評価

経験記述文章例文 No.43 【道路工事】

設問課題（両課題に対応）キーワード	管理・計画的課題	工程管理
	工事・工種的課題	舗装工
	舗装改良工事の工期短縮	

[設問 1]

(1) 工事名

工事名	道路改良工事

(2) 工事の内容

①	発注者名	広島県〇〇地域事務所
②	工事場所	広島県大竹市〇〇町地先
③	工期	令和〇〇年5月23日～令和〇〇年9月13日
④	主な工種	舗装工
⑤	施工量	施工620m 路盤2400m^2

(3) 工事現場における施工管理上のあなたの立場

立場	現場監督

[設問 2]

(1) **具体的な現場状況と特に留意した技術的課題**

本工事は、県道〇号線道路改良工事で、老朽化が進んだ表層を打換え改修する工事である。 ｝課題となる工事の概要

工事着工後の6月中旬から天候不順が続き、降雨により作業を中止せざるを得ない日が増加していた。7月上旬の時点で180m程度の区間の打換え工事が終了し、 ｝問題の提議（なぜ課題としたか）

まだ約7割を残しており、工期確保を課題とした。 ｝課題のテーマ

(2) 技術的課題を解決するために検討した項目と検討理由及び検討内容

県道○号線の舗装改修工事の工期を確保するために次のように検討した。（前書き）

当初の班編成は、舗装の取り壊し作業班が4人/1班であったが、8人増員し1班6人編成の2班12人とし、残区間を2分割して同時施工とする班編成の検討を行った。

舗装班が撤去の進捗に合わせて2区間で既設路盤を掘削し、下層路盤t＝300mmクラッシャーラン40、上層路盤t＝160mm粒度調整砕石30を同時施工とした。（課題の具体的内容（問題提議の詳細））以上、撤去増班と路盤施工を連続施工とすることで工期を確保した。（課題の解決方法）

(3) 上記検討の結果，現場で実施した対応処置とその評価

現場において、次のことを実施した。（前書き）

作業班の再検討を行い、舗装撤去を2班に増員し、終点側と2/3地点を各班同時施工とすることで10日の工期短縮ができた。（課題解決をいかに現場で実施したか）

現況路盤の掘削から、路盤工、基層、表層の施工を連続で行い、作業効率を上げることによって工期を確保することができた。（対応処置と結果）

評価としては、確保した増加人員とそれに合わせた作業工程を見直したことで、工期短縮を行えたことである。（成果の評価）

経験記述文章例文　No. 44　【道路工事】

設問課題（両課題に対応）	管理・計画的課題	品質管理
	工事・工種的課題	舗装工
キーワード	アスファルト合材の品質管理	

[設問 1]

(1) 工事名

工 事 名	県道○ー2号線道路改良工事

(2) 工事の内容

①	発注者名	広島県○○建設事務所
②	工事場所	広島県大竹市○○町地先
③	工　期	令和○○年12月10日～令和○○年2月22日
④	主な工種	舗装工
⑤	施 工 量	施工延長520 m 表層2600 m^2 路盤3620 m^2

(3) 工事現場における施工管理上のあなたの立場

立　場	現場監督

[設問 2]

(1) **具体的な現場状況と特に留意した技術的課題**

本工事は、道路改良のため下層路盤から改修する工事であり、下層25 cm、上層15 cm、表層5 cmを施工するものであった。
（課題となる工事の概要）

工事は12月からの冬季施工で、現場はプラントから35 kmの距離にありアスファルト合材温度の低下と転圧不良による舗装品質の低下が懸念された。
（問題の提議（なぜ課題としたか）と課題のテーマ）

⑵ 技術的課題を解決するために検討した項目と検討理由及び検討内容

記述例	
合材の温度低下による舗装品質の低下を防止するために、以下の検討を行った。	前書き
①冬季の平均気温は5℃であり、長距離運搬中に合材温度が低下することを防止する対策を検討した。 ②合材運搬時のダンプトラックの保温対策をプラントと協議した。 ③到着時の温度管理の方法を社内で話し合い、測定計画を作成した。	課題の具体的内容（問題提議の詳細）
以上の検討の結果、合材の品質管理の方法を計画した。	課題の解決方法

⑶ 上記検討の結果，現場で実施した対応処置とその評価

記述例	
検討の結果、以下の合材温度の品質管理を行った。	前書き
①合材の出荷温度を25℃アップした。 ②ダンプトラックのシートを二重にして保温対策を行った。 ③全車の到着時の合材温度を測定し管理した。	課題解決をいかに現場で実施したか
以上、転圧温度を満足し品質確保ができた。	対応処置と結果の成果
評価できる対応処置としては、施工時期とプラントとの距離に早期に着目し、品質確保の対策を検討したことである。	成果の評価

経験記述文章例文 No.45 【道路工事】

設問課題（両課題に対応）キーワード	管理・計画的課題	品質管理
	工事・工種的課題	舗装工
	暑中における路盤工の密度管理	

[設問 1]

(1) 工事名

工事名	県道○－1号線道路改良工事

(2) 工事の内容

①	発注者名	広島県○○建設事務所
②	工事場所	広島県大竹市○○町地先
③	工期	令和○○年7月10日～令和○○年9月30日
④	主な工種	舗装工
⑤	施工量	施工延長300m 表層1800m^2 路盤2100m^2

(3) 工事現場における施工管理上のあなたの立場

立場	現場監督

[設問 2]

(1) 具体的な現場状況と特に留意した技術的課題

本工事は、県道○－1号線道路を道路改良する工事であり、下層路盤25 cm、上層路盤15 cm、表層工5 cmを施工するものであった。

課題となる工事の概要

施工時期が7月から9月末で、また猛暑で降水量が少なかったため、路盤材が乾燥し現場密度を最大乾燥密度の93%以上確保することが課題となった。

問題の提議（なぜ課題としたか）と課題のテーマ

(2) 技術的課題を解決するために検討した項目と検討理由及び検討内容

暑中の路盤工の品質管理基準である現場密度試験 93％以上を確保するため、以下の検討を行った。	前書き
(1) 給水をする場所は現場から約 3 km の距離があるため、散水の方法（給水方法、使用機械） (2) 路盤材の含水比管理方法 (3) 締固め方法 (4) たわみ試験方法	課題の具体的内容（問題提議の詳細）
以上の検討を行い、現場密度を最大乾燥密度の 93％以上確保する計画を策定した。	課題の解決方法

(3) 上記検討の結果，現場で実施した対応処置とその評価

給水の効率化をはかるため 2 台の散水車を使用した。含水比の管理は試験施工を行い散水量を決定した。また、締固め方法は路盤の外側から内側へ転圧した。たわみはベンゲル	課題解決をいかに現場で実施したか
マンビーム試験を実施した。その結果、現場密度試験は 95％以上、沈下量は 1.8 mm を確保でき、舗装の仕上がりも良く完成できた。	対応処置と結果
評価としては、試験施工を行って含水量を決定し、管理したことである。このことが現場の品質確保に大きく影響した。	成果の評価

経験記述文章例文 No.46 【道路工事】

設問課題（両課題に対応）	管理・計画的課題	施工計画
	工事・工種的課題	舗装工
キーワード	路床施工時の湧水対策	

[設問 1]

(1) 工事名

工事名	県道○−1号線道路改良工事

(2) 工事の内容

①	発注者名	広島県○○建設事務所
②	工事場所	広島県大竹市○○町地先
③	工期	令和○○年7月10日〜令和○○年9月30日
④	主な工種	舗装工
⑤	施工量	施工延長300m 表層1800m² 路盤2100m²

(3) 工事現場における施工管理上のあなたの立場

立場	現場監督

[設問 2]

(1) 具体的な現場状況と特に留意した技術的課題

本工事は、県道を道路改良する工事であり、下層路盤 25 cm、上層路盤 15 cm、表層 5 cmを施工するものであった。（課題となる工事の概要）

施工箇所の一部区間は水田地帯であり、先行していた付帯排水マスのコンクリート工事で湧水があり、路床の軟弱化を防止する施工計画が課題となった。（問題の提議（なぜ課題としたか）と課題のテーマ）

⑵ 技術的課題を解決するために検討した項目と検討理由及び検討内容

湧水による路床の軟弱化を防止するために、湧水のある場所を試掘し状況を把握したうえで、以下の検討を行った。	前書き
(1) 湧水が多く、地盤が軟弱化している箇所の水を排水処理する方法を発注者と協議して施工方法を決定した (2) 湧水が比較的少ない部分の排水対策を（1）と分けて対策を検討 (3) 排水対策部分の路盤工の締固め方法	課題の具体的内容（問題提議の詳細）
以上の検討を行って、路床の軟弱化防止対策を計画した。	課題の解決方法

⑶ 上記検討の結果，現場で実施した対応処置とその評価

検討の結果、以下の対策を行った。	前書き
湧水が多い箇所は、掘削して塩ビ有孔管φ150を布設し砕石で埋め戻し暗渠を設置した。湧水の少ない箇所は砕石で置き換え、排水した。	課題解決をいかに現場で実施したか
暗渠管布設部分は表層施工まで鉄板養生を行い、その結果、舗装完了後はひび割れも発生せず、路床の軟弱化を防止できた。	対応処置と結果
評価としては、湧水量の少ない箇所を砕石としたことで経済的に安価な工事とできたことである。	成果の評価

経験記述文章例文 No.47 【補修・補強工事】

設問課題（両課題に対応）	管理・計画的課題	施工計画
	工事・工種的課題	耐震補強
キーワード	堤防の耐震補強対策工法の選定	

[設問 1]

(1) 工事名

工事名	○○川災害復旧工事

(2) 工事の内容

①	発注者名	埼玉県○○土木事務所
②	工事場所	埼玉県幸手市○○町○丁目○番
③	工期	令和○○年10月26日～令和○○年3月18日
④	主な工種	地盤改良工
⑤	施工量	高圧噴射攪拌工法 2100 m^3

(3) 工事現場における施工管理上のあなたの立場

立場	現場監督

[設問 2]

(1) 具体的な現場状況と特に留意した技術的課題

本工事は、○○河川改修工事に伴う調整池の耐震補強を地盤改良で行うものである。

（課題となる工事の概要）

調整池の周辺は、宅地や借地ができない農地があり、堤防下の管理用スペースも狭く、大型の施工機械が搬入できない。よって、狭いスペースで施工する、小型施工機械を用いた施工が本工事の課題となった。

（問題の提議（なぜ課題としたか）と課題のテーマ）

(2) **技術的課題を解決するために検討した項目と検討理由及び検討内容**

小型施工機械を用いた地盤改良工法を選定するために、以下の検討を行った。	前書き
対策工法の選定には、①軟弱な粘性土地盤に対し、確実に改良効果を発揮できる工法。②施工幅 2.8 mで施工可能な小型施工機械。③最大深度 7.0 mの施工。以上を満足する工法を選定することに留意した。	課題の具体的内容（問題提議の詳細）
施工深度を満足する深層混合改良工法のうち、機械撹拌工法は比較的施工機械が大型となり、ボーリングマシン程度の小型の機械を用いて施工する高圧噴射撹拌工法を採用した。	課題の解決方法

(3) **上記検討の結果，現場で実施した対応処置とその評価**

検討の結果、次の対応処置を実施した。	前書き
道路幅 2.8 mの左岸側にレールを設置し、小型改良機を配置した。上流側から所定の深度まで削孔し、スラリー状の固化材を高圧で噴射しつつ引き上げて円柱状の改良体を築造した。	課題解決をいかに現場で実施したか
道路上から 3 列の改良体 2100 m^3 を築造することにより、堤体の基礎地盤を補強した。	対応処置と結果
評価としては、小型改良機の選定条件を明確にして、目的に見合う工法を採用することができたことがあげられる。	成果の評価

経験記述文章例文　No.48　【補修・補強工事】

設問課題（両課題に対応）	管理・計画的課題	品質管理
	工事・工種的課題	耐震補強
キーワード	改良深度の品質管理	

[設問 1]

(1) 工事名

工事名	○○ ため池堤体補強工事

(2) 工事の内容

①	発注者名	○○ 土木事務所
②	工事場所	神奈川県 ○○ 市 ○○ 町 ○ 丁目 ○ 番
③	工　期	令和○○年9月20日～令和○○年3月15日
④	主な工種	地盤改良工
⑤	施工量	機械撹拌工法 2800 m^3

(3) 工事現場における施工管理上のあなたの立場

立　場	現場監督

[設問 2]

(1) 具体的な現場状況と特に留意した技術的課題

本工事は、地盤改良を用い ○○ ため池の堤体耐震補強を行うものである。

（課題となる工事の概要）

○○ ため池堤体の補強は、主に基礎部を改良することからため池内での施工となる。池内は湖底の堆積物で地盤が悪いことから、改良体の深度にばらつきがでる懸念があった。このことから、均一な改良深さを品質管理の課題とした。

（問題の提議（なぜ課題としたか）と課題のテーマ）

⑵ 技術的課題を解決するために検討した項目と検討理由及び検討内容

ため池内の工事で、改良範囲が広いことから、トレンチャー式撹拌機による地盤改良工法を選定し、次のように検討した。 ― 前書き

改良深度の管理は、トレンチャーの基準高を設定し、レベルセンサーとレベル計を用いてトレンチャーの高さを一定に保つようにした。 ― 課題の具体的内容（問題提議の詳細）

トレンチャー先端から、改良深度3.0 mにレベル計設置高0.8 mを加えた3.8 m位置にレベルセンサーを取り付けた。トレンチャーが所定の深さに達したとき、レベルセンサーの反応を確認することで改良深度を管理した。 ― 課題の解決方法

⑶ 上記検討の結果，現場で実施した対応処置とその評価

現場では下記のとおり実施した。 ― 前書き

レベル計の機械高を測定し、トレンチャーに取り付けるレベルセンサーの位置を決めた。

トレンチャーが改良深度3.0 mに達したら、レベルセンサーが反応する。これをオペレータが確認し、施工することで均一な改良深度を確保し改良体の品質を確保した。 ― 対応処置と結果

対応処置で採用したレベルセンサーによる改良深度の管理により、堤体基礎部を確実に改良、補強できたことが評価できる。 ― 成果の評価

No. 49 【補修・補強工事】

設問課題 (両課題に対応) キーワード	管理・計画的課題	安全管理
	工事・工種的課題	耐震補強
	改良機械の安全対策	

[設問 1]

(1) 工事名

工 事 名	○○ 川災害復旧工事

(2) 工事の内容

①	発注者名	埼玉県 ○○ 土木事務所
②	工事場所	埼玉県幸手市 ○○ 町 ○ 丁目 ○ 番
③	工　　期	令和○○年10月26日～令和○○年3月18日
④	主な工種	地盤改良工
⑤	施 工 量	機械撹拌工法 2800 m^3

(3) 工事現場における施工管理上のあなたの立場

立　　場	現場監督

[設問 2]

(1) 具体的な現場状況と特に留意した技術的課題

本工事は、○○ 河川改修工事に伴う調整池の耐震補強を地盤改良により行うものである。

（課題となる工事の概要）

調整池の周辺は、宅地や借地ができない農地があり、堤防下の管理用スペースも狭く、地盤の悪い池内で堤体基礎を改良することになる。したがって、改良機械で安全に施工できることを課題とした。

（問題の提議（なぜ課題としたか）と課題のテーマ）

⑵ 技術的課題を解決するために検討した項目と検討理由及び検討内容

調整池内の改良工事は、堆積土が非常に軟弱で、トレンチャー式撹拌機のトラフィカビリティーを確保するために次の検討を行った。 ｝前書き

トレンチャー式撹拌機が作業を行う範囲の調整池底の軟弱な堆積土砂を湿地ブルドーザで掘削した。堤体築堤材を一部流用し、排除した池底を埋め戻したうえで、作業範囲に敷き鉄板を配置した。 ｝課題の具体的内容（問題提議の詳細）

築堤材による置き換え厚さは、堆積土を排除できる厚さとして平均 70 cmとし、安全に改良機械が施工できる地盤を確保した。 ｝課題の解決方法

⑶ 上記検討の結果，現場で実施した対応処置とその評価

現場では下記のとおり実施した。 前書き

湿地ブルドーザで平均 70 cm の堆積土砂を堤体から池内方向へ押土を行い、堤体側から良質土を搬入して池内の基礎を置き換えた。敷き鉄板を配置しながら堤防沿いに改良機械の施工範囲を拡大させ、安全な基礎地盤を確保し、堤体基礎の改良を行った。 ｝対応処置と結果

評価としては、セメント等の改良材を用いずに、堤体築堤材を置き換え土に流量することで安価に施工できたことである。 ｝成果の評価

経験記述文章例文 **No.50** 【補修・補強工事】

設問課題（両課題に対応）	管理・計画的課題	施工計画
	工事・工種的課題	コンクリートの補修
キーワード	ひび割れ補修工法の選定	

[設問 1]

(1) 工事名

工 事 名	○○ 幹線 ○○ 号水路補修工事

(2) 工事の内容

①	発注者名	○○ 農政局　○○ 農業水利事業所
②	工事場所	千葉県東金市 ○○ 町 ○ 丁目 ○ 番
③	工　　期	令和 ○○ 年12月10日～令和 ○○ 年3月20日
④	主な工種	コンクリート補修工
⑤	施 工 量	ひび割れ補修46 m

(3) 工事現場における施工管理上のあなたの立場

立　　場	現場監督

[設問 2]

(1) **具体的な現場状況と特に留意した技術的課題**

本工事は、34 年経過し老朽化した ○○ 幹線の一部である ○○ 号水路の補修工事である。
（課題となる工事の概要）

現場打ちコンクリートで建設された水路のひび割れを補修し、ポリマーセメントで被覆するにあたり、ポリマーセメントの仕上がりに影響を与える、現場打ちコンクリートのひび割れ補修工法の選定を課題とした。
（問題の提議（なぜ課題としたか）と課題のテーマ）

⑵ 技術的課題を解決するために検討した項目と検討理由及び検討内容

現場打ち水路の目地は、9mピッチに設置されており、本工事によりひび割れを補修した後もコンクリートの収縮の影響を受け、表面被覆のポリマーセメントにひび割れが生じると想定された。

課題の具体的内容
（問題提議の詳細）

伸縮するコンクリートのひび割れ補修工法として、ひび割れ部にUカット処理を行い、表面被覆工を終了した後に弾性シーリング材を充填して止水性を確保する工法により、施工後にひび割れが伸縮しても弾性シーリング材が追随するようにした。

課題の解決方法

⑶ 上記検討の結果，現場で実施した対応処置とその評価

現場では下記のとおり実施した。

前書き

コンクリート補修面を高圧洗浄機で水洗いし、汚れや脆弱部等の除去を行った。洗浄後、ひび割れ部に対しUカット処理を行い、プライマーを塗布して弾性シーリング材を充填することにより、ひび割れの伸縮対策を実施し、表面被覆を行った。

対応処置と結果

評価としては、ポリマーセメントの施工後に生じるひび割れに着目した点である。これにより全区間で良好な仕上がりとすることができた。

成果の評価

MEMO

1級土木施工管理技術検定　第2次検定

Lesson 2

土　工

Lesson 2 1級土木施工管理技術検定 第2次検定

土工

過去9年間の出題内容及び傾向と対策

■出題内容

年度	主な設問内容
令和4年	選択（1）【問題7】情報化施工について適切な語句を記述する。 選択（2）【問題8】土留め支保工内の掘削方法と留意点について記述する。
令和3年	選択（1）【問題4】建設発生土の有効利用について適切な語句を記述する。 選択（2）【問題8】軟弱地盤対策工法について記述する。
令和2年	選択（1）【問題2】建設発生土の有効利用について適切な語句を記述する。 選択（2）【問題7】切土の法面排水について記述する。
令和元年	選択（1）【問題2】軟弱地盤上の盛土施工について適切な語句を記述する。 選択（2）【問題7】切土・盛土の法面保護工について記述する。
平成30年	選択（1）【問題2】盛土の施工について適切な語句又は数値を記述する。 選択（2）【問題7】盛土材料の改良に用いる固化材について記述する。
平成29年	選択（1）【問題2】構造物と盛土の接続部土工について適切な語句を記述する。 選択（2）【問題7】軟弱地盤対策工法について記述する。
平成28年	選択（1）【問題2】建設発生土の現場利用について適切な語句を記述する。 選択（2）【問題7】盛土施工中の仮排水について記述する。
平成27年	選択（1）【問題2】軟弱地盤対策工法について適切な語句を記述する。 選択（2）【問題7】構造物と盛土との接続部分での段差解消の対策について施工留意点を記述する。
平成26年	①土工全般に関して適切な語句を記述する。 ②山留工法における破壊現象の内容と対策工法について記述する。

■出題傾向（◎最重要項目　○重要項目　□基本項目　※予備項目　☆今後可能性）

出題項目	令和4年	令和3年	令和2年	令和元年	平成30年	平成29年	平成28年	平成27年	平成26年	重点
土量計算										□
軟弱地盤対策		○				○		○		○
法面工			○	○						○
土工全般	○								○	□
土留め壁	○								○	○
構造物関連土工						○		○		□
切土・盛土施工				○	○					○
仮排水工法							○			□
建設発生土		○	○				○			○
土質改良方法					○					☆

■対　策

⑴「土量計算」は，近年出題はないが，基礎項目であるので必ず学習をする。
- **土量変化率**：地山土量／ほぐし土量／締固め土量
- **建設機械**：ショベル系掘削機の作業能力／ダンプトラック台数計算
- **土量計算表**：横断面図／平均断面法による計算

⑵「軟弱地盤対策」は各種工法の概要と特徴を整理する。
- **対策工法**：表層処理工法／載荷重工法／バーチカルドレーン工法／サンドコンパクション工法／振動締固め工法／固結工法／押え盛土工法／置換工法
- **工法の効果**：圧密沈下促進／沈下量減少／せん断変形抑制／強度低下抑制／強度増加促進／すべり抵抗／液状化防止

⑶「法面工」は法面勾配及び法面保護工について整理する。
- **標準法面勾配**：切土法面（地山の土質，切土高）／盛土法面（盛土材料，盛土高）
- **法面保護工**：植生工（種子散布，筋芝，張芝，植栽等）／構造物（コンクリート吹付，ブロック張，コンクリート枠，アンカー，石積擁壁／井桁組擁壁等）

⑷「構造物関連」は構造物接続部，裏込め部，埋戻しの施工留意点をまとめる。

⑸「盛土施工」は施工留意点を整理しておく。
- **盛土及び締固め**：基礎地盤処理／盛土材料／敷均し，締固め作業／軟弱地盤上の盛土／土質改良／仮排水

⑹「建設発生土」は，出題頻度が増えつつあり，施工留意点を整理しておく。
- **土質改良方法**：建設発生土の利用／天日乾燥／混合処理／薬液注入

⑺「その他の項目」は「土工」の基本項目でもあり，今後の出題可能性を含め，下記の基礎知識は把握しておく。
- **情報化施工**：TS（トータルステーション）／GNSS（全球測位衛星システム）
- **排水処理工法**：釜場排水／ウェルポイント／ディープウェル
- **ボイリング・ヒービング**：地盤状況／現象の説明
- **原位置試験**：試験の名称／試験結果から求められるもの／試験結果の利用
- **環境への影響**：騒音，振動／交通障害／大気汚染／地盤沈下／発生土処理
- **土留め壁**：土留め壁タイプ／地下水位低下方法

■土量計算

⑴土の状態と土量変化率

・地山の土量（地山にある，そのままの状態）………　掘削土量
・ほぐした土量（掘削され，ほぐされた状態）………　運搬土量
・締固め土量（盛土され，締め固められた状態）……　盛土土量

$$L=\frac{\text{ほぐした土量}(\text{m}^3)}{\text{地山の土量}(\text{m}^3)}\qquad C=\frac{\text{締め固めた土量}(\text{m}^3)}{\text{地山の土量}(\text{m}^3)}$$

⑵土量計算（計算例）

次の①～③に記述された土量(イ)，(ロ)，(ハ)を求める。

（条　件）　盛土する現場内の発生土，切土及び土取場の土量の変化率は $L=1.20$，$C=0.80$ とする。

① 10,000 m³ の盛土の施工にあたって，現場内で発生する 3,600 m³（ほぐし量)を流用するとともに，不足土を土取場から補うものとすると，土取場で掘削する地山土量は［　(イ)　］m³となる。

② 10,000 m³ の盛土の施工にあたって，現場内の切土 5,000 m³（地山土量）を流用するとともに，不足土を土取場から補うものとすると，土取場で掘削する地山土量は［　(ロ)　］m³となる。

③ 10,000 m³ の盛土の施工にあたって，現場内で発生する 2,400 m³（ほぐし土量）と切土 2,000 m³（地山土量）を流用するとともに，不足土を土取場から補うものとすると，土取場で掘削する地山土量は［　(ハ)　］m³となる。

（解　答）

(イ)・施工盛土量　10, 000 m^3

・流用盛土量(現場内ほぐし土量) $\times \frac{C}{L} = 3,600 \times \frac{0.8}{1.2} = 2,400$ m^3

・土取場からの補充盛土量　10, 000－2, 400 ＝ 7, 600 m^3

・土取場での掘削地山土量　7, 600÷C ＝ 7, 600÷0. 8 ＝ **9, 500 m^3**

(ロ)・施工盛土量　10, 000 m^3

・流用盛土量(現場内地山土量) ×C ＝ 5, 000×0. 8 ＝ 4, 000 m^3

・土取場からの補充盛土量　10, 000－4, 000 ＝ 6, 000 m^3

・土取場での掘削地山土量　6, 000÷C ＝ 6, 000÷0. 8 ＝ **7, 500 m^3**

(ハ)・施工盛土量　10, 000 m^3

・流用盛土量(現場内ほぐし土量) $\times \frac{C}{L}$ ＋ (現場地山土量) ×C

$= 2,400 \times \frac{0.8}{1.2} + 2,000 \times 0.8 = 3,200$ m^3

・土取場からの補充盛土量　10, 000－3, 200 ＝ 6, 800 m^3

・土取場での掘削地山土量　6, 800÷C ＝ 6, 800÷0. 8 ＝ **8, 500 m^3**

(3)土量計算表

平均断面法による土量計算例

測点	距離 (m)	切土 断面積 (m²)	切土 平均断面積 (m²)	切土 土量 (m³)	盛土 断面積 (m²)	盛土 平均断面積 (m²)	盛土 土量 (m³)
0	0	0			0		
1	20	10	**5**	**100**	40	**20**	**400**
2	20	20	**15**	**300**	30	**35**	**700**
3	20	50	**35**	**700**	12	**21**	**420**
4	20	60	**55**	**1,100**	0	**6**	**120**
5	20	0	**30**	**600**	0		
合計				**2,800**			**1,640**

・計算方法

平均断面積 ＝ $\frac{\text{断面積（前測点）＋断面積（現測点）}}{2}$

土量 ＝ 距離×平均断面積

上記計算を繰り返し，全土量を求める。

⑷建設機械作業能力

①ショベル系掘削機の作業能力

$$Q = \frac{3600 \cdot q_0 \cdot K \cdot f \cdot E}{C_m}$$

ここで，Q：1時間当たり作業量（m^3/h）

C_m：サイクルタイム（sec）

q_0：バケット容量（m^3）

K：バケット係数

f：土量換算係数（土量変化率L及びCから決まる）

E：作業効率（現場条件により決まる）

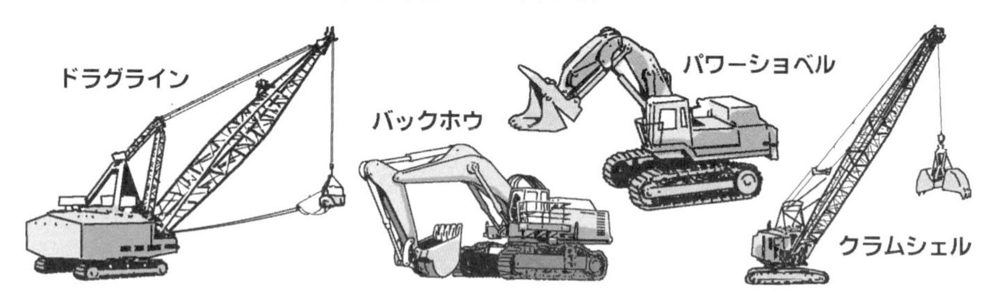

②ダンプトラックの作業能力

$$Q = \frac{60 \cdot C \cdot f \cdot E}{C_m}$$

ここで，Q：1時間当たり作業量（m^3/h）

C_m：サイクルタイム（min）

C：積載土量（m^3）

f：土量換算係数（土量変化率L及びCから決まる）

E：作業効率（現場条件により決まる）

⑸土工作業と建設機械の選定

①土質条件（トラフィカビリティー）による適応建設機械

建設機械の土の上での走行性を表すもので，締め固めた土を，コーンペネトロメータにより測定した値，コーン指数 q_c で示される。

建設機械の走行に必要なコーン指数

建設機械の種類	コーン指数 q_c (kN/m²)	建設機械の接地圧 (kN/m²)
超湿地ブルドーザ	200 以上	15～23
湿地ブルドーザ	300 以上	22～43
普通ブルドーザ（15 t 級）	500 以上	50～60
普通ブルドーザ（21 t 級）	700 以上	60～100
スクレープドーザ	600 以上 (超湿地型は 400 以上)	41～56 (27)
被けん引式スクレーパ（小型）	700 以上	130～140
自走式スクレーパ（小型）	1,000 以上	400～450
ダンプトラック	1,200 以上	350～550

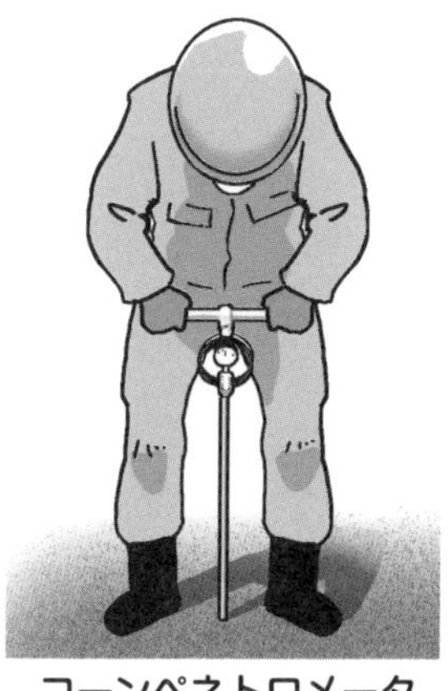
コーンペネトロメータ

②運搬距離等と建設機械の選定

運搬機械と土の運搬距離

建設機械の種類	適応する運搬距離
ブルドーザ	60 m 以下
スクレープドーザ	40 ～250 m
被けん引式スクレーパ	60 ～400 m
自走式スクレーパ	200 ～1,200 m

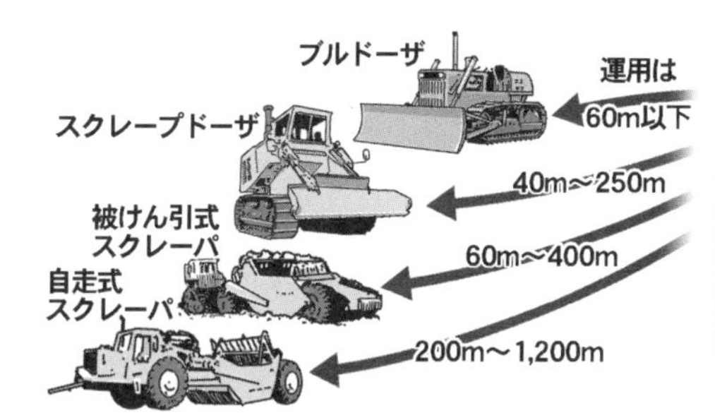

③勾　配

運搬機械は上り勾配のときは走行抵抗が増し，下り勾配のときは危険が生じる。

運搬機械の走行可能勾配

運搬機械の種類	運搬路の勾配
普通ブルドーザ	3 割（約 20°)～2.5 割（約 25° ）
湿地ブルドーザ	2.5 割（約 25°)～1.8 割（約 30° ）
被けん引式スクレーパ	15～25%
ダンプトラック	10%以下（坂路が短い場合 15%以下）
自走式スクレーパ	10%以下（坂路が短い場合 15%以下）

■軟弱地盤対策

軟弱地盤対策工法と特徴等について，下記に整理する。

区　分	対 策 工 法	工法の効果	工法の概要と特徴
表層処理工法	敷設材工法 表層混合処理工法 表層排水工法 サンドマット工法	せん断変形抑制 強度低下抑制 すべり抵抗増加	基礎地盤の表面を石灰やセメントで処理したり，排水溝を設けて改良したりして，軟弱地盤処理工や盛土工の機械施工を容易にする。
載荷重工法	盛土荷重載荷工法 大気圧載荷工法 地下水低下工法	圧密沈下促進 強度増加促進	盛土や構造物の計画されている地盤にあらかじめ荷重をかけて沈下を促進した後，あらためて計画された構造物を造り，構造物の沈下を軽減させる。
バーチカルドレーン工法	サンドドレーン工法 カードボードドレーン工法	圧密沈下促進 せん断変形抑制 強度増加促進	地盤中に適当な間隔で鉛直方向に砂柱などを設置し，水平方向の圧密排水距離を短縮し，圧密沈下を促進し併せて強度増加を図る。
サンドコンパクション工法	サンドコンパクションパイル工法	全沈下量減少 すべり抵抗増加 液状化防止 圧密沈下促進 せん断変形抑制	地盤に締め固めた砂杭を造り，軟弱層を締め固めるとともに，砂杭の支持力によって安定を増し，沈下量を減ずる。
振動締固め工法	バイブロフローテーション工法 ロッドコンパクション工法	液状化防止 全沈下量減少 すべり抵抗増加	バイブロフローテーション工法は，棒状の振動機を入れ，振動と注水の効果で地盤を締め固める。 ロッドコンパクション工法は，棒状の振動体に上下振動を与え，締固めを行いながら引き抜くものである。
固結工法	石灰パイル工法 深層混合処理工法 薬液注入工法	全沈下量減少 すべり抵抗増加	吸水による脱水や化学的結合によって地盤を固結させ，地盤の強度を上げることによって，安定を増すと同時に沈下を減少させる。
押え盛土工法	押え盛土工法 緩斜面工法	すべり抵抗増加 せん断変形抑制	盛土の側方に押え盛土をしたり，法面勾配をゆるくしたりして，すべりに抵抗するモーメントを増加させて，盛土のすべり破壊を防止する。
置換工法	掘削置換工法 強制置換工法	すべり抵抗増加 全沈下量減少 せん断変形抑制 液状化防止	軟弱層の一部又は全部を除去し，良質材で置き換える工法である。置換えによってせん断抵抗が付与され，安全率が増加し，沈下も置き換えた分だけ小さくなる。

※ [　　　] は主効果を表す

■のり面工

(1)切土のり面の施工

切土に対する標準のり面勾配

地山の土質	切土高	勾配
硬　　岩	−	1:0.3〜1:0.8
軟　　岩	−	1:0.5〜1:1.2
砂（密実でない粒度分布の悪いもの）	−	1:1.5〜
砂質土（密実なもの）	5 m 以下	1:0.8〜1:1.0
	5〜10 m	1:1.0〜1:1.2
砂質土（密実でないもの）	5 m 以下	1:1.0〜1:1.2
	5〜10 m	1:1.2〜1:1.5
砂利又は岩塊まじり砂質土（密実，又は粒度分布のよいもの）	10 m 以下	1:0.8〜1:1.0
	10〜15 m	1:1.0〜1:1.2
砂利又は岩塊まじり砂質土（密実，又は粒度分布の悪いもの）	10 m 以下	1:1.0〜1:1.2
	10〜15 m	1:1.2〜1:1.5
粘性土	10 m 以下	1:0.8〜1:1.2
岩塊又は玉石まじりの粘性土	5 m 以下	1:1.0〜1:1.2
	5〜10 m	1:1.2〜1:1.5

注）① 土質構成などにより単一勾配としないときの切土高及び勾配の考え方は図のようにする。

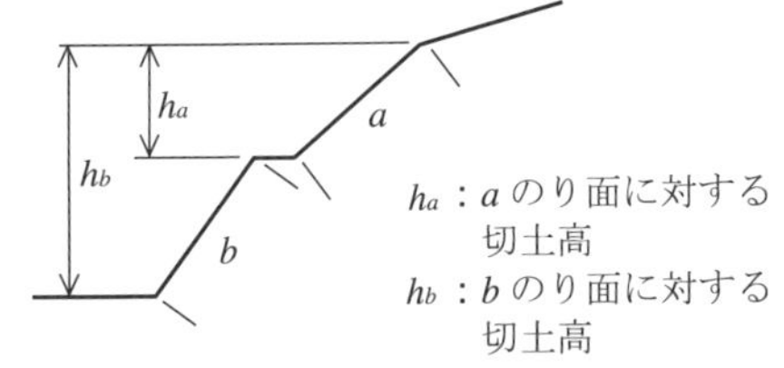

・勾配は小段を含めない。
・勾配に対する切土高は当該切土のり面から上部の全切土高とする。

② シルトは粘性土に入れる。

③ 上表以外の土質は別途考慮する。

(2)盛土のり面の施工

盛土材料及び盛土高に対する標準のり面勾配

盛土材料	盛土高	勾配
粒度の良い砂，礫及び細粒分混じり礫	5 m 以下	1:1.5〜1:1.8
	5〜15 m	1:1.8〜1:2.0
粒度の悪い砂	10 m 以下	1:1.8〜1:2.0
岩塊（ずりを含む）	10 m 以下	1:1.5〜1:1.8
	10〜20 m	1:1.8〜1:2.0
砂質土，硬い粘質土，硬い粘土（洪積層の硬い粘質土，粘土，関東ロームなど）	5 m 以下	1:1.5〜1:1.8
	5〜10 m	1:1.8〜1:2.0
火山灰質粘性土	5 m 以下	1:1.8〜1:2.0

⑶のり面保護工

のり面保護工の主な工種と目的

分類	工　　種	目 的・特 徴
植生工	種子散布工，客土吹付工，張芝工，植生マット工	浸食防止，全面植生（緑化）
	植生筋工，筋芝工	盛土のり面浸食防止，部分植生
	土のう工，植生穴工	不良土のり面浸食防止
	樹木植栽工	環境保全，景観
構造物による保護工	モルタル・コンクリート吹付工，ブロック張工，プレキャスト枠工	風化，浸食防止
	コンクリート張工，吹付枠工，現場打コンクリート枠工，アンカー工	のり面表層部崩落防止
	編柵工，じゃかご工	のり面表層部浸食，流失抑制
	落石防止網工	落石防止
	石積，ブロック積，ふとん籠工，井桁組擁壁，補強土工	土圧に対抗（抑止工）

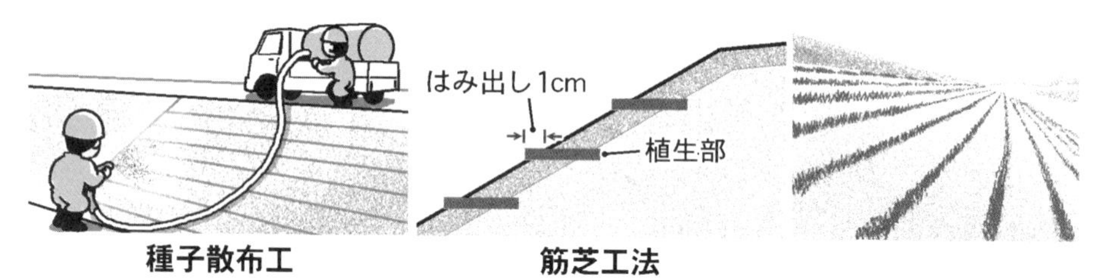

種子散布工　　筋芝工法

コンクリートブロック
天端コンクリート
水抜孔
裏込砕石
裏込コンクリート
止水コンクリートシール等
基礎材
良質土 または 地山

ブロック張工

金網
水抜孔
アンカーピン
アンカーバー

モルタル吹付工

コンクリート張工
及び グラウンドアンカー

植生土のう工

(4)のり面排水工

切土のり面安定のために設ける排水工には下図のようなものがあり，その目的は大きく分けて3つある。

①のり面への流下を防止する。

②のり面を流下する表面水を排除する。

③浸透水を排除し，路盤への浸水を抑制する。

のり面排水工の種類とその機能

のり面の安定のために設ける排水施設及びその機能，目的は下記のとおりである。

排　水　工	機　　能（目　的）
のり肩排水溝	自然斜面からの流水がのり面に流れ込まないようにする。
小段排水溝	上部のり面からの流水が下部のり面に流れ込まないようにし，縦排水溝へ導く。
縦排水溝	のり肩排水溝，小段排水溝の流水を集水し流下させ，のり尻排水溝へ導く。
水平排水孔	湧水によるのり面崩壊を防ぐために，地下水の水抜きを行う。
のり尻排水溝	のり面からの流水及び縦排水溝からの流水を集水し流下させる。
水平排水層	地下水からの流出が，切盛りの境界を流下することにより，盛土のり面の崩壊を防止するために水抜きを行う。
のり面蛇籠	盛土のり面ののり尻部を，流水による崩壊から防止するために補強を行う。

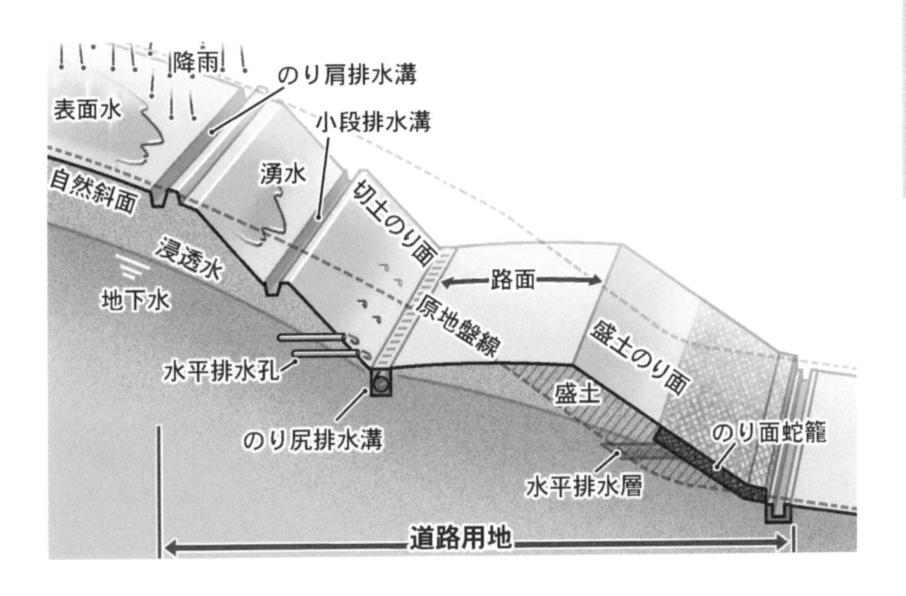

■構造物関連土工

⑴構造物取付け部の盛土

盛土と構造物の接続部の沈下の原因と防止対策

①沈下の原因

・基礎地盤の沈下及び盛土自体の圧密沈下。
・構造物背面の盛土による構造物の変位。
・盛土材料の品質が悪くなりやすい。
・裏込め部分の排水が不良になりやすい。
・締固めが不十分になりやすい。

②防止対策

・裏込め材料として締固めが容易で，非圧縮性，透水性のよい安定した材料の選定。
・締固め不足とならぬよう，大型締固め機械を用いた，入念な施工。
・施工中の排水勾配の確保，地下排水溝の設置等の十分な排水対策。
・必要に応じ，構造物と盛土との接続部における踏掛版の設置。

⑵盛土における構造物の裏込め，切土における構造物の埋戻し

裏込め及び埋戻しの留意点

①材　料

・構造物との間に段差が生じないよう，圧縮性の小さい材料を用いる。
・雨水などの浸透による土圧増加を防ぐために，透水性のよい材料を用いる。
・一般的に裏込め及び埋戻しの材料には，粒度分布のよい粗粒土を用いる。

②構造機械

・大型の締固め機械が使用できる構造が望ましい。
・基礎掘削及び切土部の埋戻しは，良質の裏込め材を中，小型の締固め機械で十分締め固める。
・構造物壁面に沿って裏面排水工を設置し，集水したものを盛土外に排出する。

③施　工

・裏込め，埋戻しの敷均しは仕上り厚 20 cm 以下とし，締固めは路床と同程度に行う。
・裏込め材は，小型ブルドーザ，人力などにより平坦に敷き均し，ダンプトラックやブルドーザによる高まきは避ける。
・締固めはできるだけ大型の締固め機械を使用し，構造物縁部及び翼壁部などについても小型締固め機械により入念に締め固める。
・雨水の流入を極力防止し，浸透水に対しては，地下排水溝を設けて処理する。
・裏込め材料に構造物掘削土を使用できない場合は，掘削土が裏込め材料に混ざらないように注意する。
・急速な盛土により，偏土圧を与えない。

■排水処理工法

排水処理工法は，地下水の高い地盤をドライの状態で掘削するために，地下水位を所定の深さまで低下させるもので，大別して，重力排水と強制排水の2種類がある。

区　分	排水処理工法	概要及び特徴
重力排水工法	釜場排水工法 (砂質・シルト地盤)	構造物の基礎掘削の際，掘削底面に湧水や雨水を1箇所に集めるための釜場を設け，水中ポンプで排水し，地下水位を低下させる。
	深井戸工法 (砂質地盤)	掘削底面以下まで井戸を掘り下げ，水中ポンプを使用して地下水を汲み上げ，地下水位面を低下させる。
強制排水工法	ウェルポイント工法 (砂質地盤)	地盤中にウェルポイントという穴あき管をジェット水で地中に挿入し，真空ポンプにより地下水を強制的に吸出し地下水位を低下させる。
	真空深井戸工法 (シルト地盤)	深井戸工法と同様に井戸を掘り下げ，真空ポンプにより強制的に地下水を汲み上げ，地下水位面を低下させる。

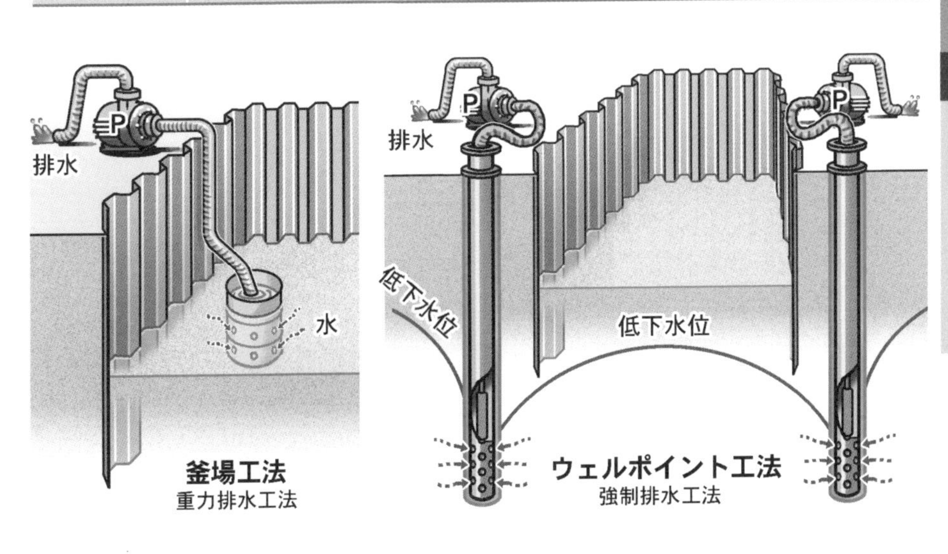

Lesson 2 土工

■盛土工及び締固め

盛土の施工における留意点は下記のとおりである。

基礎地盤の処理：伐開除根を行い，草木や切株を残すことによる，腐食や有害な沈下を防ぐ。
表土が腐植土の場合，盛土への悪影響を防ぐために，表土をはぎ取り，盛土材料と置き換える。

水田等軟弱層の処理：基礎地盤に排水溝を掘り盛土敷の外に排水し，乾燥させる。
厚さ0.5～1.2 m の敷砂層（サンドマット）を設置し，排水する。

段差の処理：基礎地盤に凹凸や段差がある場合，均一でない盛土を防ぐため，できるだけ平坦にかき均す必要がある。特に盛土が低い場合には，田のあぜなどの小規模のものでもかき均しを行う。

盛土材料：施工が容易で締め固めたあとの強さが大きく，圧縮性が少なく，雨水などの浸食に対して強いとともに吸水による膨潤性が低い材料を用いる。

敷均し及び締固め：盛土の種類により締固め厚さ及び敷均し厚さを下表のとおりとする。

盛土の種類による締固め厚さ及び敷均し厚さ

盛土の種類	締固め厚さ（1層）	敷均し厚さ
路体・堤体	30 cm 以下	35～45 cm 以下
路床	20 cm 以下	25～30 cm 以下

締固め機械：締固め機械の種類と特徴により，適用する土質が異なる。

締固め機械の種類と適用土質

締固め機械	特　　徴	適用土質
ロードローラ	静的圧力により締め固める	粒調砕石，切込砂利，礫混じり砂
タイヤローラ	空気圧の調整により各種土質に対応する	砂質土，礫混じり砂，細粒土，普通土
振動ローラ	起振機の振動により締め固める	岩砕，切込砂利，砂質土
タンピングローラ	突起（フート）の圧力により締め固める	風化岩，土丹，礫混じり粘性土
振動コンパクタ	平板上に取付けた起振機により締め固める	鋭敏な粘性土を除くほとんどの土

■ボイリング・ヒービング

土留め工を施工した土工事において，掘削の進行に伴い掘削底面の安定が損なわれる下記のような破壊現象が発生する。

ボイリング：地下水位の高い砂質土地盤の掘削の場合，掘削面と背面側の水位差により，掘削面側の砂が湧きたつ状態となり，土留めの崩壊のおそれが生じる現象である。

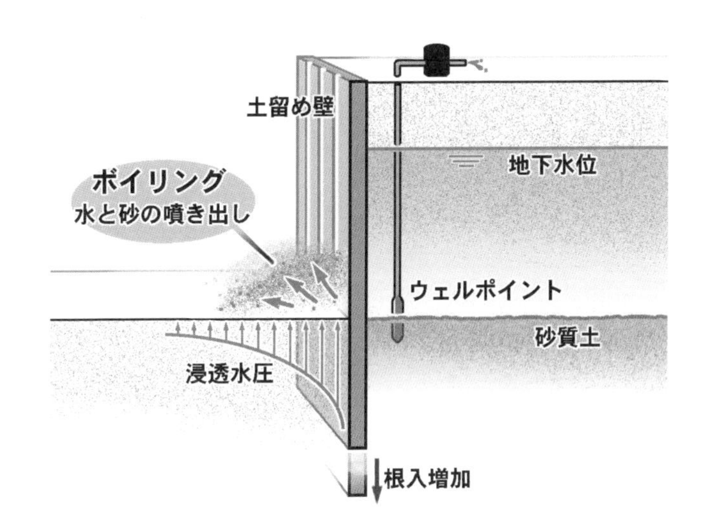

ヒービング：掘削底面付近に軟らかい粘性土がある場合，土留め背面の土や上載荷重等により，掘削底面の隆起，土留め壁のはらみ，周辺地盤の沈下により，土留めの崩壊のおそれが生じる現象である。

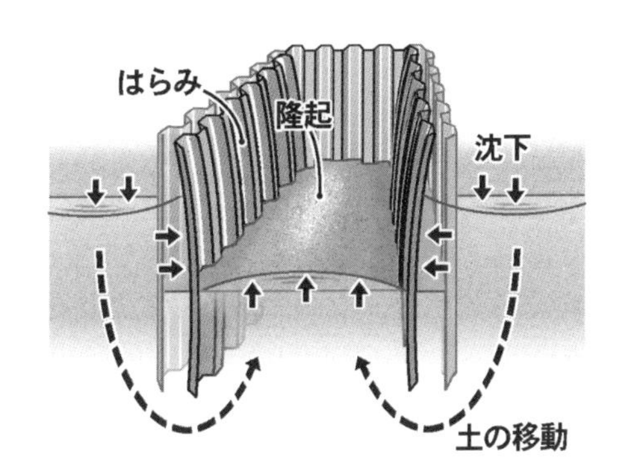

Lesson 2 土工

■原位置試験

原位置試験の結果から求められるもの，その利用及び内容について，下表に示す。

原位置試験の目的と内容

試験の名称	求められるもの	利用方法	試験内容
単位体積質量試験	湿潤密度 ρt 乾燥密度 ρd	締固めの施工管理	砂置換法，カッター法等各種方法があるが，基本は土の重量を体積で除す。
標準貫入試験	N値	土の硬軟，締まり具合の判定	重さ 63.5 kgのハンマーにより，30 cm 打ち込むのに要する打撃回数。
スウェーデン式サウンディング試験	Wsw及びNsw値	土の硬軟，締まり具合の判定	6 種の荷重を与え，人力によるロッド回転の貫入量に対応する半回転数を測定。
オランダ式二重管コーン貫入試験	コーン指数 q_c	土の硬軟，締まり具合の判定	先端角 60° 及び底面積10 cm² のマントルコーンを，速度 1 cm/s により，5 cm 貫入し，コーン貫入抵抗値を算定する。
ポータブルコーン貫入試験	コーン指数 q_c	トラフィカビリティーの判定	先端角30° 及び底面積 6.45 cm² のコーンを，人力により貫入させ，貫入抵抗値は貫入力をコーン底面積で除した値で表す。
ベーン試験	粘着力 c	細粒土の斜面や基礎地盤の安定計算	ベーンブレードを回転ロッドにより押込み，その抵抗値を求める。
平板載荷試験	地盤反力係数 K	締固めの施工管理	直径 30 cm の載荷板に荷重をかけ，時間と沈下量の関係を求める。
現場透水試験	透水係数 k	透水関係の設計計算 地盤改良工法の設計	ボーリング孔を利用して，地下水位の変化により，透水係数を求める。
弾性波探査	地盤の弾性波速度 V	地層の種類，性質，成層状況の推定	火薬により弾性波を発生させ，伝波状況の観測により，弾性波速度を解明する。
電気探査	地盤の比抵抗値	地層・地質，構造の推定	地中に電流を流し，電位差を測定し，比抵抗値を算定する。

■環境への影響

土工事の施工により生活環境へ与える事項と対応策について下記に示す。

騒音・振動：低騒音・低振動の機械及び工法の選定を行う。

交通障害：建設機械との接触事故防止及び工事渋滞の軽減策をはかる。

大気汚染：土砂の飛散防止及び建設機械の排気ガス低減を行う。

地盤沈下：十分な根入れ深さ確保によりヒービング，ボイリングを防止する。

廃棄物処理：分別収集，再生資源利用及び促進，廃棄物の適正処理を行う。

穴埋め問題

令和3年度

Lesson 2 土　工

問題

建設発生土の現場利用のための安定処理に関する次の文章の［　　　］の(イ)～(ホ) に当てはまる**適切な語句**を解答欄に記述しなさい。

(1) 高含水比状態にある材料あるいは強度の不足するおそれのある材料を盛土材料として利用する場合，一般に［(イ)］乾燥等による脱水処理が行われる。

［(イ)］乾燥で含水比を低下させることが困難な場合は，できるだけ場内で有効活用をするために固化材による安定処理が行われている。

(2) セメントや石灰等の固化材による安定処理工法は，主に基礎地盤や［(ロ)］，路盤の改良に利用されている。道路土工への利用範囲として主なものをあげると，強度の不足する［(ロ)］材料として利用するための改良や高含水比粘性土等の［(ハ)］の確保のための改良がある。

(3) 安定処理の施工上(せこうじょう)の留意点として，石灰・石灰系固化材の場合，白色粉末の石灰は作業中に粉塵(ふんじん)が発生すると，作業者のみならず近隣にも影響を与えるので，作業の際は，風速，風向に注意し，粉塵の発生を極力抑えるようにする。また，作業者はマスク，防塵(ぼうじん)［(ニ)］を使用する。

石灰・石灰系固化材と土との反応はかなり緩慢なため，十分な［(ホ)］期間が必要である。

■土工（建設発生土の現場利用のための安定処理）に関する問題

建設発生土の現場利用のための安定処理に関する留意点は，主に**「道路土工ー盛土工指針」**において示されている。

解答例

(1) 高含水比状態にある材料あるいは強度の不足するおそれのある材料を盛土材料として利用する場合，一般に **(イ) 天日** 乾燥等による脱水処理が行われる。

(イ) 天日 乾燥で含水比を低下させることが困難な場合は，できるだけ場内で有効活用をするために固化材による安定処理が行われている。

(2) セメントや石灰等の固化材による安定処理工法は，主に基礎地盤や **(ロ) 路床** ，路盤の改良に利用されている。道路土工への利用範囲として主なものをあげると，強度の不足する **(ロ) 路床** 材料として利用するための改良や高含水比粘性土等の **(ハ) トラフィカビリティー** の確保のための改良がある。

(3) 安定処理の施工上の留意点として，石灰・石灰系固化材の場合，白色粉末の石灰は作業中に粉塵が発生すると，作業者のみならず近隣にも影響を与えるので，作業の際は，風速，風向に注意し，粉塵の発生を極力抑えるようにする。また，作業者はマスク，防塵 **(ニ) 眼鏡** を使用する。

石灰・石灰系固化材と土との反応はかなり緩慢なため，十分な **(ホ) 養生** 期間が必要である。

(イ)	(ロ)	(ハ)	(ニ)	(ホ)
天日	路床	トラフィカビリティー	眼鏡	養生

※解答は主に「道路土工ー盛土工指針」によるものなので，同一語句が望ましい。

問題

軟弱地盤対策として，下記の５つの工法の中から**２つ選び，工法名，工法の概要及び期待される効果**をそれぞれ解答欄に記述しなさい。

・サンドマット工法
・サンドドレーン工法
・深層混合処理工法（機械攪拌工法）
・薬液注入工法
・掘削置換工法

解説

■軟弱地盤対策に関する問題

軟弱地盤対策に関しては，主に**「道路土工－軟弱地盤対策指針」**等において示されている。

解答例

サンドマット工法

工法の概要

軟弱地盤表面に 0.5～1.2 m 程度の透水性の高い砂を敷設し，地下水の排除を行う。

期待される効果

・せん断変形抑制
・すべり抵抗増加

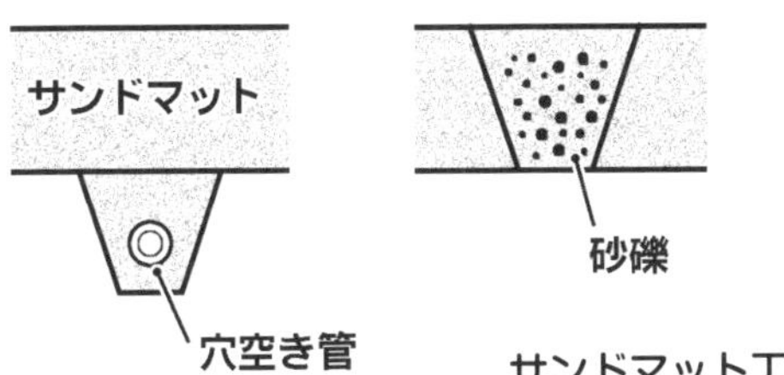

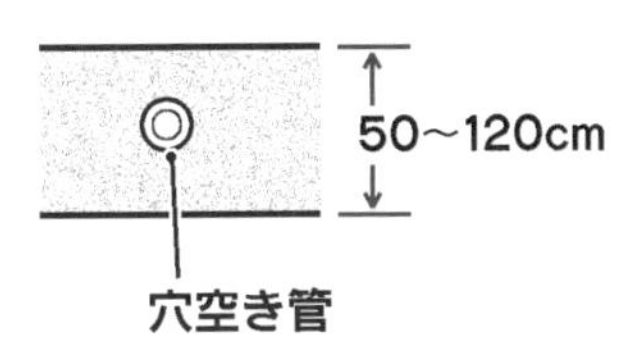

サンドマット工法

サンドドレーン工法

工法の概要

地盤中に適当な間隔で鉛直方向に砂柱を設置し，軟弱地盤中の間隙水を排水する工法。

期待される効果

・圧密沈下促進
・強度増加促進

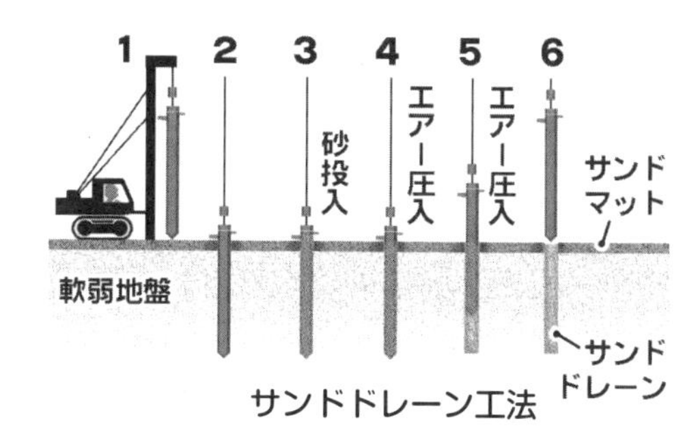

サンドドレーン工法

深層混合処理工法（機械撹拌工法）

工法の概要

かなりの深さまでセメント，石灰等の安定材と原地盤の土と混合し，柱状又は全面的に地盤改良する工法。

期待される効果

・すべり抵抗増加
・全沈下量減少

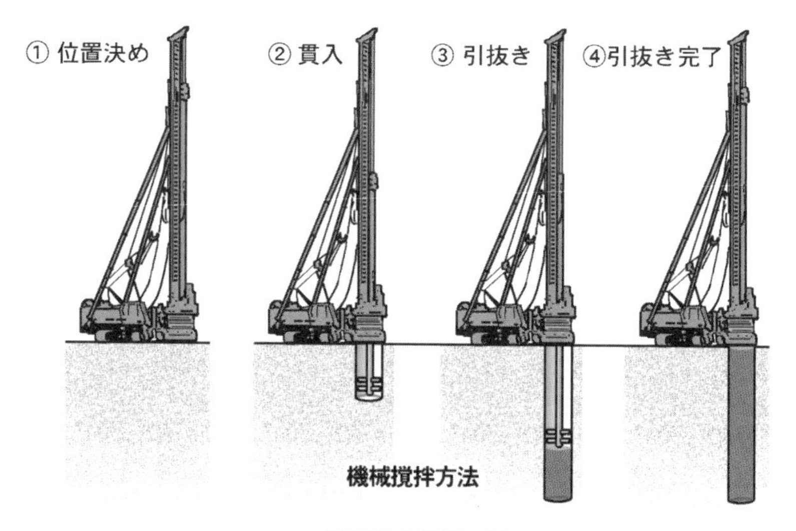

深層混合処理工法

薬液注入工法

工法の概要

地盤に薬液を注入することにより，原地盤を固結させ，原地盤の強度を上げることによって安定を増すと同時に，沈下を減少させる。

期待される効果

・すべり抵抗増加
・全沈下量減少

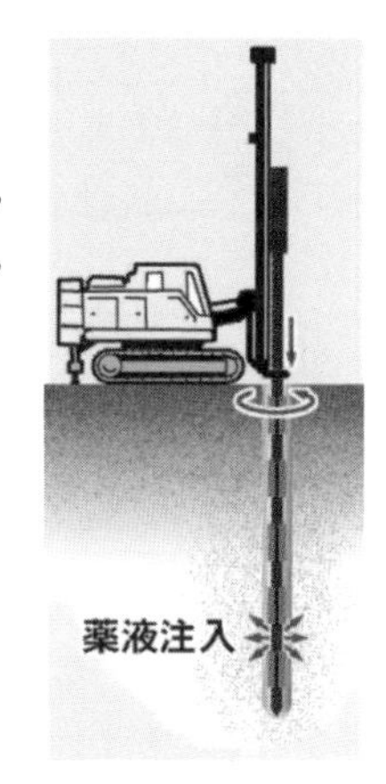

掘削置換工法

工法の概要

軟弱層の一部又は全部を掘削により除去し，良質土で置き換える工法。

期待される効果

・すべり抵抗増加
・全沈下量減少

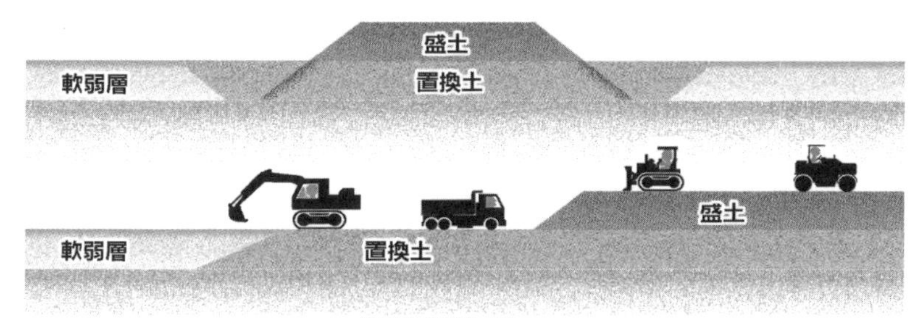

掘削置換工法

上記のうち，２つの工法を選んで記述する。

問題

建設発生土の有効利用に関する次の文章の［　　］の(イ)～(ホ)に当てはまる**適切な語句**を解答欄に記述しなさい。

(1) 高含水比の材料は，なるべく薄く敷き均した後，十分な放置期間をとり，ばっ気乾燥を行い使用するか，処理材を［(イ)］調整し使用する。

(2) 安定が懸念される材料は，盛土法面［(ロ)］の変更，ジオテキスタイル補強盛土やサンドイッチ工法の適用や排水処理などの対策を講じるか，あるいはセメントや石灰による安定処理を行う。

(3) 有用な現場発生土は，可能な限り［(ハ)］を行い，土羽土として有効利用する。

(4) ［(ニ)］のよい砂質土や礫質土は，排水材料への使用をはかる。

(5) やむを得ずスレーキングしやすい材料を盛土の路体に用いる場合には，施工後の圧縮［(ホ)］を軽減するために，空気間隙率が所定の基準内となるように締め固めることが望ましい。

解説

■建設発生土の有効利用に関する問題

建設発生土の有効利用に関する問題に関しては，主に**「道路土工－盛土工指針」**において示されている。

解答例

(1) 高含水比の材料は，なるべく薄く敷き均した後，十分な放置期間をとり，ばっ気乾燥を行い使用するか，処理材を **(イ) 混合** 調整し使用する。

(2) 安定が懸念される材料は，盛土法面 **(ロ) 勾配** の変更，ジオテキスタイル補強盛土やサンドイッチ工法の適用や排水処理などの対策を講じるか，あるいはセメントや石灰による安定処理を行う。

(3) 有用な現場発生土は，可能な限り **(ハ) 仮置** を行い，土羽土として有効利用する。

(4) **(ニ) 透水性** のよい砂質土や礫質土は，排水材料への使用をはかる。

(5) やむを得ずスレーキングしやすい材料を盛土の路体に用いる場合には，施工後の圧縮 **(ホ) 沈下** を軽減するために，空気間隙率が所定の基準内となるように締め固めることが望ましい。

(イ)	(ロ)	(ハ)	(ニ)	(ホ)
混合	勾配	仮置	透水性	沈下

※解答は意味が同じなら正解としてもよい。

(ロ) 傾斜，(ホ) 沈下量

Lesson 2 土　工

問　題

切土法面排水に関する**次の（1），（2）の項目について，それぞれ1つずつ**解答欄に記述しなさい。

（1）　切土法面排水の目的

（2）　切土法面施工時における排水処理の留意点

解　説

■法面保護工に関する問題

切土法面の施工に関しては，主に**「道路土工ー切土工・斜面安定工指針」**等により定められている。

解答例

（1）　切土法面排水の目的

・降水，融雪により地山からの流水による法面の洗掘を防止する。
・雨水・湧水等が施工区域内への浸入により，法面土砂の流出を防止する。
・雨水等の切土部への浸透を防ぐため，速やかな表面排水を促進する。
・集中豪雨等の雨水の直撃による法面浸食や崩壊を防止する。
・周辺地域から浸透する地下水や地下水面の上昇による法面や構造物基礎の軟弱化を防止する。

（2）　切土法面施工時における排水処理の留意点

・法肩に沿って排水溝を設け，掘削する区域内への水の浸入を防止する。
・切土面の凹凸や不陸を整形し，雨水等が停滞しないようにする。
・法肩排水溝，小段排水溝を設け，速やかに縦排水溝で法尻まで排水を行う。
・法面内に湧水がある場合は，水平排水孔を設け速やかに排出する。
・切土と盛土の境界部にはトレンチを設け，雨水等の盛土部への流入防止を図る。

上記のうち，（1），（2）それぞれ1つずつ選び記述する。

問題

軟弱地盤上の盛土施工の留意点に関する次の文章の［　　］の(イ)～(ホ)に当てはまる**適切な語句**を解答欄に記述しなさい。

(1) 準備排水は，施工機械のトラフィカビリティーが確保できるように，軟弱地盤の表面に［(イ)］排水溝を設けて，表面排水の処理に役立てる。

(2) 軟弱地盤上の盛土では，盛土［(ロ)］付近の沈下量が法肩部付近に比較して大きいので，盛土施工中はできるだけ施工面に 4%～5%程度の横断勾配をつけて，表面を平滑に仕上げ，雨水の［(ハ)］を防止する。

(3) 軟弱地盤においては，［(ニ)］移動や沈下によって丁張りが移動や傾斜したりすることがあるので，盛土施工の途中で盛土形状や寸法のチェックを忘れてはならない。

(4) 盛土荷重による沈下量の大きい区間では，法面勾配を計画勾配で仕上げると，沈下によって盛土天端の幅員が不足し，［(ホ)］盛土が必要となることが多い。このため，供用後の沈下をあらかじめ見込んだ勾配で仕上げ，余裕幅を設けて施工することが望ましい。

■軟弱地盤上の盛土施工に関する問題

軟弱地盤上の盛土施工上の留意点に関しては，主に**「道路土工ー軟弱地盤対策工指針」**において示されている。

解答例

(1) 準備排水は，施工機械のトラフィカビリティーが確保できるように，軟弱地盤の表面に **(イ) 素掘り** 排水溝を設けて，表面排水の処理に役立てる。

(2) 軟弱地盤上の盛土では，盛土 **(ロ) 中央** 付近の沈下量が法肩部付近に比較して大きいので，盛土施工中はできるだけ施工面に 4%～5%程度の横断勾配をつけて，表面を平滑に仕上げ，雨水の **(ハ) 浸透** を防止する。

(3) 軟弱地盤においては，**(ニ) 側方** 移動や沈下によって丁張りが移動や傾斜したりすることがあるので，盛土施工の途中で盛土形状や寸法のチェックを忘れてはならない。

(4) 盛土荷重による沈下量の大きい区間では，法面勾配を計画勾配で仕上げると，沈下によって盛土天端の幅員が不足し，**(ホ) 腹付け** 盛土が必要となることが多い。このため，供用後の沈下をあらかじめ見込んだ勾配で仕上げ，余裕幅を設けて施工することが望ましい。

(イ)	(ロ)	(ハ)	(ニ)	(ホ)
素掘り	中央	浸透	側方	腹付け

※解答は意味が同じなら正解としてもよい。

(ロ) 中央部，(ハ) 滞留，(ホ) 追加

年度

Lesson 2 土　工

問　題

切土・盛土の法面保護工として実施する次の4つの工法の中から**2つ選び，その工法の説明（概要）と施工上の留意点について**，解答欄の（例）を参考にして，それぞれの解答欄に記述しなさい。

ただし，工法の説明（概要）及び施工上の留意点の同一解答は不可とする。

・種子散布工
・張芝工
・プレキャスト枠工
・ブロック積擁壁工

解　説

■法面保護工に関する問題

切土・盛土の法面保護工に関しては，主に**「道路土工ー切土工・斜面安定工指針」**等により定められている。

解答例

種子散布工

工法の説明（概要）

種子，肥料，養生剤等を水と混合し，スラリー状にしてポンプの圧力により，法面に吹き付ける。

施工上の留意点

・厚さ 1 cm 未満に均一な散布を行う。
・一般に法面勾配 1：1.0 より緩勾配の法面で施工する。

種子散布工

張芝工

工法の説明（概要）

芝を人力にて法面全面に張り付ける。

施工上の留意点

・目土をかけ，芝を保護し活着を促す。
・平滑に仕上げた法面に目串などで固定する。

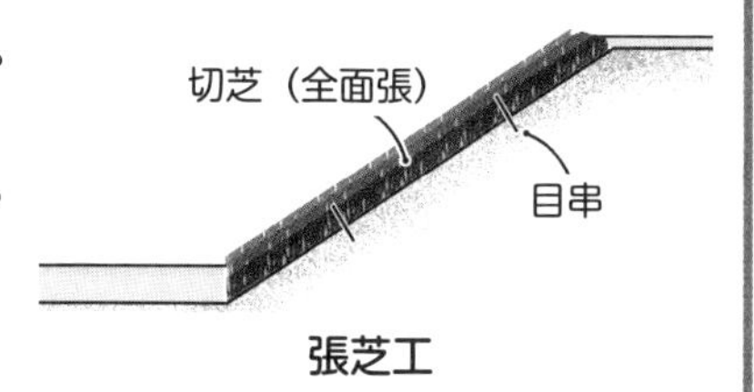

張芝工

プレキャスト枠工

工法の説明（概要）

コンクリート製，プラスチック製，鋼製のプレキャスト枠を法面上にアンカーで固定する。

施工上の留意点

・法枠は法尻から滑らないように積み上げる。
・中詰め材の締固めを十分に行う。

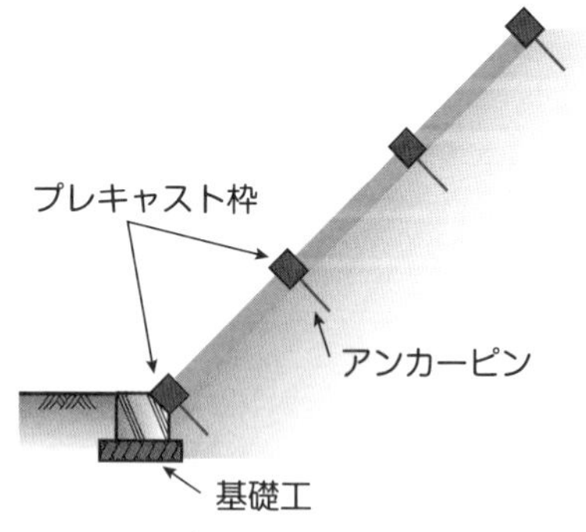

プレキャスト枠工

ブロック積擁壁工

工法の説明（概要）

コンクリートブロックを裏込めコンクリート，裏込め材とともに積み上げ，法面を保護する。

施工上の留意点

・擁壁の直高は 5.0 m を原則とする。
・擁壁背面の排水のために水抜き孔を設置する。

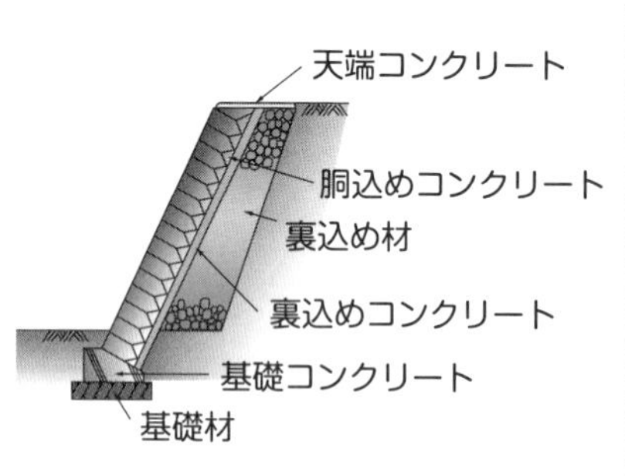

ブロック積擁壁工

上記のうち，2 つの工法を選んで記述する。

Lesson 2 土 工

問 題

盛土の施工に関する次の文章の［　　］の(イ)～(ホ)に当てはまる**適切な語句又は数値**を解答欄に記述しなさい。

(1) 盛土の基礎地盤は，盛土の施工に先立って適切な処理を行わなければならない。特に，沢部や湧水の多い箇所での盛土の施工においては，適切な［(イ)］を行うものとする。

(2) 盛土に用いる材料は，敷均し・締固めが容易で締固め後の［(ロ)］が高く，圧縮性が小さく，雨水などの侵食に強いとともに，吸水による［(ハ)］が低いことが望ましい。粒度配合のよい礫質土や砂質土がこれにあたる。

(3) 敷均し厚さは，盛土材料の粒度や土質，締固め機械，施工方法などの条件に左右されるが，一般的に路体では 1 層の締固め後の仕上り厚さを［(ニ)］cm 以下とする。

(4) 原則として締固め時に規定される施工含水比が得られるように，敷均し時には［(ホ)］を行うものとする。［(ホ)］には，ばっ気と散水がある。

■盛土の施工に関する問題

盛土の施工上の留意点に関しては，「道路土工ー盛土工指針」において示されている。

解答例

(1) 盛土の基礎地盤は，盛土の施工に先立って適切な処理を行わなければならない。特に，沢部や湧水の多い箇所での盛土の施工においては，適切な **(イ) 排水処理** を行うものとする。

(2) 盛土に用いる材料は，敷均し・締固めが容易で締固め後の **(ロ) せん断強度** が高く，圧縮性が小さく，雨水などの侵食に強いとともに，吸水による **(ハ) 膨潤性** が低いことが望ましい。粒度配合のよい礫質土や砂質土がこれにあたる。

(3) 敷均し厚さは，盛土材料の粒度や土質，締固め機械，施工方法などの条件に左右されるが，一般的に路体では 1 層の締固め後の仕上り厚さを **(ニ) 30** cm 以下とする。

(4) 原則として締固め時に規定される施工含水比が得られるように，敷均し時には **(ホ) 含水量調節** を行うものとする。**(ホ) 含水量調節** には，ばっ気と散水がある。

(イ)	(ロ)	(ハ)	(ニ)	(ホ)
排水処理	せん断強度	膨潤性	30	含水量調節

※解答は意味が同じなら正解としてもよい。

(イ) 排水対策，(ロ) 強さ，(ホ) 含水比調整

Lesson 2 土 工

問 題

盛土材料の改良に用いる固化材に関する次の **2 項目について，それぞれ 1 つずつ特徴又は施工上の留意事項**を解答欄に記述しなさい。

ただし，(1) と (2) の解答はそれぞれ異なるものとする。

(1) 石灰・石灰系固化材

(2) セメント・セメント系固化材

解 説

■盛土材料に関する問題

盛土材料の改良に用いる固化材に関しては，**「道路土工－盛土工指針」**により定められている。

解答例

(1) 石灰・石灰系固化材

特　　徴	施工上の留意事項
・土に石灰を添加して，土の安定性と耐久性を増大させる。 ・土を化学反応の相手として利用する。 ・土の種類，石灰の種類により対象範囲が広い。	・石灰と粘性土の混合の割合を適切にする。 ・十分な養生期間をとる。 ・風速，風向に注意し，粉じんの発生を極力抑える。 ・作業者はマスク，防塵めがねを使用する。 ・発熱によりやけどをしないよう衣服，手袋を着用する。

(2) セメント・セメント系固化材

特　　徴	施工上の留意事項
・セメントの接着硬化能力により改良する。 ・山砂や細砂の多い砂を適応土質とする。	・含水量を最適に調整して締め固める。 ・排水に十分留意し，降雨時にはシートで被覆する。 ・表面が乾燥しないように散水する。

上記のうち，それぞれ 1 つを選んで記述する。

問題

橋台，カルバートなどの構造物と盛土との接続部分では，不同沈下による段差が生じやすく，平坦性が損なわれることがある。その段差を生じさせないようにするための施工上の留意点に関する次の文章の［　　］の（イ）～（ホ）に当てはまる**適切な語句**を解答欄に記述しなさい。

(1) 橋台やカルバートなどの裏込め材料としては，非圧縮性で［（イ）］性があり，水の浸入による強度の低下が少ない安定した材料を用いる。

(2) 盛土を先行して施工する場合の裏込め部の施工は，底部が［（ロ）］になり面積が狭く，締固め作業が困難となり締固めが不十分となりやすいので，盛土材料を厚く敷き均しせず，小型の機械で入念に施工を行う。

(3) 構造物裏込め付近は，施工中や施工後において水が集まりやすいため，施工中の排水［（ハ）］を確保し，また構造物壁面に沿って裏込め排水工を設け，構造物の水抜き孔に接続するなどの十分な排水対策を講じる。

(4) 構造物が十分な強度を発揮した後でも裏込めやその付近の盛土は，構造物に偏土圧を加えないよう両側から［（ニ）］に薄層で施工する。

(5) ［（ホ）］は，盛土と橋台などの構造物との取付け部に設置し，その境界に生じる段差の影響を緩和するものである。

■構造物関連土工（構造物と盛土の接続部分）に関する問題

構造物と盛土との施工上の留意点に関しては，主に「**道路土工－盛土工指針**」において示されている。

解答例

(1) 橋台やカルバートなどの裏込め材料としては，非圧縮性で (イ) 透水 性があり，水の浸入による強度の低下が少ない安定した材料を用いる。

(2) 盛土を先行して施工する場合の裏込め部の施工は，底部が (ロ) くさび形 になり面積が狭く，締固め作業が困難となり締固めが不十分となりやすいので，盛土材料を厚く敷き均しせず，小型の機械で入念に施工を行う。

(3) 構造物裏込め付近は，施工中や施工後において水が集まりやすいため，施工中の排水 (ハ) 勾配 を確保し，また構造物壁面に沿って裏込め排水工を設け，構造物の水抜き孔に接続するなどの十分な排水対策を講じる。

(4) 構造物が十分な強度を発揮した後でも裏込めやその付近の盛土は，構造物に偏土圧を加えないよう両側から (ニ) 均等 に薄層で施工する。

(5) (ホ) 踏掛版 は，盛土と橋台などの構造物との取付け部に設置し，その境界に生じる段差の影響を緩和するものである。

(イ)	(ロ)	(ハ)	(ニ)	(ホ)
透水	くさび形	勾配	均等	踏掛版

Lesson 2 土 工

問 題

軟弱地盤上に盛土を行う場合に用いられる**軟弱地盤対策として，下記の 5 つの工法の中から 2 つ選び，その工法の概要と期待される効果**をそれぞれ解答欄に記述しなさい。

・載荷盛土工法
・サンドコンパクションパイル工法
・薬液注入工法
・荷重軽減工法
・押え盛土工法

解 説

■軟弱地盤対策に関する問題

軟弱地盤上に盛土を行う場合の対策は，主に**「道路土工－軟弱地盤対策工指針」**において示されている。

解答例

工 法	概 要	期待される効果
載荷盛土工法	盛土や構造物の計画されている地盤にあらかじめ荷重をかけて沈下を促進した後，あらためて計画された構造物を造り，構造物の沈下を軽減させる。	圧密沈下促進 強度増強促進
サンドコンパクションパイル工法	地盤に締め固めた砂杭を造り，軟弱層を締め固めるとともに，砂杭の支持力によって安定を増し，沈下量を減ずる。	全沈下量減少 すべり抵抗増加 液状化防止
薬液注入工法	地盤に薬液を注入することにより，原地盤を固結させ，原地盤の強度を上げることによって安定を増すと同時に沈下を減少させる。	全沈下量減少 すべり抵抗増加
荷重軽減工法	盛土本体の重量を軽減し，原地盤へ与える盛土の影響を少なくする工法で，盛土材としては発泡材，軽石，スラグなどが使用される。	強度低下の抑制
押え盛土工法	盛土の側方に押え盛土をしたり，法面勾配をゆるくしたりして，すべりに抵抗するモーメントを増加させて，盛土のすべり破壊を防止する。	すべり抵抗増加

上記のうち，2 つを選んで記述する。

問　題

建設発生土の現場利用に関する次の文章の［　　］の（イ）～（ホ）に当てはまる**適切な語句**を解答欄に記述しなさい。

(1) 高含水比状態にある材料あるいは強度の不足するおそれのある材料を盛土材料として利用する場合，一般に天日乾燥などによる［（イ）］処理が行われる。
天日乾燥などによる［（イ）］処理が困難な場合，できるだけ場内で有効活用をするために，固化材による安定処理が行われている。

(2) 一般に安定処理に用いられる固化材は，［（ロ）］固化材や石灰・石灰系固化材であり，石灰・石灰系固化材は改良対象土質の範囲が広く，粘性土で特にトラフィカビリティーの改良目的とするときには，改良効果が早期に期待できる［（ハ）］による安定処理が望ましい。

(3) 安定処理の施工上の留意点として，石灰・石灰系固化材の場合，白色粉末の石灰は作業中に粉じんが発生すると，作業者のみならず近隣にも影響を与えるので，作業の際は風速，［（ニ）］に注意し，粉じんの発生を極力抑えるようにして，作業者はマスク，防じんメガネを使用する。
石灰・石灰系固化材と土との反応はかなり緩慢なため，十分な［（ホ）］期間が必要である。

■土工（建設発生土の現場利用）に関する問題

土工に関して，建設発生土の現場利用に関する留意点は，主に「**道路土工－盛土工指針**」において示されている。

解答例

(1) 高含水比状態にある材料あるいは強度の不足するおそれのある材料を盛土材料として利用する場合，一般に天日乾燥などによる **(イ) 脱水** 処理が行われる。

天日乾燥などによる **(イ) 脱水** 処理が困難な場合，できるだけ場内で有効活用をするために，固化材による安定処理が行われている。

(2) 一般に安定処理に用いられる固化材は，**(ロ) セメント系** 固化材や石灰･石灰系固化材であり，石灰･石灰系固化材は改良対象土質の範囲が広く，粘性土で特にトラフィカビリティーの改良目的とするときには，改良効果が早期に期待できる **(ハ) 生石灰** による安定処理が望ましい。

(3) 安定処理の施工上の留意点として，石灰・石灰系固化材の場合，白色粉末の石灰は作業中に粉じんが発生すると，作業者のみならず近隣にも影響を与えるので，作業の際は風速，**(ニ) 風向** に注意し，粉じんの発生を極力抑えるようにして，作業者はマスク，防じんメガネを使用する。

石灰・石灰系固化材と土との反応はかなり緩慢なため，十分な **(ホ) 養生** 期間が必要である。

(イ)	(ロ)	(ハ)	(ニ)	(ホ)
脱水	セメント系	生石灰	風向	養生

※解答は意味が同じなら正解としてもよい。

(イ) 脱水・乾燥，(ニ) 飛散，(ホ) 仮置き

Lesson 2　土　工

問題

盛土施工中に行う仮排水に関する，**下記の (1)，(2) の項目について，それぞれ1つずつ**解答欄に記述しなさい。

(1)　仮排水の目的

(2)　仮排水処理の施工上の留意点

解説

■盛土施工中の仮排水に関する問題

盛土施工中の仮排水に関する留意点は，主に**「道路土工－盛土工指針」**において示されている。

解答例

(1)	仮排水の目的
①	降雨による法面表面の浸食を防止する。
②	盛土内への雨水の浸透を防ぎ，含水比が高くならないようにする。
③	切盛りの接続区間で，切土側から盛土側への雨水の流入を防ぐ。
(2)	**仮排水処理の施工上の留意点**
①	法面表面の排水のために，法肩，小段，法尻に仮排水路を設ける。
②	湧水による法面崩壊を防ぐために，水抜き用の水平排水孔を設ける。
③	雨水が滞留しないように，盛土には 4～5%の下り勾配を保つようにする。
④	切盛りの接続区間では，境界付近に排水溝を設ける。

上記項目について，それぞれ1つずつ選んで記述する。

問 題

軟弱地盤対策工法に関する次の文章の［　　］の（イ）～（ホ）に当てはまる**適切な語句**を解答欄に記入しなさい。

(1) 盛土載荷重工法は，構造物の建設前に軟弱地盤に荷重をあらかじめ載荷させておくことにより，粘土層の圧密を進行させ，［（イ）］の低減や地盤の強度増加をはかる工法である。

(2) 地下水位低下工法は，地下水位を低下させることにより，地盤がそれまで受けていた［（ロ）］に相当する荷重を下層の軟弱層に載荷して［（ハ）］を促進し強度増加をはかる工法である。

(3) 表層混合処理工法は，軟弱地盤の表層部分の土とセメント系や石灰系などの添加材をかくはん混合することにより，地盤の［（ニ）］を増加し，安定性増大，変形抑制及び施工機械の［（ホ）］の確保をはかる工法である。

■土工（軟弱地盤対策工法）に関する問題

土工に関して，軟弱地盤対策工法に関する留意点は，主に**「道路土工－軟弱地盤対策工指針」**において示されている。

解答例

(1) 盛土載荷重工法は，構造物の建設前に軟弱地盤に荷重をあらかじめ載荷させておくことにより，粘土層の圧密を進行させ，**(イ) 残留沈下量**の低減や地盤の強度増加をはかる工法である。

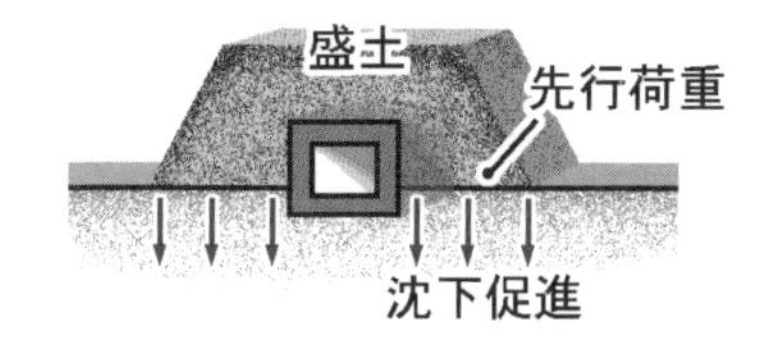

盛土載荷重工法

(2) 地下水位低下工法は，地下水位を低下させることにより，地盤がそれまで受けていた**(ロ) 浮力**に相当する荷重を下層の軟弱層に載荷して**(ハ) 圧密沈下**を促進し強度増加をはかる工法である。

(3) 表層混合処理工法は，軟弱地盤の表層部分の土とセメント系や石灰系などの添加材をかくはん混合することにより，地盤の**(ニ) せん断強度**を増加し，安定性増大，変形抑制及び施工機械の**(ホ) トラフィカビリティー**の確保をはかる工法である。

(イ)	(ロ)	(ハ)	(ニ)	(ホ)
残留沈下量	浮力	圧密沈下	せん断強度	トラフィカビリティー

Lesson 2 土　工

問　題

橋台やカルバートなどの構造物と盛土との接続部分では，不同沈下による段差などが生じやすくなる。**接続部の段差などの変状を抑制するための施工上留意すべき事項を２つ**解答欄に記述しなさい。

解　説

■盛土と構造物との接続部の施工に関する問題

盛土と構造物との接続部の施工に関する留意点は，主に「道路土工－盛土工指針」において示されている。

解答例

	接続部の段差などの変状を抑制するための施工上留意すべき事項
①	裏込め材，埋戻し材は，小型ブルドーザ，人力などにより平坦に敷き均し，高まきを避ける。
②	構造物の縁部や翼壁部などでは，小型締固め機械により，入念に締め固める。
③	裏込め材料として，締固めが容易で，圧縮性が小さく，透水性があり，かつ，水の浸入によっても強度の低下が少ない材料を使用する。
④	必要に応じて，構造物と盛土部の接続部に踏掛版を設置する。
⑤	施工中の雨水の浸入を防止し，浸透水に対しては地下排水溝を設けて処理する。

上記のうち，２つを選んで記述する。

設問 1

土工に関する次の文章の［　　　］に当てはまる**適切な語句**を解答欄に記入しなさい。

(1) 環境保全の観点から，盛土の構築にあたっては建設発生土を有効利用することが望ましく，建設発生土は，その性状や［(イ)］指数により第 1 種建設発生土～第 4 種建設発生土に分類される。

(2) 安定が懸念される材料は，盛土法面勾配の変更，［(ロ)］補強盛土やサンドイッチ工法の適用や排水処理工法などの対策を講じる，あるいはセメントや石灰による安定処理を行う。

(3) 有用な発生土は，可能な限り仮置きを行い，法面の土羽土として有効利用するほか，［(ハ)］のよい砂質土や礫質土は排水材料として使用する。

(4) 軟弱地盤対策を実施する場合には，対策工をできるだけ早期に完了して，盛土などの土工構造物の施工を始める前に地盤を安定させる。

(5) 軟弱地盤に盛土や土工構造物を施工する場合は，［(ニ)］のトラフィカビリティーの確保と所要の排水性能の確保が必要であり，このため［(ホ)］工法又は表層混合処理工法などが併用されることが多い。

■土工に関する問題

土工に関して，盛土施工，軟弱地盤対策に関する留意点は，主に**「道路土工－盛土工指針」，「道路土工－軟弱地盤対策工指針」**において示されている。

解答例

(1) 環境保全の観点から，盛土の構築にあたっては建設発生土を有効利用することが望ましく，建設発生土は，その性状や**(イ) コーン**指数により第１種建設発生土～第４種建設発生土に分類される。

(2) 安定が懸念される材料は，盛土法面勾配の変更，**(ロ) ジオテキスタイル**補強盛土やサンドイッチ工法の適用や排水処理工法などの対策を講じる，あるいはセメントや石灰による安定処理を行う。

(3) 有用な発生土は，可能な限り仮置きを行い，法面の土羽土として有効利用するほか，**(ハ) 透水性**のよい砂質土や礫質土は排水材料として使用する。

(4) 軟弱地盤対策を実施する場合には，対策工をできるだけ早期に完了して，盛土などの土工構造物の施工を始める前に地盤を安定させる。

(5) 軟弱地盤に盛土や土工構造物を施工する場合は，**(ニ) 施工機械**のトラフィカビリティーの確保と所要の排水性能の確保が必要であり，このため**(ホ) サンドマット**工法又は表層混合処理工法などが併用されることが多い。

(イ)	(ロ)	(ハ)	(ニ)	(ホ)
コーン	ジオテキスタイル	透水性	施工機械	サンドマット

※**(ロ) 帯鋼，(ロ) 押え，(ニ) 作業機械，(ニ) 建設機械，(ホ) 表層排水**でもよい。

設問2

下図のような山留工法を用いて掘削を行った場合に地盤の状況に応じて発生する掘削底面の**破壊現象名を 2 つあげ，それぞれの現象の内容又は対策方法**のいずれかを解答欄に記述しなさい。

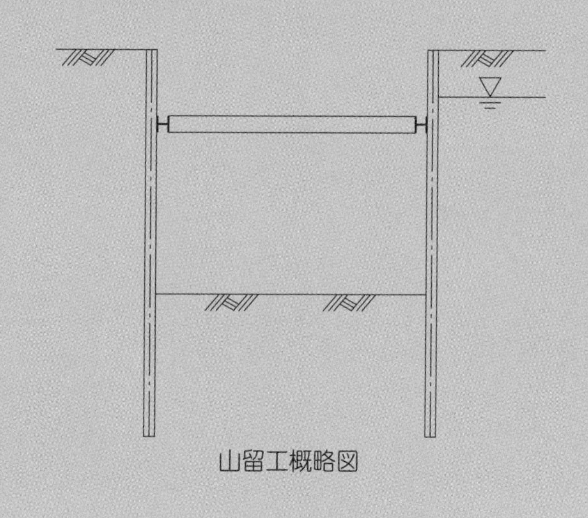

山留工概略図

解説

■山留工法における掘削底面の破壊現象に関する問題

山留工法における掘削底面の破壊現象としては，主に「ボイリング」，「ヒービング」，「盤ぶくれ」がある。

解答例

破壊現象名と現象の内容又は対策工法のいずれかについて **2 つ選択し記述する。**

破壊現象名	現象の内容又は対策工法
ボイリング	【現象の内容】 ・地下水位の高い砂質土地盤の掘削の場合，掘削面と背面側の水位差により，掘削面側の砂が湧きたつ状態となり，土留め壁の崩壊のおそれが生じる現象である。
	【対策方法】 ・土留め壁の根入れを長くすることにより浸透流を遮断する。 ・地下水低下工法により，土留め壁背面の地下水を低下させる。
ヒービング	【現象の内容】 ・掘削底面付近に軟らかい粘性土がある場合，土留め背面の土や上載荷重等により，掘削底面の隆起，土留め壁のはらみ，周辺地盤の沈下により，土留め壁の崩壊のおそれが生じる現象である。
	【対策方法】 ・土留め壁付近の地盤改良により，土のせん断強度を大きくする。 ・土留め壁背面側の地盤を掘削することにより，背面土圧を減少させる。
盤ぶくれ	【現象の内容】 ・地下水位の高い箇所で地盤を掘削したときに，掘削底面より下の上向きの水圧をもった地下水により，掘削底面の不透水性地盤が隆起する現象である。
	【対策方法】 ・地下水低下工法により，土留め壁背面の地下水を低下させる。 ・土留め壁付近の地盤改良により，浸透流を遮断する。

※「パイピング」でもよいが，内容は「ボイリング」とほぼ同様である。

※現象の内容又は対策工法については，どちらか１つを記述すればよい。

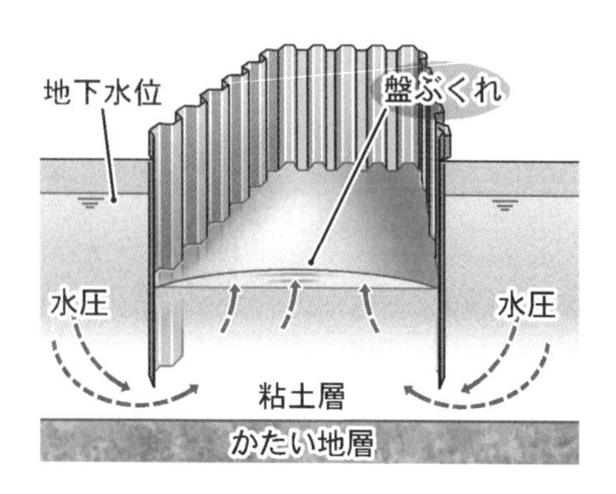

1級土木施工管理技術検定　第2次検定

Lesson 3
コンクリート

Lesson 3 1級土木施工管理技術検定 第2次検定

コンクリート

過去9年間の出題内容及び傾向と対策

■出題内容

年度	主な設問内容
令和4年	選択（1）【問題4】コンクリートの打継目の施工に関して適切な語句を記入する。 選択（2）【問題9】コンクリートに発生したひび割れの防止対策を記述する。
令和3年	必須 【問題2】コンクリートの養生に関して適切な語句を記入する。 選択（2）【問題9】コンクリートの施工に関して適切でない語句を訂正する。
令和2年	選択（1）【問題3】コンクリートの混和材料に関して適切な語句を記入する。 選択（2）【問題8】コンクリート打込み後のひび割れについて記述する。
令和元年	選択（1）【問題3】コンクリート構造物の施工に関して適切な語句を記入する。 選択（2）【問題8】コンクリート施工の打重ねにおける留意点を記述する。
平成30年	選択（1）【問題3】コンクリートの養生に関して適切な語句を記入する。 選択（2）【問題8】コンクリート施工の打継目における留意点を記述する。
平成29年	選択（1）【問題3】コンクリートの現場内運搬に関して適切な語句を記入する。 選択（2）【問題8】暑中コンクリートの施工における留意点を記述する。
平成28年	選択（1）【問題3】コンクリートの打込み・締固めに関して適切な語句を記入する。 選択（2）【問題8】寒中コンクリートの施工における留意点を記述する。
平成27年	選択（1）【問題3】コンクリートの打継ぎに関して適切な語句を記入する。 選択（2）【問題8】暑中コンクリートの打込み施工時の留意点を記述する。
平成26年	①コンクリートの養生に関して適切な語句を記入する。 ②コンクリート構造物の劣化機構に関して，劣化要因と劣化現象の概要を記述する。

■出題傾向（◎最重要項目　○重要項目　□基本項目　※予備項目　☆今後可能性）

出題項目	令和4年	令和3年	令和2年	令和元年	平成30年	平成29年	平成28年	平成27年	平成26年	重点
コンクリートの施工		○○	○	○○	○	○	○		○	◎
コンクリートの劣化	○								○	□
鉄　筋										□
打継目	○				○			○		□
コンクリート材料			○							□
暑中，寒中コンクリート						○	○	○		○
マスコンクリート										☆

■対　策

(1)**「コンクリートの施工」**に関しては，**「運搬」**，**「打込み」**，**「締固め」**のいずれかの項目に関して，必ず出題されるものとして，整理をしておく。

- **運　　搬**：現場までの運搬／コンクリートポンプ／バケット／シュート
- **打 込 み**：横移動禁止／連続打込み／水平打込み／2層の打込み
- **締 固 め**：内部振動機の使用／下層への挿入／挿入間隔／横移動禁止

(2)**「レディーミクストコンクリート」**を主とした品質に関しては出題率が高い。

- **品質規定**：圧縮強度／空気量／スランプ／塩化物含有量／アルカリ骨材反応
- **耐久性照査**：ひび割れ／凍結融解作用／中性化／化学侵食作用／温度変化／水密性

(3)**「養生」**，**「鉄筋」**及び**「打継目」**に関しては，年数をおいて出題されるが**「コンクリート」の基本項目**でもあり，下記の基礎知識は把握しておく。

- **養　　生**：湿潤養生／膜養生／温度制御養生
- **鉄　　筋**：継手位置／曲げ加工／組立用鋼材／かぶり／スペーサー
- **打 継 目**：継目位置／水平打継目／鉛直打継目／伸縮継目

(4)**「コンクリート構造物の劣化機構」**に関しては，今後出題が多くなる可能性が高い。

- **中性化**：二酸化炭素／鋼材腐食／ひび割れ／はく離
- **塩　害**：塩化物イオン／鋼材腐食／ひび割れ／はく離
- **凍　害**：凍結融解作用／スケーリング／ポップアウト
- **アルカリシリカ反応**：反応性骨材／アルカリ性水溶液／異常膨張／ひび割れ

(5)**「その他の項目」**について出題頻度は少ないが，**「コンクリート標準示方書」**の改定に伴い，今後の出題可能性を含め，下記の基礎知識は把握しておく。

- **他のコンクリート**：寒中コンクリート／暑中コンクリート／マスコンクリート
- **コンクリート材料**：セメント／練混ぜ水／細骨材／粗骨材／混和材／混和剤

■コンクリートの施工

コンクリートの施工における，各項目の留意点を下記に示す。

⑴練混ぜから打終わりまでの時間

外気温 25℃以下のとき 2 時間以内，25℃を超えるときは 1.5 時間以内とする。

⑵現場までの運搬

・トラックミキサあるいはトラックアジテータを使用して運搬する。
・レディーミクストコンクリートは，練混ぜ開始から荷卸しまでの時間は 1.5 時間以内とする。

⑶現場内での運搬

コンクリートポンプ：管径は大きいほど圧送負荷は小さいが，作業性は低下する。また，コンクリートポンプの配管経路は短く，曲がりの数を少なくし，コンクリートの圧送に先立ち先送りモルタルを圧送し配管内面の潤滑性を確保する。

バケット：材料分離の起こりにくいものとする。

シュート：縦シュートの使用を原則とし，コンクリートが 1 箇所に集まらないようにし，やむを得ず斜めシュートを用いる場合は水平 2 に対し鉛直 1 程度を標準とする。また，使用前後に水洗いし，使用に先がけてモルタルを流下させる。

コンクリートプレーサ：輸送管内のコンクリートを圧縮空気で圧送するもので，水平あるいは上向きの配管とし，下り勾配としてはならない。

ベルトコンベア：終端にはバッフルプレート及び漏斗管を設ける。

手押し車やトロッコを用いる場合の運搬距離は 50～100 m 以下とする。

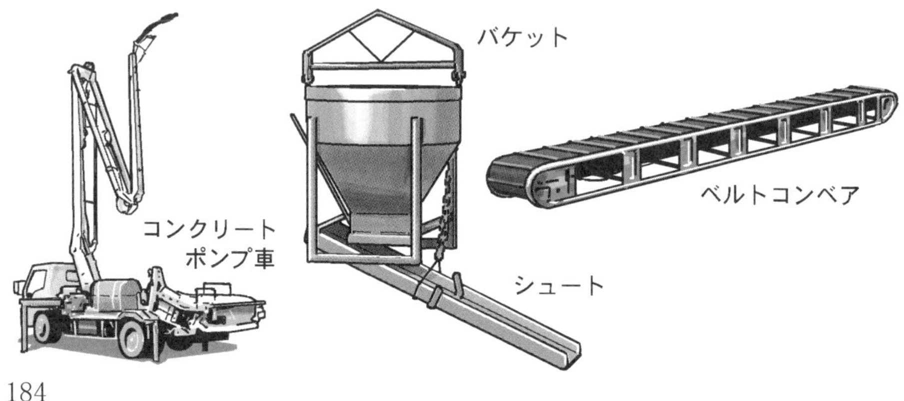

⑷打込み

準　　備　：鉄筋や型枠の配置を確認し，型枠内にたまった水はとり除く。

打込み作業　：鉄筋の配置や型枠を乱さない。

打込み位置　：目的の位置に近いところにおろし，型枠内で横移動させない。

一区画内での打込み：一区画内では完了するまで連続で打ち込み，ほぼ水平に打ち込む。

２層以上の打込み：各層のコンクリートが一体となるように施工し，許容打重ね時間の間隔は，外気温 25℃以下の場合は 2.5 時間，25℃を超える場合は 2.0 時間とする。

１層当たりの打込み高さ：打込み高さは 40～50cm 以下を標準とする。

落下高さ　：吐出し口から打込み面までの高さは 1.5 m 以下を標準とする。

打上がり速度：30 分当たり 1.0～1.5 m 以下を標準とする。

ブリーディング水：表面にブリーディング水がある場合は，これを取り除く。

打込み順序　：壁又は柱のコンクリートの沈下がほぼ終了してからスラブ又は梁のコンクリートを打ち込む。

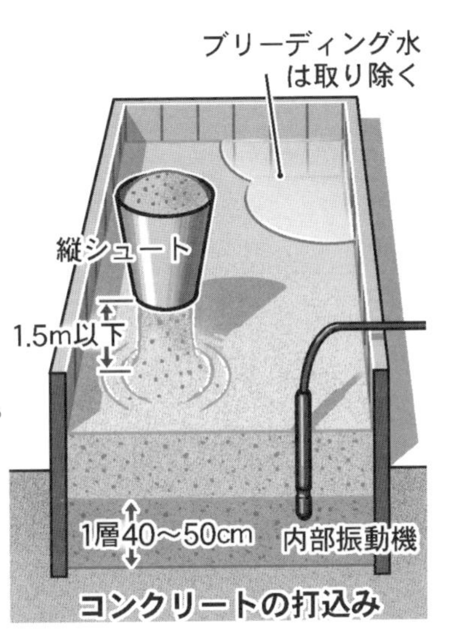

コンクリートの打込み

⑸締固め

締固め方法　：原則として内部振動機を使用する。

内部振動機　：下層のコンクリート中に 10cm 程度挿入し，間隔は 50cm 以下とする。また，横移動に使用してはならない。

振動時間　：1 箇所あたりの振動時間は 5～15 秒とし，引き抜くときは徐々に引き抜き，後に穴が残らないようにする。

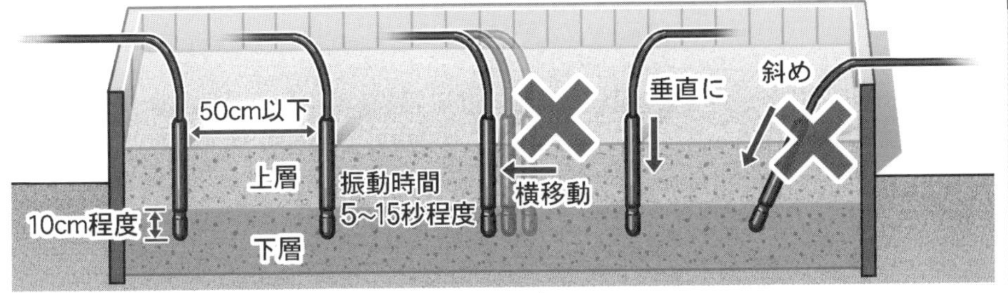

Lesson 3 コンクリート

⑹仕上げ

表面仕上げ：打上がり面はしみ出た水がなくなるか，又は上面の水を取り除いてから仕上げる。

ひ び 割 れ：コンクリートが固まり始めるまでに発生したひび割れは，タンピング又は再仕上げにより修復する。

⑺養　生

《養生の目的及び方法》

以下の3項目に分類する。

①**湿潤に保つ**：水中，湛水，散水，湿布（マット，むしろ），湿砂，膜養生（油脂系，樹脂系）

②**温度を制御する**：マスコンクリート（湛水，パイプクーリング），寒中コンクリート（断熱，蒸気，電熱），暑中コンクリート（散水，シート），促進養生（蒸気，オートクレーブ，給熱）

③**有害な作用に対して保護する**

振動，衝撃，荷重，海水等から保護する。

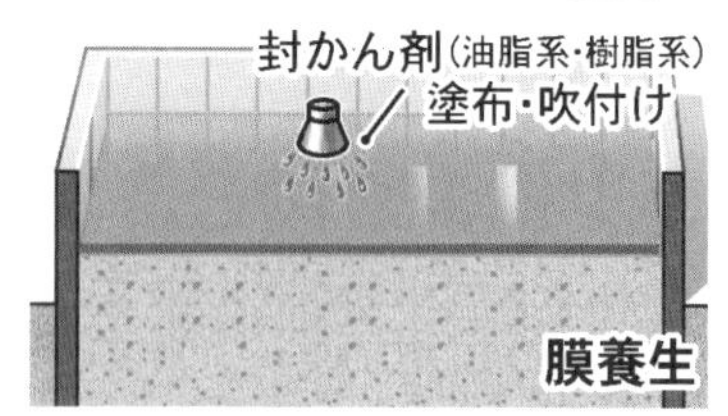

湿 潤 養 生 期 間：表面を荒らさないで作業ができる程度に硬化したら，下表に示す養生期間を保たなければならない。

日平均気温	普通ポルトランドセメント	混合セメントB種	早強ポルトランドセメント
15℃以上	5日	7日	3日
10℃以上	7日	9日	4日
5℃以上	9日	12日	5日

せ き 板：乾燥するおそれのあるときは，これに散水し湿潤状態にしなければならない。

膜 養 生：コンクリート表面の水光りが消えた直後に行い，散布が遅れるときは，膜養生剤を散布するまではコンクリートの表面を湿潤状態に保ち，膜養生剤を散布する場合には，鉄筋や打継目等に付着しないようにする必要がある。

寒中コンクリート：保温養生あるいは給熱養生が終わった後，温度の高いコンクリートを急に寒気にさらすと，コンクリートの表面にひび割れが生じるおそれがあるので，適当な方法で保護し表面が徐々に冷えるようにする。

暑中コンクリート：直射日光や風にさらされると急激に乾燥してひび割れを生じやすい。打込み後は速やかに養生する必要がある。

⑻型枠・支保工

型枠を取り外してよい時期は，下表のように規定されている。

部材面の種類	例	コンクリートの圧縮強度 (N/mm^2)
厚い部材の鉛直に近い面，傾いた上面，小さいアーチの外面	フーチングの側面	3.5
薄い部材の鉛直に近い面，45 度より急な傾きの下面，小さいアーチの内面	柱，壁，はりの側面	5.0
スラブ及びはり，45 度より緩い傾きの下面	スラブ，はりの底面，アーチの内面	14.0

転　　用：型枠（せき板）は，転用して使用することが前提となり，一般に転用回数は，合板の場合 5 回程度，プラスティック型枠の場合 20 回程度，鋼製型枠の場合 30 回程度を目安とする。

■コンクリートの継目の施工

コンクリートの継目の施工における，各項目の留意点を下記に示す。

⑴打継目

①位　置：せん断力の小さい位置に設け，打継面を部材の圧縮力の作用方向と直交させる。

②計　画：温度応力，乾燥収縮等によるひび割れの発生について考慮する。

③水密性：水密性を要するコンクリートは適切な間隔で打継目を設ける。

⑵水平打継目

①コンクリートの打継ぎ：既に打ち込まれたコンクリート表面のレイタンス等を取り除き，十分に吸水させる。

②型枠に接する線：できるだけ水平な直線となるようにする。

③型枠を確実に締め直し：既設コンクリートと打設コンクリートが密着するように締め固める。

⑶鉛直打継目

旧コンクリート面をワイヤブラシ，チッピング等で粗にし，セメントペースト，モルタルを塗り一体性を高める。

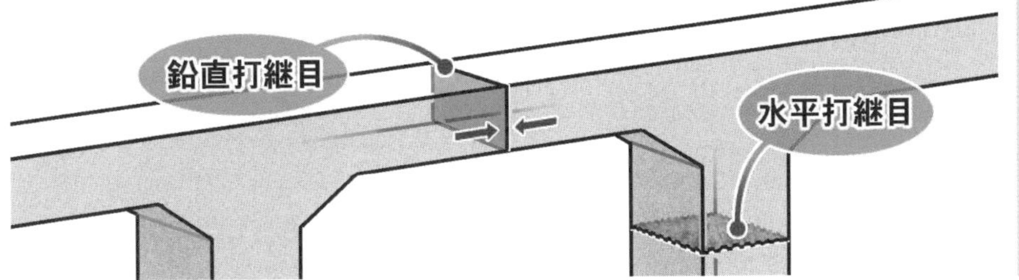

■鉄筋の継目の施工

鉄筋の施工における，各項目の留意点を下記に示す。

⑴継　手

①位　　置　：できるだけ応力の大きい断面を避け，同一断面に集めないことを原則とする。

②重ね合せの長さ：鉄筋径の 20 倍以上とする。

③重ね合せ継手：直径 0.8 mm 以上の鉄なまし鉄線で数箇所緊結する。

④継手の種類：ガス圧接継手，溶接継手，機械式継手

⑤ガス圧接継手：圧接面の面取り，鉄筋径 1.4 倍以上のふくらみ，有資格者による圧接

⑵加工・組立

①加　　工　：常温で加工するのを原則とする。

②溶　　接　：鉄筋は，原則として，溶接してはならない。やむを得ず溶接し，溶接した鉄筋を曲げ加工する場合には，溶接した部分を避けて曲げ加工しなければならない。また，曲げ加工した鉄筋の曲げ戻しは一般に行わないのがよい。

③組立用鋼材：鉄筋の位置を固定するために必要なばかりでなく，組立を容易にする点からも有効である。

④か　ぶ　り：鋼材（鉄筋）の表面からコンクリート表面までの最短距離で計測したコンクリートの厚さである。

⑤鉄筋の組立：型枠に接するスペーサはモルタル製あるいはコンクリート製を使用する。

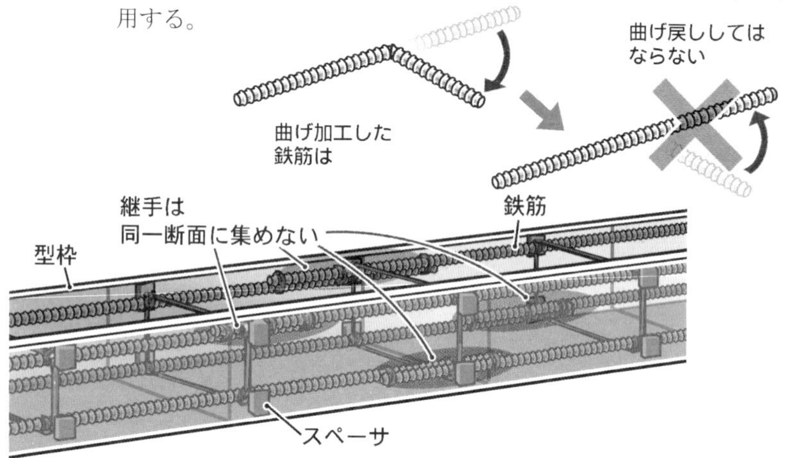

■コンクリートの品質規定

コンクリートは各項目ごとに下記のとおり，品質の規定がされている。

⑴圧縮強度

強度は材齢 28 日における標準養生供試体の試験値で表し，1 回の試験結果は，呼び強度の強度値の 85%以上で，かつ 3 回の試験結果の平均値は，呼び強度の強度値以上とする。

(2)空 気 量

（単位：%）

コンクリートの種類	空気量	空気量の許容差
普通コンクリート	4.5	±1.5
軽量コンクリート	5.0	
舗装コンクリート	4.5	

(3)スランプ

（単位：cm）

スランプ	2.5	5及び6.5	8以上18以下	21
スランプの誤差	±1	±1.5	±2.5	±1.5

(4)塩化物含有量

塩化物イオン量として 0.30 kg/m³ 以下とする。(承認を受けた場合は 0.60 kg/m³ 以下とできる)

(5)アルカリ骨材反応の防止・抑制対策

①アルカリシリカ反応性試験（化学法及びモルタルバー法）で無害と判定された骨材を使用して防止する。

②コンクリート中のアルカリ総量を Na_2O 換算で 3.0 kg/m³ 以下に抑制する。

③混合セメント（高炉セメント（B種，C種），フライアッシュセメント（B種，C種））を使用して抑制する。あるいは高炉スラグやフライアッシュ等の混和材をポルトランドセメントに混入した結合材を使用して抑制する。

■他のコンクリート

(1)寒中コンクリート

・日平均気温が 4℃以下になることが予想されるときは，寒中コンクリートとして施工する。

・セメントはポルトランドセメント及び混合セメントB種を用いる。

・配合は AE コンクリートとする。

・打込み時のコンクリート温度は5～20℃の範囲とする。

・コンクリートを練混ぜはじめてから打ち終わるまでの時間はできるだけ短くする。

⑵暑中コンクリート

・日平均気温が 25℃を超えることが想定されるときは，暑中コンクリートとして施工する。
・打込みは練混ぜ開始から打ち終わるまでの時間は 1.5 時間以内を原則とする。
・打込み時のコンクリートの温度は 35℃以下とする。

⑶マスコンクリート

・マスコンクリートとして取り扱う構造物の部材寸法は，広がりのあるスラブについて 80～100 cm 以上，下端が拘束された壁で厚さ 50 cm 以上とする。
・温度ひび割れの防止あるいはひび割れの幅，間隔及び発生位置の制御を行う。
・一般には中庸熱ポルトランドセメント，低熱ポルトランドセメント，高炉セメント，フライアッシュセメントなどの低発熱型のセメントを使用する。

■コンクリートの材料

コンクリートの材料としては，下記に分類される。

⑴セメント

①ポルトランドセメント

普通・早強・超早強・中庸熱・低熱・耐硫酸塩ポルトランドセメント（低アルカリ形）の 6 種類

②混合セメント：以下の 4 種類が JIS に規定されている。

❶高炉セメント：A種・B種・C種の 3 種類
❷フライアッシュセメント：A種・B種・C種の 3 種類
❸シリカセメント：A種・B種・C種の 3 種類
❹エコセメント：普通エコセメント，速硬エコセメントの 2 種類

③その他特殊なセメント

超速硬セメント，超微粉末セメント，アルミナセメント，油井セメント，地熱セメント，白色ポルトランドセメント，カラーセメント

⑵練混ぜ水

・上水道水，河川水，湖沼水，地下水，工業用水（ただし，鋼材を腐食させる有害物質を含まない水）
・回収水（「レディーミクストコンクリート」付属書に適合したもの）
・海水は使用してはならない。(ただし，用心鉄筋を配置しない無筋コンクリートの場合は可)

⑶骨　材

・**細骨材の種類**：砕砂，高炉スラグ細骨材，フェロニッケルスラグ細骨材，銅スラグ細骨材，電気炉酸化スラグ細骨材，再生細骨材

・**粗骨材の種類**：砕石，高炉スラグ粗骨材，電気炉酸化スラグ粗骨材，再生粗骨材

・**吸水率及び表面水率**：骨材の含水状態による呼び名は，「絶対乾燥（絶乾）状態」，「空気中乾燥（気乾）状態」，「表面乾燥飽水（表乾）状態」，「湿潤状態」の4つで表す。示方配合では，「表面乾燥飽水（表乾）状態」が吸水率や表面水率を表すときの基準とされる。

⑷混和材料

①混和材：コンクリートのワーカビリティーを改善し，単位水量を減らし，水和熱による温度上昇を小さくすることができる。主な混和材としてフライアッシュ，シリカフューム，高炉スラグ微粉末，石灰石微粉末等がある。

②混和剤：ワーカビリティー，凍霜害性を改善するものとしてAE剤，AE減水剤等，単位水量及び単位セメント量を減少させるものとして減水剤やAE減水剤等，その他高性能減水剤，流動化剤，硬化促進剤等がある。

■ひび割れ現象

ひび割れの種類，原因及び対策を下記のように整理する。

ひび割れの種類	原　　因	対　　策
温度ひび割れ	・施工時と硬化後の気温差によるコンクリートの収縮。	・打設時のコンクリート温度を低くする。 ・石灰石等の気温の影響の少ない骨材の使用。
鉄筋の腐食によるひび割れ	・コンクリートの中性化の深さが，鉄筋に達したときに生じる。	・十分なかぶりを確保する。 ・水セメント比を50%以下とする。
アルカリ骨材反応によるひび割れ	・アルカリ骨材とコンクリート中のアルカリ成分が反応してシリカ分が膨張する。	・アルカリシリカ反応で無害の骨材を使用する。 ・アルカリ総量を3.0 kg/m³以下に抑制する。 ・混合セメント（B種，C種）を使用して抑制する。

過去8年間の問題と解説・解答例

穴埋め問題

Lesson 3　コンクリート

問題

コンクリートの養生に関する次の文章の［　　　］の(イ)～(ホ)に当てはまる**適切な語句**を解答欄に記述しなさい。

(1) 打込み後のコンクリートは，セメントの［　(イ)　］反応が阻害されないように表面からの乾燥を防止する必要がある。

(2) 打込み後のコンクリートは，その部位に応じた適切な養生方法により，一定期間は十分な［　(ロ)　］状態に保たなければならない。

(3) 養生期間は，セメントの種類や環境温度等に応じて適切に定めなければならない。日平均気温 15℃以上の場合，［　(ハ)　］を使用した際には，養生期間は7日を標準とする。

(4) 暑中コンクリートでは，特に気温が高く，また，湿度が低い場合には，表面が急激に乾燥し［　(ニ)　］が生じやすいので，［　(ホ)　］又は覆い等による適切な処置を行い，表面の乾燥を抑えることが大切である。

■コンクリートの養生に関する問題

コンクリートの養生に関しては，主に「コンクリート標準示方書〔施工編〕」施工標準：8 章　養生及び 13.7 養生において示されている。

解答例

(1) 打込み後のコンクリートは，セメントの (イ) 水和 反応が阻害されないように表面からの乾燥を防止する必要がある。

(2) 打込み後のコンクリートは，その部位に応じた適切な養生方法により，一定期間は十分な (ロ) 湿潤 状態に保たなければならない。

(3) 養生期間は，セメントの種類や環境温度等に応じて適切に定めなければならない。日平均気温 15℃以上の場合， (ハ) 混合セメント B 種 を使用した際には，養生期間は 7 日を標準とする。

(4) 暑中コンクリートでは，特に気温が高く，また，湿度が低い場合には，表面が急激に乾燥 (ニ) ひび割れ が生じやすいので， (ホ) 散水 又は覆い等による適切な処置を行い，表面の乾燥を抑えることが大切である。

(イ)	(ロ)	(ハ)	(ニ)	(ホ)
水和	湿潤	混合セメントB種	ひび割れ	散水

＊解答は「コンクリート標準示方書」によるものなので，同一の語句が望ましい。

Lesson 3 コンクリート

問題

コンクリートの施工（せこう）に関する次の①～④の記述のすべてについて，適切でない語句が文中に含まれている。①～④**のうちから 2 つ選び，番号，適切でない語句及び適切な語句**をそれぞれ解答欄に記述しなさい。

① コンクリート中にできた空隙（くうげき）や余剰水を少なくするための再振動を行う適切な時期は，締固めによって再び流動性が戻る状態の範囲でできるだけ早い時期がよい。

② 仕上げ作業後，コンクリートが固まり始めるまでの間に発生したひび割れは，棒状バイブレータと再仕上げによって修復しなければならない。

③ コンクリートを打ち継ぐ場合には，既に打ち込まれたコンクリートの表面のレイタンス等を完全に取り除き，コンクリート表面を粗にした後，十分に乾燥させなければならない。

④ 型枠底面に設置するスペーサは，鉄筋の荷重を直接支える必要があるので，鉄製を使用する。

■コンクリートの施工に関する問題

コンクリートの施工に関しては，主に**「コンクリート標準示方書〔施工編〕」**において示されている。

① コンクリート中にできた空隙や余剰水を少なくするための再振動を行う適切な時期は，締固めによって再び流動性が戻る状態の範囲でできるだけ**早い時期（→遅い時期）**がよい。

② 仕上げ作業後，コンクリートが固まり始めるまでの間に発生したひび割れは，**棒状バイブレータ（→タンピング）**と再仕上げによって修復しなければならない。

③ コンクリートを打ち継ぐ場合には，既に打ち込まれたコンクリートの表面のレイタンス等を完全に取り除き，コンクリート表面を粗にした後，十分に**乾燥（→吸水）**させなければならない。

④ 型枠底面に設置するスペーサは，鉄筋の荷重を直接支える必要があるので，**鉄製（→コンクリート製あるいはモルタル製）**を使用する。

タンピング

解答例

番号	適切でない語句	適切な語句
①	早い時期	遅い時期
②	棒状バイブレータ	タンピング
③	乾燥	吸水
④	鉄製	コンクリート製あるいはモルタル製

Lesson 3 コンクリート

問題

コンクリートの混和材料に関する次の文章の [　　] の(イ)～(ホ)に当てはまる**適切な語句**を解答欄に記述しなさい。

(1) [(イ)] は，水和熱による温度上昇の低減，長期材齢における強度増進など，優れた効果が期待でき，一般にはⅡ種が用いられることが多い混和材である。

(2) 膨張材は，乾燥収縮や硬化収縮に起因する [(ロ)] の発生を低減できることなど優れた効果が得られる。

(3) [(ハ)] 微粉末は，硫酸，硫酸塩や海水に対する化学抵抗性の改善，アルカリシリカ反応の抑制，高強度を得ることができる混和材である。

(4) 流動化剤は，主として運搬時間が長い場合に，流動化後の [(ニ)] ロスを低減させる混和剤である。

(5) 高性能 [(ホ)] は，ワーカビリティーや圧送性の改善，単位水量の低減，耐凍害性の向上，水密性の改善など，多くの効果が期待でき，標準形と遅延形の２種類に分けられる混和剤である。

■コンクリート混和材料に関する問題

コンクリート混和剤に関しては，主に「コンクリート標準示方書〔施工編〕」施工標準：3.5 混和材料において示されている。

解答例

(1) (イ) フライアッシュ は，水和熱による温度上昇の低減，長期材齢における強度増進など，優れた効果が期待でき，一般にはⅡ種が用いられることが多い混和材である。

(2) 膨張材は，乾燥収縮や硬化収縮に起因する (ロ) ひび割れ の発生を低減できることなど優れた効果が得られる。

(3) (ハ) 高炉スラグ 微粉末は，硫酸，硫酸塩や海水に対する化学抵抗性の改善，アルカリシリカ反応の抑制，高強度を得ることができる混和材である。

(4) 流動化剤は，主として運搬時間が長い場合に，流動化後の (ニ) スランプ ロスを低減させる混和剤である。

(5) 高性能 (ホ) AE 減水剤 は，ワーカビリティーや圧送性の改善，単位水量の低減，耐凍害性の向上，水密性の改善など，多くの効果が期待でき，標準形と遅延形の2種類に分けられる混和剤である。

(イ)	(ロ)	(ハ)	(ニ)	(ホ)
フライアッシュ	ひび割れ	高炉スラグ	スランプ	AE 減水剤

＊解答は主に「コンクリート標準示方書」によるものなので，同一の語句が望ましい。ただし，**(ホ) 減水剤** でも可と思われる。

Lesson 3 コンクリート

問題

コンクリート打込み後に発生する，**次のひび割れの発生原因と施工現場における防止対策をそれぞれ１つずつ**解答欄に記述しなさい。

ただし，材料に関するものは除く。

(1) 初期段階に発生する沈みひび割れ

(2) マスコンクリートの温度ひび割れ

解説

■コンクリートのひび割れに関する問題

コンクリートのひび割れに関しては，「コンクリート標準示方書［施工編］及び［設計編］」等において示されている。

解答例

(1) 初期段階に発生する沈みひび割れ

ひび割れの発生原因

・コンクリート打設速度が速いと，骨材やセメントが沈降する際に鉄筋やセパレータに沈降を拘束され，ひび割れが発生する。

・壁と柱や梁とスラブなどを同時に打設した際に，沈下速度の違いによりひび割れが発生する。

施工現場における防止対策

・ブリーディング水が少なく単位水量の少ないコンクリートを使用する。

・材料分離性の高いコンクリートを使用する。

・壁や柱などを連続して打ち込む場合は，打ち上がり速度を遅めにする。

(2) マスコンクリートの温度ひび割れ

ひび割れの発生原因

・水和熱による内部温度の上昇段階で，コンクリート表面と内部の温度差から引張り力が生じてひび割れが発生する。

・コンクリート全体の温度が降下するとき，部材が外部から拘束を受け，冷却時に引張り力が発生してひび割れが発生する。

施工現場における防止対策

・打込み区画を小さくし，温度上昇を抑制する。
・直射日光を受けて高温になるおそれのある部分は，散水や覆い等により，冷却を行う。
・パイプクーリングによりコンクリート温度の低下をはかる。
・ひび割れ誘発目地を設置し，あらかじめ定められた位置にひび割れを集中させる。

上記のうち，それぞれ１つずつ選び記述する。

穴埋め問題

令和元年度

Lesson 3 コンクリート

問題

コンクリート構造物の施工に関する次の文章の［　　］の(イ)～(ホ)に当てはまる**適切な語句**を解答欄に記述しなさい。

(1) 継目は設計図書に示されている所定の位置に設けなければならないが，施工条件から打継目を設ける場合は，打継目はできるだけせん断力の［(イ)］位置に設けることを原則とする。

(2) ［(ロ)］は鉄筋を適切な位置に保持し，所要のかぶりを確保するために，使用箇所に適した材質のものを，適切に配置することが重要である。

(3) 組み立てた鉄筋の一部が長時間大気にさらされる場合には，鉄筋の［(ハ)］処理を行うか，シートなどによる保護を行う。

(4) コンクリート打込み時に型枠に作用するコンクリートの側圧は，一般に打上がり速度が速いほど，また，コンクリート温度が低いほど［(ニ)］なる。

(5) コンクリートの打込み後の一定期間は，十分な［(ホ)］状態と適当な温度に保ち，かつ有害な作用の影響を受けないように養生をしなければならない。

■コンクリート構造物の施工に関する問題

コンクリート構造物の施工に関しては，主に「コンクリート標準示方書［施工編］」において示されている。

解答例

(1) 継目は設計図書に示されている所定の位置に設けなければならないが，施工条件から打継目を設ける場合は，打継目はできるだけせん断力の［(イ) 小さい］位置に設けることを原則とする。

(2) ［(ロ) スペーサ］は鉄筋を適切な位置に保持し，所要のかぶりを確保するために，使用箇所に適した材質のものを，適切に配置することが重要である。

(3) 組み立てた鉄筋の一部が長時間大気にさらされる場合には，鉄筋の［(ハ) 防せい（防錆）］処理を行うか，シートなどによる保護を行う。

(4) コンクリート打込み時に型枠に作用するコンクリートの側圧は，一般に打上がり速度が速いほど，また，コンクリート温度が低いほど［(ニ) 大きく］なる。

(5) コンクリートの打込み後の一定期間は，十分な［(ホ) 湿潤］状態と適当な温度に保ち，かつ有害な作用の影響を受けないように養生をしなければならない。

(イ)	(ロ)	(ハ)	(ニ)	(ホ)
小さい	スペーサ	防せい（防錆）	大きく	湿潤

＊解答は主に「コンクリート標準示方書」によるものなので，同一の語句が望ましい。

Lesson 3 コンクリート

問題

コンクリート構造物の次の施工時に関して，コンクリートを打ち重ねる場合に，上層と下層を一体とするための**施工上の留意点について，それぞれ1つずつ**解答欄に記述しなさい。

(1) 打込み時

(2) 締固め時

解説

■コンクリートの打重ねに関する問題

コンクリート打込みにおける打継目に関しては，**「コンクリート標準示方書［施工編］」 施工標準：7.4 打込み，7.5 締固め**において示されている。

解答例

(1) 打込み時

・許容打重ね時間の間隔は，外気温が25℃以下のときは2.5時間，25℃を超えるときは2.0時間以内とする。

(2) 締固め時

・内部振動機を下層のコンクリート中に10 cm程度挿入する。

・締固め時間の目安は，1箇所あたり5～15秒間とする。

※締固め時はいずれかを選んで記述する。

Lesson 3 コンクリート

問題

コンクリートの養生に関する次の文章の［　　］の（イ）～（ホ）に当てはまる**適切な語句**を解答欄に記述しなさい。

(1) コンクリートが，所要の強度，劣化に対する抵抗性などを確保するためには，セメントの［（イ）］反応を十分に進行させる必要がある。したがって，打込み後の一定期間は，コンクリートを適当な温度のもとで，十分な［（ロ）］状態に保つ必要がある。

(2) 打込み後のコンクリートの打上がり面は，日射や風の影響などによって水分の逸散を生じやすいので，湛水，散水，あるいは十分に水を含む［（ハ）］により給水による養生を行う。

(3) フライアッシュセメントや高炉セメントなどの混合セメントを使用する場合，普通ポルトランドセメントに比べて養生期間を［（ニ）］することが必要である。

(4) ［（ホ）］剤の散布あるいは塗布によって，コンクリートの露出面の養生を行う場合には，所要の性能が確保できる使用量や施工方法などを事前に確認する。

解説

■**コンクリートの養生に関する問題**

コンクリートの養生に関しては，主に**「コンクリート標準示方書〔施工編〕」施工標準：8章　養生**において示されている。

解答例

(1) コンクリートが，所要の強度，劣化に対する抵抗性などを確保するためには，セメントの **(イ) 水和** 反応を十分に進行させる必要がある。したがって，打込み後の一定期間は，コンクリートを適当な温度のもとで，十分な **(ロ) 湿潤** 状態に保つ必要がある。

(2) 打込み後のコンクリートの打上がり面は，日射や風の影響などによって水分の逸散を生じやすいので，湛水，散水，あるいは十分に水を含む **(ハ) 養生マット** により給水による養生を行う。

(3) フライアッシュセメントや高炉セメントなどの混合セメントを使用する場合，普通ポルトランドセメントに比べて養生期間を **(ニ) 長く** することが必要である。

(4) **(ホ) 膜養生** 剤の散布あるいは塗布によって，コンクリートの露出面の養生を行う場合には，所要の性能が確保できる使用量や施工方法などを事前に確認する。

(イ)	(ロ)	(ハ)	(ニ)	(ホ)
水和	湿潤	養生マット	長く	膜養生

＊解答は意味が同じならば，正解としてもよい。
(ハ) 湿布，(ホ) 皮膜養生

Lesson 3 コンクリート

問題

コンクリート打込みにおける打継目に関する次の**2項目について，それぞれ1つずつ施工上の留意事項**を解答欄に記述しなさい。

(1) 打継目を設ける位置

(2) 水平打継目の表面処理

解説

■コンクリートの打継目に関する問題

コンクリート打込みにおける打継目に関しては，**「コンクリート標準示方書［施工編］」 施工標準：9章 継目**において示されている。

解答例

(1) 打継目を設ける位置

・できるだけせん断力の小さい位置に設ける。
・打継ぎ面を部材の圧縮力の作用方向と直交させる。
・温度応力や乾燥収縮等によるひび割れの発生を考慮して位置を決める。

(2) 水平打継目の表面処理

・コンクリート表面のレイタンス，品質の悪いコンクリート，緩んだ骨材粒を完全に取り除く。
・十分に吸水させる。
・高圧の空気，水で表面の薄層を除去する。
・水をかけながらワイヤブラシで表面を粗にする。

上記のうち，それぞれ1つを選んで記述する。

Lesson 3 コンクリート

問題

コンクリートの現場内運搬に関する次の文章の［　　］の（イ）～（ホ）に当てはまる**適切な語句**を解答欄に記述しなさい。

(1) コンクリートポンプによる圧送に先立ち，使用するコンクリートの［（イ）］以下の先送りモルタルを圧送しなければならない。

(2) コンクリートポンプによる圧送の場合，輸送管の管径が［（ロ）］ほど圧送負荷は小さくなるので，管径の［（ロ）］輸送管の使用が望ましい。

(3) コンクリートポンプの機種及び台数は，圧送負荷，［（ハ）］，単位時間当たりの打込み量，1日の総打込み量及び施工場所の環境条件などを考慮して定める。

(4) 斜めシュートによってコンクリートを運搬する場合，コンクリートは［（ニ）］が起こりやすくなるため，縦シュートの使用が標準とされている。

(5) バケットによるコンクリートの運搬では，バケットの［（ホ）］とコンクリートの品質変化を考慮し，計画を立て，品質管理を行う必要がある。

■**コンクリートの現場内運搬に関する問題**

コンクリートの現場内運搬に関しては，主に**「コンクリート標準示方書［施工編］」施工標準：7.3　運搬**において示されている。

解答例

(1) コンクリートポンプによる圧送に先立ち，使用するコンクリートの **(イ) 水セメント比** 以下の先送りモルタルを圧送しなければならない。

(2) コンクリートポンプによる圧送の場合，輸送管の管径が **(ロ) 大きい** ほど圧送負荷は小さくなるので，管径の **(ロ) 大きい** 輸送管の使用が望ましい。

(3) コンクリートポンプの機種及び台数は，圧送負荷， **(ハ) 吐出量** ，単位時間当たりの打込み量，１日の総打込み量及び施工場所の環境条件などを考慮して定める。

(4) 斜めシュートによってコンクリートを運搬する場合，コンクリートは **(ニ) 材料分離** が起こりやすくなるため，縦シュートの使用が標準とされている。

縦シュート
分離しない

(5) バケットによるコンクリートの運搬では，バケットの **(ホ) 打込み速度** とコンクリートの品質変化を考慮し，計画を立て，品質管理を行う必要がある。

(イ)	(ロ)	(ハ)	(ニ)	(ホ)
水セメント比	大きい	吐出量	材料分離	打込み速度

Lesson 3 コンクリート

問題

暑中コンクリートの施工に関する**下記の (1), (2) の項目について配慮すべき事項を**それぞれ解答欄に記述しなさい。

(1) 暑中コンクリートの打込みについて配慮すべき事項

(2) 暑中コンクリートの養生について配慮すべき事項

解説

■暑中コンクリートの施工に関する問題

暑中コンクリートの施工に関しては，主に**「コンクリート標準示方書［施工編］」施工標準：13 章　暑中コンクリート**において示されている。

解答例

(1) 暑中コンクリートの打込みについて配慮すべき事項	
①	練混ぜ開始から打ち終わるまでの時間は，1.5 時間以内とする。
②	打込み時のコンクリートの温度は，35℃以下とする。
③	コンクリート打込み前には地盤や型枠等は散水や覆い等により湿潤状態に保つ。
④	直射日光により型枠，鉄筋が高温にならないように散水や覆い等により防止する。
(2) 暑中コンクリートの養生について配慮すべき事項	
①	打込み終了後，速やかに養生を開始し，コンクリート表面を乾燥から保護する。
②	散水，覆い等により表面の乾燥を抑える。
③	養生期間中は露出面を湿潤状態に保つ。
④	膜養生の実施により水分の逸散を防止する。

上記項目について，それぞれ選んで記述する。

Lesson 3 コンクリート

問題

コンクリートの打込み・締固めに関する次の文章の［　　　］の（イ）～（ホ）に当てはまる**適切な語句**を解答欄に記述しなさい。

(1) コンクリートを打ち込む前に，鉄筋は正しい位置に配置されているか，鉄筋のかぶりを正しく保つために使用箇所に適した材質の［（イ）］が必要な間隔に配置されているか，組み立てた鉄筋は打ち込む時に動かないように固定されているか，それぞれについて確認する。

(2) コンクリートの打込みは，目的の位置から遠いところに打ち込むと，目的の位置まで移動させる必要がある。コンクリートは移動させると［（ロ）］を生じる可能性が高くなるため，目的の位置にコンクリートをおろして打ち込むことが大切である。

また，コンクリートの打込み中，表面に集まった［（ハ）］水は，適当な方法で取り除いてからコンクリートを打ち込まなければならない。

(3) コンクリートをいったん締め固めた後に，［（ニ）］を適切な時期に行うと，コンクリートは再び流動性を帯びて，コンクリート中にできた空げきや余剰水が少なくなり，コンクリート強度及び鉄筋との［（ホ）］強度の増加や沈みひび割れの防止などに効果がある。

■コンクリートの打込み・締固めに関する問題

コンクリートの打込み・締固めに関しては，主に**「コンクリート標準示方書［施工編］」施工標準：7 章　運搬・打込み・締固めおよび仕上げ**において示されている。

解答例

(1) コンクリートを打ち込む前に，鉄筋は正しい位置に配置されているか，鉄筋のかぶりを正しく保つために使用箇所に適した材質の **(イ) スペーサ** が必要な間隔に配置されているか，組み立てた鉄筋は打ち込む時に動かないように固定されているか，それぞれについて確認する。

(2) コンクリートの打込みは，目的の位置から遠いところに打ち込むと，目的の位置まで移動させる必要がある。コンクリートは移動させると **(ロ) 材料分離** を生じる可能性が高くなるため，目的の位置にコンクリートをおろして打ち込むことが大切である。

また，コンクリートの打込み中，表面に集まった **(ハ) ブリーディング** 水は，適当な方法で取り除いてからコンクリートを打ち込まなければならない。

(3) コンクリートをいったん締め固めた後に，**(ニ) 再振動** を適切な時期に行うと，コンクリートは再び流動性を帯びて，コンクリート中にできた空げきや余剰水が少なくなり，コンクリート強度及び鉄筋との **(ホ) 付着** 強度の増加や沈みひび割れの防止などに効果がある。

(イ)	(ロ)	(ハ)	(ニ)	(ホ)
スペーサ	材料分離	ブリーディング	再振動	付着

Lesson 3 コンクリート

問題

日平均気温が 4℃以下になることが予想されるときの寒中コンクリートの施工に関する，**下記の (1)，(2)の項目について，それぞれ 1 つずつ**解答欄に記述しなさい。

(1) 初期凍害を防止するための施工上の留意点

(2) 給熱養生の留意点

解説

■暑中コンクリートの施工に関する問題

寒中コンクリートの施工に関しては，主に「コンクリート標準示方書［施工編］」施工標準：12 章　寒中コンクリートにおいて示されている。

解答例

(1)	初期凍害を防止するための施工上の留意点
①	セメントはポルトランドセメント及び混合セメント B 種を用いることを標準とし，配合については AE コンクリートを原則とする。
②	打込み時のコンクリート温度は 5～20℃の範囲を保つ。
③	打込みは，練り混ぜはじめてから打ち終わるまでの時間はできるだけ短くし，温度低下を防ぐ。
(2)	**給熱養生の留意点**
①	供給した熱が放散しないように，シート等による保温養生と組合わせる。
②	初期凍害を防止できる強度が確保できるまでは，5℃以上を保ち，さらに 2 日間は 0℃以上を保つ。
③	コンクリートの表面温度は 20℃を超えないような養生を保つ。
④	コンクリートの温度を適切に保持し，充分な湿分を与え，コンクリートの乾燥を防止する。

上記項目について，それぞれ 1 つずつ選んで記述する。

Lesson 3　コンクリート

問題

コンクリートの打継ぎに関する次の文章の［　　　］の（イ）～（ホ）に当てはまる**適切な語句**を解答欄に記入しなさい。

(1) 水平打継目でコンクリートを打ち継ぐ場合には，既に打ち込まれたコンクリートの表面の［（イ）］，品質の悪いコンクリート，緩んだ骨材粒などを完全に取り除き，コンクリート表面を粗にした後に，十分に［（ロ）］させなければならない。

(2) 鉛直打継目でコンクリートを打ち継ぐ場合には，既に打ち込まれ硬化したコンクリートの打継面は，ワイヤブラシで表面を削るか，チッピングなどにより粗にして十分［（ロ）］させた後に，新しくコンクリートを打ち継がなければならない。

(3) 既設コンクリートに新たなコンクリートを打ち継ぐ場合には，既設コンクリート内部鋼材の腐食膨張や凍害，アルカリシリカ反応によるひび割れにより欠損部や中性化，［（ハ）］などの劣化因子を含む既設コンクリートの撤去した場合のコンクリートの修復をする。

(4) 断面修復の施工フローは，発錆している鋼材の裏側までコンクリートをはつり取り，鋼材の［（ニ）］処理を行い，既設コンクリートと新たなコンクリートの打継ぎの面にプライマーの塗布を行った後に，［（ホ）］セメントモルタルなどのセメント系材料を充てんする。

■コンクリートの打継ぎに関する問題

コンクリートの打継ぎに関しては，主に「コンクリート標準示方書〔施工編〕」施工標準：9 章　継目において示されている。

解答例

(1) 水平打継目でコンクリートを打ち継ぐ場合には，既に打ち込まれたコンクリートの表面の **(イ) レイタンス**，品質の悪いコンクリート，緩んだ骨材粒などを完全に取り除き，コンクリート表面を粗にした後に，十分に **(ロ) 吸水** させなければならない。

(2) 鉛直打継目でコンクリートを打ち継ぐ場合には，既に打ち込まれ硬化したコンクリートの打継面は，ワイヤブラシで表面を削るか，チッピングなどにより粗にして十分 **(ロ) 吸水** させた後に，新しくコンクリートを打ち継がなければならない。

(3) 既設コンクリートに新たなコンクリートを打ち継ぐ場合には，既設コンクリート内部鋼材の腐食膨張や凍害，アルカリシリカ反応によるひび割れにより欠損部や中性化，**(ハ) 塩害** などの劣化因子を含む既設コンクリートの撤去した場合のコンクリートの修復をする。

(4) 断面修復の施工フローは，発錆している鋼材の裏側までコンクリートをはつり取り，鋼材の **(ニ) 防錆** 処理を行い，既設コンクリートと新たなコンクリートの打継ぎの面にプライマーの塗布を行った後に，**(ホ) ポリマー系** セメントモルタルなどのセメント系材料を充てんする。

(イ)	(ロ)	(ハ)	(ニ)	(ホ)
レイタンス	吸水	塩害	防錆	ポリマー系

文章記述問題

Lesson 3 コンクリート

問題

日平均気温が 25℃ を超えることが予想されるときには，暑中コンクリートとしての施工を行うことが標準となっている。**暑中コンクリートを打込みする際の留意すべき事項を 2 つ**解答欄に記述しなさい。

ただし，通常コンクリートの打込みに関する事項は除くとともに，また暑中コンクリートの配合及び養生に関する事項も除く。

解説

■暑中コンクリートの打込みに関する問題

暑中コンクリートの打込みに関しては，主に**「コンクリート標準示方書［施工編］」施工標準:13 章　暑中コンクリート　13.6 打込み**において示されている。

解答例

暑中コンクリートを打込みする際の留意すべき事項	
①	練混ぜ開始から打ち終わるまでの時間は，1.5 時間以内とする。
②	打込み時のコンクリートの温度は，35℃以下とする。
③	コンクリート打込み前には地盤や型枠等は散水や覆い等により湿潤状態に保つ。
④	直射日光により型枠，鉄筋が高温にならないように散水や覆い等により防止する。

上記のうち，2 つを選んで記述する。

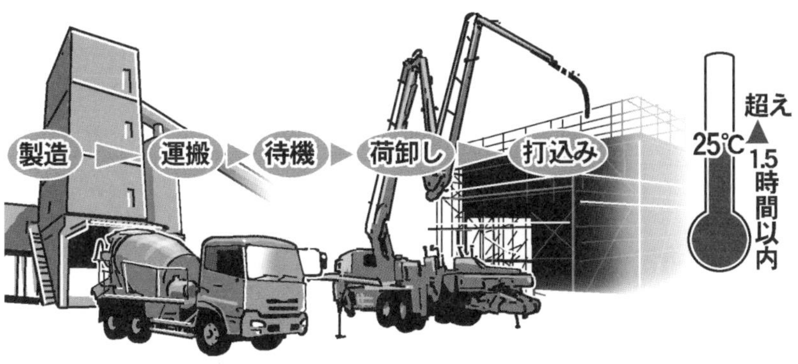

Lesson 3 コンクリート

設問 1

コンクリートの養生に関する次の文章の［　　］に当てはまる**適切な語句**を解答欄に記入しなさい。

(1) コンクリートの打込み後は，コンクリート表面が乾燥すると［(イ)］の発生の原因となるので，硬化を始めるまで，日光の直射，風などによる水分の逸散を防がなければならない。

また，コンクリートを適当な温度のもとで，十分な［(ロ)］状態に保ち，有害な作用の影響を受けないようにすることが必要である。

(2) コンクリートは，十分に硬化が進むまで，硬化に必要な温度条件に保ち，低温，高温，急激な温度変化による有害な影響を受けないように，必要に応じて養生時の温度を制御しなければならない。

セメントの［(ハ)］反応は，養生時のコンクリート温度によって影響を受け，一般に養生温度や材齢が圧縮強度に及ぼす影響は，養生温度が低い場合は，必要な圧縮強度を得るための期間は長く，逆に養生温度が高いと短くなる。

(3) 外気温が著しく低く日平均気温が 4℃以下となるような寒中コンクリートの養生方法としては，コンクリートが打込み後の初期に［(ニ)］しないようにするために断熱性の高い材料でコンクリートの周囲を覆い，所定の強度が得られるまで［(ホ)］養生する。

■コンクリートの養生に関する記述

コンクリートの養生に関する留意点は，主に「**コンクリート標準示方書［施工編］**」**施工標準：8章　養生**において示されている。

解答例

(1)　コンクリートの打込み後は，コンクリート表面が乾燥すると **(イ) ひび割れ** の発生の原因となるので，硬化を始めるまで，日光の直射，風などによる水分の逸散を防がなければならない。

また，コンクリートを適当な温度のもとで，十分な **(ロ) 湿潤** 状態に保ち，有害な作用の影響を受けないようにすることが必要である。

(2)　コンクリートは，十分に硬化が進むまで，硬化に必要な温度条件に保ち，低温，高温，急激な温度変化による有害な影響を受けないように，必要に応じて養生時の温度を制御しなければならない。

セメントの **(ハ) 水和** 反応は，養生時のコンクリート温度によって影響を受け，一般に養生温度や材齢が圧縮強度に及ぼす影響は，養生温度が低い場合は，必要な圧縮強度を得るための期間は長く，逆に養生温度が高いと短くなる。

(3)　外気温が著しく低く日平均気温が 4℃以下となるような寒中コンクリートの養生方法としては，コンクリートが打込み後の初期に **(ニ) 凍結** しないようにするために断熱性の高い材料でコンクリートの周囲を覆い，所定の強度が得られるまで **(ホ) 保温** 養生する。

(イ)	(ロ)	(ハ)	(ニ)	(ホ)
ひび割れ	湿潤	水和	凍結	保温

※**(ホ) 給熱**でもよい。

Lesson 3 コンクリート

設問 2

コンクリート構造物の耐久性を低下させる**劣化と判断される主な要因による劣化機構名を 2 つあげ，それぞれの劣化要因又は劣化現象**のいずれかを解答欄に記述しなさい。

解説

■コンクリート構造物の耐久性を低下させる，劣化機構に関する記述

コンクリート構造物の耐久性を阻害する主な劣化機構としては，「中性化」，「塩害」，「凍害」，「アルカリシリカ反応」があげられる。

解答例

下記の劣化機構名と劣化要因又は劣化現象のいずれかについて **2 つ選択し，記述する。**

劣化機構	劣化要因	劣化現象
中性化	二酸化炭素	二酸化炭素がセメント水和物と炭酸化反応を起こし pH を低下させることで，鋼材の腐食が促進され，コンクリートのひび割れやはく離，鋼材の断面減少を引き起こす。
塩害	塩化物イオン	コンクリート中の鋼材の腐食が塩化物イオンにより促進され，コンクリートのひび割れやはく離，鋼材の断面減少を引き起こす。
凍害	凍結融解作用	コンクリート中の水分が凍結と融解を繰返すことによって，コンクリート表面からスケーリング，微細ひび割れ及びポップアウトなどの形で劣化する。
アルカリシリカ反応	反応性骨材	骨材中に含まれる反応性シリカ鉱物や炭酸塩岩を有する骨材がコンクリート中のアルカリ性水溶液と反応して，コンクリートに異常膨張やひび割れを発生させる。

※劣化要因又は劣化現象については，どちらか 1 つを記述すればよい。

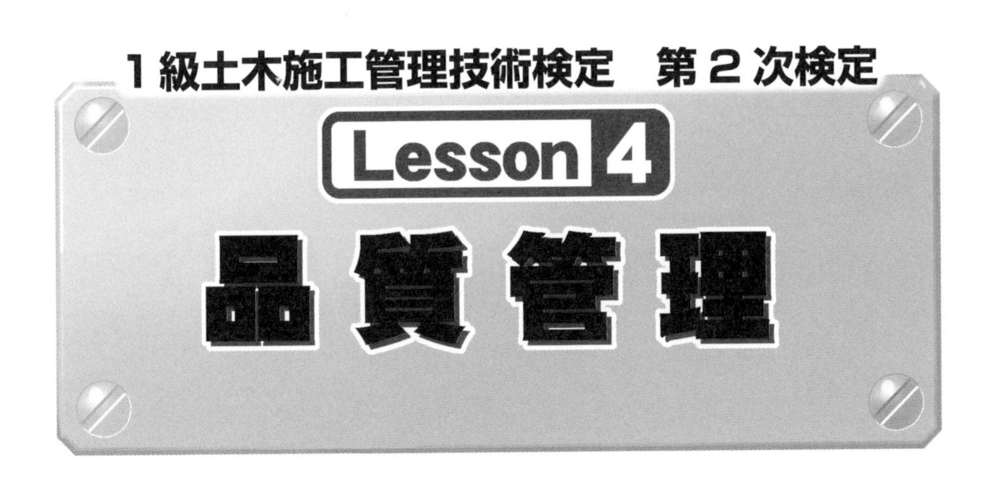
1級土木施工管理技術検定　第2次検定
Lesson 4
品質管理

Lesson 4 1級土木施工管理技術検定 第2次検定

品質管理

過去9年間の出題内容及び傾向と対策

■出題内容

年度	主な設問内容
令和4年	必須【問題3】盛土の品質管理の試験方法について記述する。 選択（1）【問題5】土の締固めにおける試験，品質管理について適切な語句を記入する。
令和3年	選択（1）【問題5】レディーミクストコンクリートの品質管理に関して適切な語句を記入する。
令和2年	選択（1）【問題4】コンクリート施工の品質管理に関して適切な語句又は数値を記入する。 選択（2）【問題9】盛土の締固め管理方式に関して記述する。
令和元年	選択（1）【問題4】盛土の締固め管理に関して適切な語句を記入する。 選択（2）【問題9】コンクリート構造部の劣化防止対策について記述する。
平成30年	選択（1）【問題4】コンクリート構造物における型枠及び支保工の取外しに関して適切な語句を記入する。 選択（2）【問題9】盛土の締固め管理方式について記述する。
平成29年	選択（1）【問題4】盛土の締固め管理に関して適切な語句を記入する。 選択（2）【問題9】鉄筋の加工，組立，継手の検査について記述する。
平成28年	選択（1）【問題4】コンクリート構造物の非破壊検査に関して適切な語句を記入する。 選択（2）【問題9】盛土の締固め施工管理について記述する。
平成27年	選択（1）【問題4】盛土の品質管理，締固めに関して適切な語句を記入する。 選択（2）【問題9】コンクリートの劣化抑制対策について記述する。
平成26年	①鉄筋コンクリートにおける鉄筋工の検査に関して適切な語句を記入する。 ②盛土の施工に関する試験，測定について記述する。

■出題傾向（◎最重要項目　○重要項目　□基本項目　※予備項目　☆今後可能性）

出題項目	令和4年	令和3年	令和2年	令和元年	平成30年	平成29年	平成28年	平成27年	平成26年	重点
レミコンの品質管理		○								□
コンクリート施工			○							□
土工の品質管理	○○		○	○	○	○	○	○	○	◎
コンクリートの非破壊検査							○			□
コンクリートの劣化抑制対策								○		□
鉄筋コンクリートの検査				○	○	○			○	□
コンクリート型枠支保工										□
その他（管理図，ヒストグラム・工程能力図，品質特性，品質管理手順，統計量）										※

■対　策

(1)「**レディーミクストコンクリート**」の品質管理に関しては，出題は少ないが,「Lesson 3　コンクリート」に併せて出題されるものとして準備をしておく。

・**レディーミクストコンクリート**：強度／スランプ／空気量／塩化物含有量

(2)「**コンクリート施工**」の品質管理に関しては，「Lesson 3　コンクリート」に併せて出題されるものとして準備をしておく。

(3)「**土　工**」の品質管理に関しては，毎年必ず出題されるものとして準備をしておく。

・**土　工**：盛土施工／締固め曲線／最大乾燥密度／最適含水比

(4)「**管理図**」については，出題は少ないが種類と特性を理解しておく。

・**種　類**：$\overline{x}-R$管理図／$x-R_s-R_m$管理図

・**特　性**：工程の安定状態の判定／上下の管理限界線

(5)「**ヒストグラム**」,「**工程能力図**」については，近年出題はないが「品質管理」の基本としてそれぞれの見方を覚える。

・**ヒストグラム**：作成方法／上下限規格値／判断方法

・**工程能力図**：作成方法／上下限規格値／判断方法

(6)「**品質特性**」については，近年出題はないが，基本項目として整理しておく。

・**品質特性の選定**：選定条件／品質標準の決定／作業標準の決定

・**品質特性と試験方法**：土工／コンクリート／道路工／鋼材

(7)　**品質管理の代わりに土工に関する施工計画が出題される場合がある。**

(8)「**その他の項目**」について出題頻度は少ないが，**「品質管理」**の基本項目であり，今後の出題可能性を含め，下記の基礎知識は把握しておく。

・**品質管理手順**：PDCAサイクル／Plan(計画)／Do(実施)／Check(検討)／Act(処置)

・**統計量**：平均値／メジアン／レンジ／不偏分散／標準偏差／変動係数

・**コンクリート構造物の非破壊検査**：反発度法／赤外線法／X線法／電磁誘導法／自然電位法

・**鉄筋**：加工及び組立の検査／鉄筋の継手の検査／品質管理項目／判定基準

■レディーミクストコンクリートの品質管理

レディーミクストコンクリートの品質管理の内容について，下記に整理する。

⑴強　度

1 回の試験結果は，呼び強度の強度値の 85%以上で，かつ3回の試験結果の平均値は，呼び強度の強度値以上とする。

⑵スランプ

（単位：cm）

スランプ	2.5	5及び6.5	8以上18以下	21
スランプの誤差	±1	±1.5	±2.5	±1.5

⑶空気量

（単位：%）

コンクリートの種類	空気量	空気量の許容差
普通コンクリート	4.5	±1.5
軽量コンクリート	5.0	
舗装コンクリート	4.5	

⑷塩化物含有量

塩化物イオン量として 0.30 kg/m³ 以下（承認を受けた場合は 0.60 kg/m³ 以下とできる。）

※コンクリートの施工に関する品質管理は，「Lesson 3　コンクリート」（本書 182〜191 頁）を参照。

■土工の品質管理

土工（主として盛土）の品質管理の内容について，下記に整理する。

⑴基準試験の最大乾燥密度，最適含水比を利用する方法

現場で締め固めた土の乾燥密度と基準の締固め試験の最大乾燥密度との比を締固め度と呼び，この値を規定する。

⑵空気間隙率又は飽和度を施工含水比で規定する方法

締め固めた土が安定な状態である条件として，空気間隙率又は飽和度が一定の範囲内にあるように規定する方法である。同じ土に対してでも突固めエネルギーを変えると，異なった突固め曲線が得られる。

⑶締め固めた土の強度あるいは変形特性を規定する方法

締め固めた盛土の強度あるいは変形特性を貫入抵抗，現場CBR，支持力，プルーフローリングによるたわみの値によって規定する方法である。岩塊，玉石等の乾燥密度の測定が困難なものに適している。

⑷工法規定方式

使用する締固め機械の種類，締固め回数などの工法を規定する方法である。あらかじめ現場締固め試験を行って，盛土の締固め状況を調べる必要があり，盛土材料の土質，含水比が変化しない現場では便利な方法である。

■管理図の種類と特性

管理図の種類と特性の内容について，下記に整理する。

⑴管理図の目的

品質の時間的な変動を加味し，工程の安定状態を判定し，工程自体を管理する。

ばらつきの限界を示す上下の管理限界線を示し，工程に異常原因によるばらつきが生じたかどうかを判定する。

⑵ $\bar{x}$ − R 管理図

$\bar{x}$ 及び R が管理限界線内であり，特別な偏りがなければ工程は安定している。そうでない場合は原因を調査し， 除去し再発を防ぐ。

UCL（上方管理限界線）＝ $\bar{x}+A_2R$

LCL（下方管理限界線）＝ $\bar{x}-A_2R$

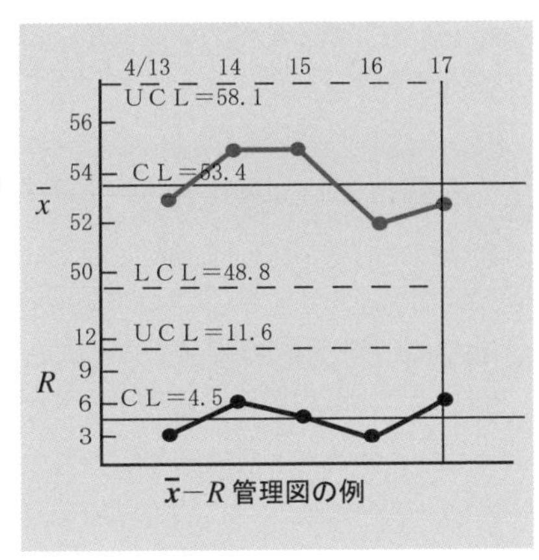

$\bar{x}$−R 管理図の例

⑶ $x-R_s-R_m$管理図

データが時間的，経済的に多くとれないときに用いられ，1 点管理図ともいわれる。

x管理線	R_s管理線	R_m管理線
CL＝$\bar{x}$	CL＝$\bar{R}_s$	CL＝$\bar{R}_m$
UCL＝$\bar{x}$＋$E_2\bar{R}_s$	UCL＝$D_4\bar{R}_s$	UCL＝$D_4\bar{R}_m$
LCL＝$\bar{x}$－$E_2\bar{R}_s$	LCL＝$D_3\bar{R}_s$	LCL＝$D_3\bar{R}_m$

判定は $\bar{x}-R$ 管理図と同様に行う。

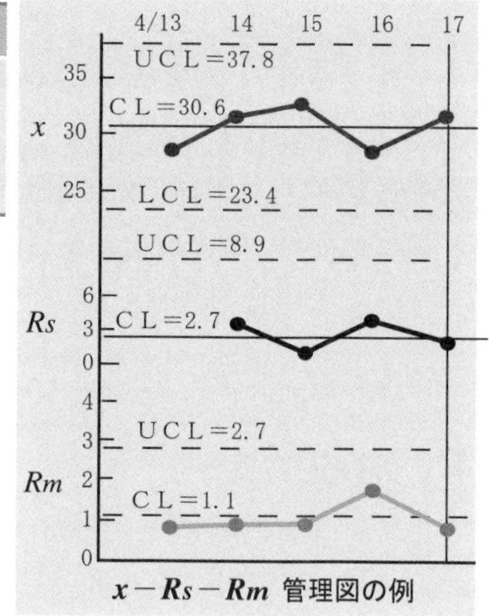

$x-R_s-R_m$ 管理図の例

■ヒストグラムと工程能力図

ヒストグラムと工程能力図の内容について，下記に整理する。

⑴ヒストグラムの概要

測定データのばらつき状態をグラフ化したもので，分布状況により規格値に対しての品質の良否を判断する。

⑵ヒストグラムの作成

①データを多く集める。（50〜100個以上）

②全データの中から最大値（ x_{max} ），最小値（ x_{min} ）を求める。

③全体の上限と下限の範囲（R ＝ x_{max}－ x_{min}）を求める。

④データ分類のためのクラスの幅を決める。

⑤ x_{max}，x_{min}を含むようにクラスの数を決め，全データを割り振り，度数分布表を作成する。度数分布は「正」ではなく「𝍸」で表す。

⑥横軸に品質特性，縦軸に度数をとり，ヒストグラムを作成する。

⑶ヒストグラムの見方

①安定した工程で正常に発生するばらつきをグラフにして，左右対称の山形のなめらかな曲線を正規分布曲線という。

②ゆとりの状態，平均値の位置，分布形状で品質規格の判断をする。

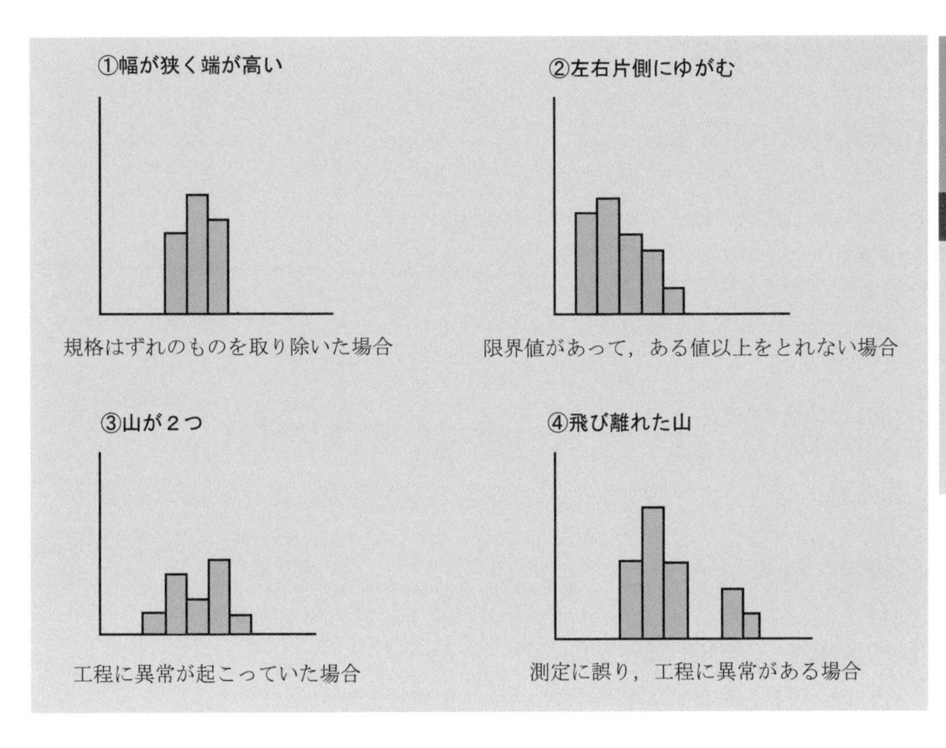

⑷工程能力図

①品質の時間的変化の過程をグラフ化したもの。

②横軸にサンプル番号，縦軸に特性値をプロットし，上限規格値，下限規格値を示す線を引く。

③規格外れの率及び点の並べ方を調べる。

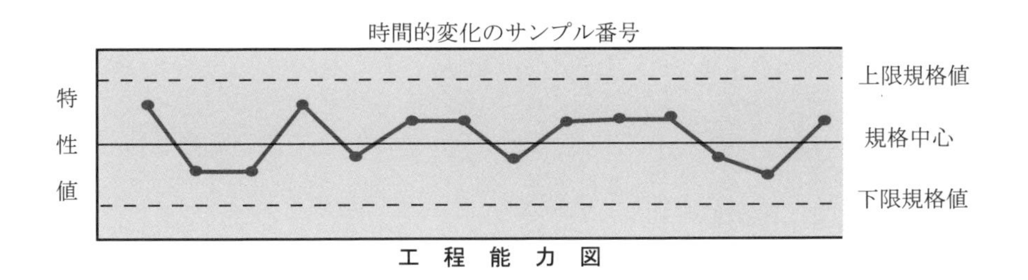

工　程　能　力　図

■品質特性の選定

品質特性の選定の内容について，下記に整理する。

⑴品質特性の選定条件

①工程の状況が総合的に表れるもの。

②構造物の最終の品質に重要な影響を及ぼすもの。

③選定された品質特性（代用の特性も含む）と最終の品質とは関係が明らかなもの。

④容易に測定が行える特性であること。

⑤工程に対し容易に処置がとれること。

⑵品質標準の決定

①施工にあたって実現しようとする品質の目標

②品質のばらつきの程度を考慮して余裕をもった品質を目標とする。

③事前の実験により，当初に概略の標準をつくり，施工の過程に応じて試行錯誤を行い，標準を改訂していく。

⑶作業標準（作業方法）の決定

①過去の実績，経験及び実験結果をふまえて決定する。

②最終工程までを見越した管理が行えるように決定する。

③工程に異常が発生した場合でも，安定した工程を確保できる作業の手順，手法を決める。

④標準は明文化し，今後のための技術の蓄積を図る。

■品質特性と試験方法

各工種における品質特性と試験方法について，下記に整理する。

工　種	区　分	品質特性	試験方法
コンクリート	骨　材	粒度	ふるい分け試験
		すりへり量	すりへり試験
		表面水量	表面水率試験
		密度・吸水率	密度・吸水率試験
	コンクリート	スランプ	スランプ試験
		空気量	空気量試験
		単位容積質量	単位容積質量試験
		混合割合	洗い分析試験
		圧縮強度	圧縮強度試験
		曲げ強度	曲げ強度試験
路盤工	材　料	粒度	ふるい分け試験
		含水比	含水比試験
		最大乾燥密度・最適含水比	突固めによる土の締固め試験
		CBR	CBR試験
	施　工	締固め度	土の密度試験
		支持力	平板載荷試験，CBR試験
アスファルト舗装	材　料	針入度	針入度試験
		軟石量	軟石量試験
		伸度	伸度試験
		粒度	ふるい分け試験
	プラント	混合温度	温度測定
		アスファルト量・合成粒度	アスファルト抽出試験
	施工現場	安定度	マーシャル安定度試験
		敷均し温度	温度測定
		厚さ	コア採取による測定
		混合割合	コア採取による試験
		平坦性	平坦性試験
土　工	材　料	粒度	粒度試験
		液性限界	液性限界試験
		塑性限界	塑性限界試験
		自然含水比	含水比試験
		最大乾燥密度・最適含水比	突固めによる土の締固め試験
	施工現場	締固め度	土の密度試験
		CBR	現場CBR試験
		支持力値	平板載荷試験
		貫入指数	貫入試験

■品質管理手順

品質管理手順の内容について，下記に整理する。

項　目	内　容
Plan（計画）	手順１：管理すべき品質特性を決め，その特性について品質標準を定める。 手順２：品質標準を守るための作業標準（作業の方法）を決める。
Do（実施）	手順３：作業標準に従って施工を実施し，データ採取を行う。 手順４：作業標準（作業の方法）の周知徹底を図る。
Check（検討）	手順５：ヒストグラムにより，データが品質規格を満足しているかをチェックする。 手順６：同一データにより，管理図を作成し，工程をチェックする。
Act（処置）	手順７：工程に異常が生じた場合に，原因を追及し，再発防止の処置をとる。 手順８：期間経過に伴い，最新のデータにより，手順５以下を繰り返す。

■統計量

統計量の内容について，下記に整理する。

（例題として，データが下表の場合の数値を示す。データ数 $n=10$）

10	11	13	14	15	16	17	17	19	20	計＝152

項　目	内　容	例　題
平均値($\bar{x}$)	データの単純平均値	$\bar{x}=152/10=15.2$
メディアン(Me)	データを大きさの順に並べたとき，奇数個の場合は中央値，偶数個の場合は中央２個の平均値	$Me=(15+16)/2=15.5$
モード(Mo)	データの分布のうち最も多く現れる値	$Mo=17$
レンジ(R)	データの最大値と最小値の差	$R=20-10=10$
残差平方和(S)	残差($x-\bar{x}$)を２乗した値の和	$S=\Sigma(x-\bar{x})^2=95.6$
分散(s^2)	残差平方和をデータ総数(n)で除した値	$s^2=S/n=95.6/10=9.56$
不偏分散(V)	残差平方和を($n-1$)自由度で除した値	$V=S/(n-1)=95.6/9=10.6$
標準偏差(σ)	不偏分散(V)の平方根	$\sigma=\sqrt{V}=\sqrt{10.6}=3.26$
変動係数(Cv)	データの標準偏差(σ)と平均値($\bar{x}$)の百分比	$Cv=3.26/15.2\times100=21.4\%$

過去 8 年間の問題と解説・解答例

穴埋め問題

令和 3 年度

Lesson 4　品質管理

問題

レディーミクストコンクリート（JIS A 5308）の工場選定，品質の指定，品質管理項目に関する次の文章の［　　］の(イ)～(ホ)に当てはまる**適切な語句**を解答欄に記述しなさい。

(1) レディーミクストコンクリート工場の選定にあたっては，定める時間の限度内にコンクリートの［(イ)］及び荷卸し，打込みが可能な工場を選定しなければならない。

(2) レディーミクストコンクリートの種類を選定するにあたっては，［(ロ)］の最大寸法，［(ハ)］強度，荷卸し時の目標スランプ又は目標スランプフロー及びセメントの種類をもとに選定しなければならない。

(3) ［(ニ)］の変動はコンクリートの強度や耐凍害性に大きな影響を及ぼすので，受入れ時に試験によって許容範囲内にあることを確認する必要がある。

(4) フレッシュコンクリート中の［(ホ)］の試験方法としては，加熱乾燥法，エアメータ法，静電容量法等がある。

■レディーミクストコンクリートの品質管理に関する問題

レディーミクストコンクリート（JIS A 5308）の工場選定，品質の指定，品質管理項目に関しては，主に**「コンクリート標準示方書［施工編］」施工標準：6 章　レディーミクストコンクリート及び検査標準：5 章　レディーミクストコンクリートの検査**において示されている。

解答例

(1) レディーミクストコンクリート工場の選定にあたっては，定める時間の限度内にコンクリートの **(イ) 運搬** 及び荷卸し，打込みが可能な工場を選定しなければならない。

(2) レディーミクストコンクリートの種類を選定するにあたっては，**(ロ) 粗骨材** の最大寸法，**(ハ) 呼び** 強度，荷卸し時の目標スランプ又は目標スランプフロー及びセメントの種類をもとに選定しなければならない。

(3) **(ニ) 空気量** の変動はコンクリートの強度や耐凍害性に大きな影響を及ぼすので，受入れ時に試験によって許容範囲内にあることを確認する必要がある。

(4) フレッシュコンクリート中の **(ホ) 単位水量** の試験方法としては，加熱乾燥法，エアメータ法，静電容量法等がある。

(イ)	(ロ)	(ハ)	(ニ)	(ホ)
運搬	粗骨材	呼び	空気量	単位水量

＊解答は主に「コンクリート標準示方書」によるものなので，同一の語句が望ましい。

Lesson 4 品質管理

問題

コンクリートの打込み，締固め，養生における品質管理に関する次の文章の［　　］の(イ)～(ホ)に当てはまる**適切な語句又は数値**を解答欄に記述しなさい。

(1) コンクリートを 2 層以上に分けて打ち込む場合，上層と下層が一体となるように施工しなければならない。また，許容打重ね時間間隔は，外気温 25℃以下では［(イ)］時間以内を標準とする。

(2) ［(ロ)］が多いコンクリートでは，型枠を取り外した後，コンクリート表面に砂すじを生じることがあるため，［(ロ)］の少ないコンクリートとなるように配合を見直す必要がある。

(3) 壁とスラブとが連続しているコンクリート構造物などでは，コンクリートは断面の変わる箇所でいったん打ち止め，そのコンクリートの［(ハ)］が落ち着いてから上層コンクリートを打ち込む。

(4) コンクリートの締固めにおいて，棒状バイブレータは，なるべく鉛直に一様な間隔で差し込む。その間隔は，一般に［(ニ)］cm 以下にするとよい。

(5) コンクリートの養生の目的は，［(ホ)］状態に保つこと，温度を制御すること，及び有害な作用に対して保護することである。

■コンクリートの打込み，締固め，養生に関する問題

コンクリートの打込み，締固め，養生に関する留意点は，主に**「コンクリート標準示方書［施工編］」施工標準：7.4 打込み，7.5 締固め，8.2 湿潤養生**において示されている。

解答例

(1) コンクリートを 2 層以上に分けて打ち込む場合，上層と下層が一体となるように施工しなければならない。また，許容打重ね時間間隔は，外気温 25℃以下では **(イ) 2.5** 時間以内を標準とする。

(2) **(ロ) ブリーディング** が多いコンクリートでは，型枠を取り外した後，コンクリート表面に砂すじを生じることがあるため，**(ロ) ブリーディング** の少ないコンクリートとなるように配合を見直す必要がある。

(3) 壁とスラブとが連続しているコンクリート構造物などでは，コンクリートは断面の変わる箇所でいったん打ち止め，そのコンクリートの **(ハ) 沈下** が落ち着いてから上層コンクリートを打ち込む。

(4) コンクリートの締固めにおいて，棒状バイブレータは，なるべく鉛直に一様な間隔で差し込む。その間隔は，一般に **(ニ) 50** cm 以下にするとよい。

(5) コンクリートの養生の目的は，**(ホ) 湿潤** 状態に保つこと，温度を制御すること，及び有害な作用に対して保護することである。

(イ)	(ロ)	(ハ)	(ニ)	(ホ)
2.5	ブリーディング	沈下	50	湿潤

※解答は主に「コンクリート標準示方書」によるものなので，同一の語句が望ましい。

Lesson 4　品質管理

問題

盛土の締固め管理方式における 2 つの規定方式に関して，**それぞれの規定方式名と締固め管理の方法**について解答欄に記述しなさい。

解説

■盛土の締固め管理方式に関する問題

盛土の締固め管理方式に関しては，主に**「道路土工ー盛土工指針」**等において示されている。

解答例

規定方式名	締固め管理の方法
品質規定方式	発注者が品質の規定を仕様書に明示し，締固めの方法は施工者に委ねる。 乾燥密度，含水比，空気間隙率又は飽和度，締め固めた土の強度，変形特性等を規定し，管理する。
工法規定方式	使用する締固め機械の機種，まき出し厚，締固め回数などの工法を仕様書に規定し，管理する。

問題

盛土の品質規定方式及び工法規定方式による締固め管理に関する次の文章の［　　］の（イ）～（ホ）に当てはまる**適切な語句**を解答欄に記述しなさい。

(1) 品質規定方式においては，以下の3つの方法がある。

①基準試験の最大乾燥密度，［（イ）］を利用する方法

②空気間げき率又は［（ロ）］を規定する方法

③締め固めた土の［（ハ）］，変形特性を規定する方法

(2) 工法規定方式においては，タスクメータなどにより締固め機械の稼働時間で管理する方法が従来より行われてきたが，測距・測角が同時に行える［（ニ）］や GNSS（衛星測位システム）で締固め機械の走行位置をリアルタイムに計測することにより，盛土の［（ホ）］を管理する方法も普及してきている。

■**盛土の締固め管理に関する問題**

盛土の品質規定方式及び工法規定方式による締固め管理に関する留意点は，主に**「道路土工－盛土工指針」**において示されている。

解答例

(1) 品質規定方式においては，以下の３つの方法がある。

①基準試験の最大乾燥密度，**(イ) 最適含水比** を利用する方法

②空気間げき率又は **(ロ) 飽和度** を規定する方法

③締め固めた土の **(ハ) 強度**，変形特性を規定する方法

(2) 工法規定方式においては，タスクメータなどにより締固め機械の稼働時間で管理する方法が従来より行われてきたが，測距・測角が同時に行える **(ニ) トータルステーション** や GNSS（衛星測位システム）で締固め機械の走行位置をリアルタイムに計測することにより，盛土の **(ホ) 転圧回数** を管理する方法も普及してきている。

(イ)	(ロ)	(ハ)	(ニ)	(ホ)
最適含水比	飽和度	強度	トータルステーション	転圧回数

※解答は意味が同じなら正解としてよい。

(ニ)TS，(ホ) 締固め回数

Lesson 4　品質管理

問題

コンクリート構造物の劣化原因である次の3つの中から**2つ選び，施工時における劣化防止対策について，それぞれ1つずつ**解答欄に記述しなさい。

・塩害
・凍害
・アルカリシリカ反応

解説

■コンクリート構造物施工時における劣化防止対策に関する問題

コンクリート構造物施工時における劣化防止対策に関しては，**本書「Lesson 3　コンクリート」**を参照のこと。

解答例

劣化原因	施工時における劣化防止対策
塩害	・コンクリート中の塩化物含有量を0.3 kg/m³以下とする。 ・水セメント比を小さくする。 ・高炉セメントB種などの混合セメントを使用する。 ・鉄筋のかぶり厚さを大きくする。
凍害	・水セメント比を小さくする。 ・AE剤，AE減水剤を使用する。 ・骨材は，吸水率の小さいものを使用する。
アルカリシリカ反応	・コンクリート中のアルカリ総量を3.0 kg/m³以下とする。 ・高炉セメントB種，もしくは高炉セメントC種を使用する。 ・無害と判定された骨材を使用する。

上記のうち，劣化原因を2つ選び，劣化防止対策について，それぞれ1つずつ記述する。

鉄筋コンクリート構造物における型枠及び支保工の取外しに関する次の文章の［　　　］の(イ)～(ホ)に当てはまる**適切な語句又は数値**を解答欄に記述しなさい。

(1) 型枠及び支保工は，コンクリートがその［(イ)］及び［(ロ)］に加わる荷重を受けるのに必要な強度に達するまで取り外してはならない。

(2) 型枠及び支保工の取外しの時期及び順序は，コンクリートの強度，構造物の種類とその［(ハ)］，部材の種類及び大きさ，気温，天候，風通しなどを考慮する。

(3) フーチング側面のように厚い部材の鉛直又は鉛直に近い面，傾いた上面，小さなアーチの外面は，一般的にコンクリートの圧縮強度が［(ニ)］(N/mm^2) 以上で型枠及び支保工を取り外してよい。

(4) 型枠及び支保工を取り外した直後の構造物に載荷する場合は，コンクリートの強度，構造物の種類，［(ホ)］荷重の種類と大きさなどを考慮する。

■鉄筋コンクリート構造物における型枠及び支保工の取外しに関する問題

鉄筋コンクリート構造物における型枠及び支保工の取外しに関する留意点は,**「コンクリート標準示方書［施工編］」施工標準：11 章　型枠および支保工　11.8 型枠および支保工の取外し**において示されている。

解答例

(1) 型枠及び支保工は，コンクリートがその（イ）自重 及び（ロ）施工期間中 に加わる荷重を受けるのに必要な強度に達するまで取り外してはならない。

(2) 型枠及び支保工の取外しの時期及び順序は，コンクリートの強度，構造物の種類とその（ハ）重要度 ，部材の種類及び大きさ，気温，天候，風通しなどを考慮する。

(3) フーチング側面のように厚い部材の鉛直又は鉛直に近い面，傾いた上面，小さなアーチの外面は，一般的にコンクリートの圧縮強度が（ニ）3.5 (N/mm^2) 以上で型枠及び支保工を取り外してよい。

(4) 型枠及び支保工を取り外した直後の構造物に載荷する場合は，コンクリートの強度，構造物の種類，（ホ）作用 荷重の種類と大きさなどを考慮する。

(イ)	(ロ)	(ハ)	(ニ)	(ホ)
自重	施工期間中	重要度	3.5	作用

問題

盛土の締固め管理方式における 2 つの規定方式に関して，**それぞれの規定方式名と締固め管理の方法**について解答欄に記述しなさい。

解説

■**盛土の締固め管理方式に関する問題**

盛土の締固め管理方式に関しては，主に**「道路土工ー盛土工指針」**等において示されている。

解答例

規定方式名	締固め管理の方法
品質規定方式	発注者が品質の規定を仕様書に明示し，締固めの方法は施工者に委ねる。 乾燥密度，含水比，空気間隙率又は飽和度，締固めた土の強度，変形特性等を規定し，管理する。
工法規定方式	使用する締固め機械の機種，まき出し厚，締固め回数などの工法を仕様書に規定し，管理する。

問題

盛土の締固め管理に関する次の文章の［　　　］の（イ）～（ホ）に当てはまる**適切な語句**を解答欄に記述しなさい。

(1) 品質規定方式による締固め管理は，発注者が品質の規定を［　(イ)　］に明示し，締固めの方法については原則として［　(ロ)　］に委ねる方式である。

(2) 品質規定方式による締固め管理は，盛土に必要な品質を満足するように，施工部位・材料に応じて管理項目・［　(ハ)　］・頻度を適切に設定し，これらを日常的に管理する。

(3) 工法規定方式による締固め管理は，使用する締固め機械の機種，［　(ニ)　］，締固め回数などの工法そのものを［　(イ)　］に規定する方式である。

(4) 工法規定方式による締固め管理には，トータルステーションやGNSS（衛星測位システム）を用いて締固め機械の［　(ホ)　］をリアルタイムに計測することにより，盛土地盤の転圧回数を管理する方式がある。

■盛土の締固め管理に関する問題

盛土の締固め管理に関する留意点は，主に「道路土工－盛土工指針」において示されている。

解答例

(1) 品質規定方式による締固め管理は，発注者が品質の規定を **(イ) 仕様書** に明示し，締固めの方法については原則として **(ロ) 施工者** に委ねる方式である。

(2) 品質規定方式による締固め管理は，盛土に必要な品質を満足するように，施工部位・材料に応じて管理項目・ **(ハ) 基準値** ・頻度を適切に設定し，これらを日常的に管理する。

(3) 工法規定方式による締固め管理は，使用する締固め機械の機種， **(ニ) まき出し厚** ，締固め回数などの工法そのものを **(イ) 仕様書** に規定する方式である。

(4) 工法規定方式による締固め管理には，トータルステーションや GNSS（衛星測位システム）を用いて締固め機械の **(ホ) 走行軌跡** をリアルタイムに計測することにより，盛土地盤の転圧回数を管理する方式がある。

(イ)	(ロ)	(ハ)	(ニ)	(ホ)
仕様書	施工者	基準値	まき出し厚	走行軌跡

※解答は意味が同じなら正解としてもよい。

(イ) 特記仕様書，(ロ) 受注者，(ハ) 規定値，(ホ) 走行距離

Lesson 4 品質管理

問題

鉄筋コンクリート構造物における**「鉄筋の加工および組立の検査」「鉄筋の継手の検査」に関する品質管理項目とその判定基準を5つ**解答欄に記述しなさい。

ただし，解答欄の記入例と同一内容は不可とする。

解説

■ **「鉄筋の加工および組立ての検査」「鉄筋の継手の検査」に関する問題**

「鉄筋の加工および組立ての検査」及び「鉄筋の継手の検査」に関する品質管理項目と判定基準については，主に**「コンクリート標準示方書［施工編］」検査標準：7.3 鉄筋工の検査**において示されている。

解答例

	品質管理項目	判定基準
鉄筋の加工および組立ての検査	鉄筋の加工寸法	所定の許容誤差以内であること
	継手および定着の位置・長さ	設計図書どおりであること
	かぶり	耐久性照査で設定したかぶり以上であること
	有効高さ	設計寸法の±3%又は±30 mmのうち小さい方の値
	中心間隔	±20 mm
鉄筋の継手の検査	重ね継手位置	軸方向にずらす距離は，鉄筋径の25倍以上とする。
	重ね継手長さ	鉄筋径の20倍以上重ね合わせる。
	ガス圧接継手・ふくらみの直径（手動ガス圧接，自動ガス圧接でSD 345, SD 390の場合）	鉄筋径の1.4倍以上とする。SD 490の場合は鉄筋径の1.5倍以上
	ガス圧接継手・圧接面のずれ	鉄筋径の1/4以下とする。
	突合せアーク溶接継手外観	偏心は直径の1/10以内かつ3 mm以内とする。

上記のうち，5つを選んで記述する。

問題

コンクリート構造物の品質管理の一環として用いられる非破壊検査に関する次の文章の［　　］の（イ）～（ホ）に当てはまる**適切な語句**を解答欄に記述しなさい。

(1) 反発度法は，コンクリート表層の反発度を測定した結果からコンクリート強度を推定できる方法で，コンクリート表層の反発度は，コンクリートの強度のほかに，コンクリートの［（イ）］状態や中性化などの影響を受ける。

(2) 打音法は，コンクリート表面をハンマなどにより打撃した際の打撃音をセンサで受信し，コンクリート表層部の［（ロ）］や空げき箇所などを把握する方法である。

(3) 電磁波レーダ法は，比誘電率の異なる物質の境界において電磁波の反射が生じることを利用するもので，コンクリート中の［（ハ）］の厚さや［（ニ）］を調べることができる。

(4) 赤外線法は，熱伝導率が異なることを利用して表面［（ホ）］の分布状況から，［（ロ）］やはく離などの箇所を非接触で調べる方法である。

■コンクリート構造物の品質管理に関する問題

コンクリート構造物の品質管理に関する留意点は，主に「**コンクリート診断技術（日本コンクリート工学会）**」，「**コンクリート標準示方書［施工編］検査標準：8章　コンクリート構造物の検査**，他において示されている。

解答例

(1) 反発度法は，コンクリート表層の反発度を測定した結果からコンクリート強度を推定できる方法で，コンクリート表層の反発度は，コンクリートの強度のほかに，コンクリートの **(イ) 表面** 状態や中性化などの影響を受ける。

(2) 打音法は，コンクリート表面をハンマなどにより打撃した際の打撃音をセンサで受信し，コンクリート表層部の **(ロ) ひび割れ** や空げき箇所などを把握する方法である。

(3) 電磁波レーダ法は，比誘電率の異なる物質の境界において電磁波の反射が生じることを利用するもので，コンクリート中の **(ハ) かぶり** の厚さや **(ニ) 空洞** を調べることができる。

(4) 赤外線法は，熱伝導率が異なることを利用して表面 **(ホ) 温度** の分布状況から，**(ロ) ひび割れ** やはく離などの箇所を非接触で調べる方法である。

(イ)	(ロ)	(ハ)	(ニ)	(ホ)
表面	ひび割れ	かぶり	空洞	温度

※解答は意味が同じなら正解としてもよい。

(イ) 劣化　(ロ) 浮き　(ニ) 鉄筋位置，埋設物

Lesson 4　品質管理

問題

盛土施工における締固め施工管理に関して，2 つの規定方式とそれぞれの**施工管理の方法**を解答欄に記述しなさい。

解説

■盛土施工における締固め施工管理に関する問題

盛土施工における締固め施工管理に関しては，主に**「道路土工－盛土工指針」**により定められている。2 つの規定方式とは,「品質規定方式」と「工法規定方式」がある。

解答例

規定方式	施工管理方法
品質規定方式 -1 (基準試験の最大乾燥密度，最適含水比を利用する方法)	現場で締固めた土の乾燥密度と基準の締固め試験の最大乾燥密度との比を締固め度とよび，この値を規定する方法である。
品質規定方式 -2 (空気間隙率又は飽和度を施工含水比で規定する方法)	締固めた土が安定な状態である条件として，空気間隙率又は飽和度が一定の範囲内にあるように規定する方法である。
品質規定方式 -3 (締固めた土の強度あるいは変形特性を規定する方法)	締固めた盛土の強度あるいは変形特性を貫入抵抗，現場CBR，支持力，プルーフローリングによるたわみの値によって規定する方法である。
工法規定方式	使用する締固め機械の種類，締固め回数などの工法を規定する方法である。

上記「品質規定方式」と「工法規定方式」からそれぞれ 1 つずつ選んで記述する。

問題

盛土の品質管理に関する次の文章の［　　　］の（イ）～（ホ）に当てはまる**適切な語句**を解答欄に記入しなさい。

(1) 土の締固めで最も重要な特性は，下図に示す締固めの含水比と乾燥密度の関係があげられる。これは［（イ）］と呼ばれ凸の曲線で示される。同じ土を同じ方法で締め固めても得られる土の密度は土の含水比により異なる。

すなわち，ある一定のエネルギーにおいて最も効率よく土を密にすることのできる含水比が存在し，この含水比を最適含水比，そのときの乾燥密度を［（ロ）］という。

(2) 盛土の締固め管理の適用にあたっては，所要の盛土の品質を満足するように，施工部位・材料に応じて管理項目・基準値・頻度を適切に設定し，これらを日常的に管理する。

盛土の日常の品質管理には，材料となる土の性質によって，盛土材料の基準試験の［（ロ）］，最適含水比を利用する方法や空気間隙率または［（ハ）］度を規定する方法が主に用いられる。

(3) 盛土材料の基準試験の［（ロ）］，最適含水比を利用する方法は，砂の締め固めた土の乾燥密度と基準の締固め試験で得られた［（ロ）］との比である［（ニ）］が規定値以上になっていること，及び［（ホ）］含水比がその最適含水比を基準として規定された範囲内にあることを要求する方法である。

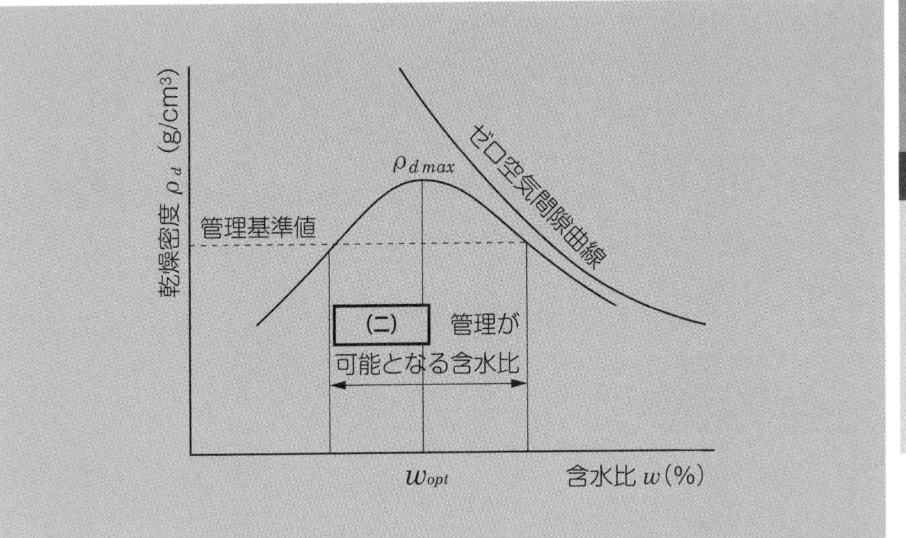

解説

■盛土の品質管理に関する問題

盛土の品質管理に関する留意点は，主に**「道路土工－盛土工指針」**において示されている。

解答例

(1) 土の締固めで最も重要な特性は，下図に示す締固めの含水比と乾燥密度の関係があげられる。これは **(イ) 締固め曲線** と呼ばれ凸の曲線で示される。同じ土を同じ方法で締め固めても得られる土の密度は土の含水比により異なる。

すなわち，ある一定のエネルギーにおいて最も効率よく土を密にすることのできる含水比が存在し，この含水比を最適含水比，そのときの乾燥密度を **(ロ) 最大乾燥密度** という。

(2) 盛土の締固め管理の適用にあたっては，所要の盛土の品質を満足するように，施工部位・材料に応じて管理項目・基準値・頻度を適切に設定し，これらを日常的に管理する。

盛土の日常の品質管理には，材料となる土の性質によって，盛土材料の基準試験の **(ロ) 最大乾燥密度**，最適含水比を利用する方法や空気間隙率または **(ハ) 飽和** 度を規定する方法が主に用いられる。

(3) 盛土材料の基準試験の **(ロ) 最大乾燥密度**，最適含水比を利用する方法は，砂の締め固めた土の乾燥密度と基準の締固め試験で得られた **(ロ) 最大乾燥密度** との比である **(ニ) 締固め度** が規定値以上になっていること，及び **(ホ) 施工** 含水比がその最適含水比を基準として規定された範囲内にあることを要求する方法である。

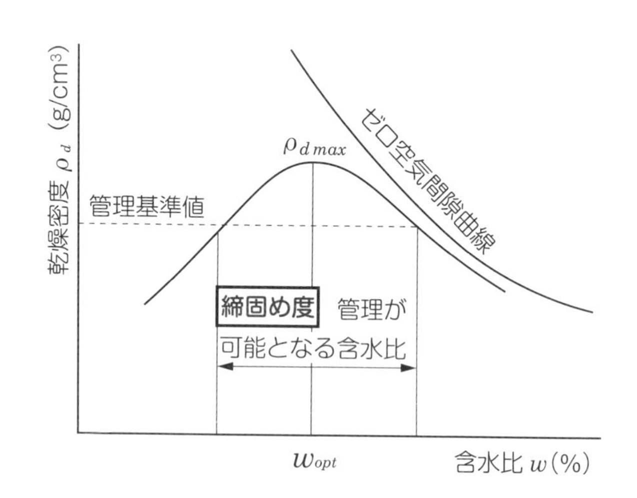

(イ)	(ロ)	(ハ)	(ニ)	(ホ)
締固め曲線	最大乾燥密度	飽和	締固め度	施工

Lesson 4　品質管理

問題

コンクリートの耐久性を向上させ所要の品質を確保するために，**下記の（1），（2）のような現象に対して行うべき抑制対策をそれぞれ 1 つずつ**解答欄に記述しなさい。

（1）　アルカリシリカ反応

（2）　コンクリート中の鋼材の腐食

解説

■コンクリートの劣化現象に対して行う抑制対策に関する問題

コンクリートにおける，「アルカリシリカ反応」及び「コンクリート中の鋼材の腐食」に対する抑制対策に関しては，コンクリート工学会基準，JIS，国土交通省等の各種基準において示されている。

解答例

アルカリシリカ反応	
①	コンクリート 1 m³ に含まれるアルカリ総量を Na_2O 換算で 3.0 kg 以下にする。
②	抑制効果のある混合セメント等（高炉セメント［B種又はC種］，フライアッシュセメント［B種又はC種］）を使用する。
③	骨材のアルカリシリカ反応性試験（化学法又はモルタルバー法）の結果で無害と確認された骨材を使用する。
コンクリート中の鋼材の腐食	
①	コンクリート中に含まれる塩化物イオン量を 0.3 kg/m³ 以下にする。
②	合成樹脂表面被覆材を塗布し，コンクリート表面からの塩化物侵入を防止する。
③	水セメント比を小さくする。
④	鉄筋のかぶり厚さを大きくする。
⑤	合成樹脂を塗装した防食鉄筋を使用する。

上記のうち，それぞれ 1 つずつ選んで記述する。

設問1

鉄筋コンクリートの施工の各段階における検査のうち，鉄筋工の検査に関する次の文章の［　　］に当てはまる**適切な語句**を解答欄に記入しなさい。

(1) 鉄筋の発注及び納入は設計図書に示された，鉄筋の［(イ)］，［(ロ)］，数量などを確認する。

(2) 鉄筋の加工及び組立が完了したら，コンクリートを打ち込む前に，鉄筋が堅固に結束されているか，鉄筋の交点の要所は焼なまし鉄線で緊結し，使用した焼なまし鉄線は［(ハ)］内に残って無いか，鉄筋について鉄筋の本数，鉄筋の間隔，鉄筋の［(イ)］を確認し，更に折曲げの位置，継手の位置及び継手の［(ロ)］，鉄筋相互の位置及び間隔のほか，型枠内での支持状態については設計図書に基づき所定の精度で造られているかを検査する。また，継手部を含めて，いずれの位置においても，最小の［(ハ)］が確保されているかを確認する。

(3) ガス圧接継手の外観検査の対象項目は，圧接部のふくらみの直径や［(ロ)］，圧接面のずれ，圧接部の折曲がり，圧接部における鉄筋中心軸の［(ニ)］，たれ・過熱，その他有害と認められる欠陥を項目とする。また，鉄筋ガス圧接部の圧接面の内部欠陥を検査する方法は［(ホ)］検査である。

■鉄筋工の検査に関する問題

鉄筋工の検査に関しては，主に「コンクリート標準示方書［施工編］」検査標準：7.3　鉄筋工の検査，「鉄筋継手工事標準仕様書」において示されている。

解答例

(1) 鉄筋の発注及び納入は設計図書に示された，鉄筋の **(イ) 径** ，**(ロ) 長さ** ，数量などを確認する。

(2) 鉄筋の加工及び組立が完了したら，コンクリートを打ち込む前に，鉄筋が堅固に結束されているか，鉄筋の交点の要所は焼なまし鉄線で緊結し，使用した焼なまし鉄線は **(ハ) かぶり** 内に残って無いか，鉄筋について鉄筋の本数，鉄筋の間隔，鉄筋の **(イ) 径** を確認し，更に折曲げの位置，継手の位置及び継手の **(ロ) 長さ** ，鉄筋相互の位置及び間隔のほか，型枠内での支持状態については設計図書に基づき所定の精度で造られているかを検査する。

また，継手部を含めて，いずれの位置においても，最小の **(ハ) かぶり** が確保されているかを確認する。

(3) ガス圧接継手の外観検査の対象項目は，圧接部のふくらみの直径や **(ロ) 長さ** ，圧接面のずれ，圧接部の折曲がり，圧接部における鉄筋中心軸の **(ニ) 偏心量** ，たれ・過熱，その他有害と認められる欠陥を項目とする。また，鉄筋ガス圧接部の圧接面の内部欠陥を検査する方法は **(ホ) 超音波探傷** 検査である。

(イ)	(ロ)	(ハ)	(ニ)	(ホ)
径	長さ	かぶり	偏心量	超音波探傷

Lesson 4　品質管理

設問 2

盛土の施工前又は施工中に行う品質管理に関する**試験名又は測定方法名を2つあげ，それぞれの内容又は特徴**のいずれかを解答欄に記述しなさい。

ただし，解答欄の記入例と同一試験名，内容は不可とする。

解説

■盛土施工の品質管理における試験名及び測定方法に関する問題

本書 Lesson 2「土工」及び Lesson 4「品質管理」を参照する。

解答例

下記の試験名又は測定方法及びそれぞれの内容又は特徴のいずれかについて2つ選んで記述する。

試験名又は測定方法	内容又は特徴
単位体積質量試験	・盛土締固め後の乾燥密度を求め，最大乾燥密度に対する締固め度を求める。 ・盛土の締固めの品質管理に利用する。
締固め試験	・含水比を変えた試料を一定のエネルギーで締固め，乾燥密度と含水比の関係から最大乾燥密度，最適含水比を求める。 ・土の締固め特性を調べるため，現場における施工時含水比や施工管理基準となる密度の決定に利用する。
液性限界・塑性限界試験	・土が液性から液体に移る境界の含水比が液性限界，塑性体から半固体に移る境界の含水比を塑性限界という。 ・土の硬軟の程度を表すコンシステンシーを判定する。
平板載荷試験	・地盤に小さな鋼板を置き，荷重をかけて沈下量を測定し，支持力を判定する。
コーン貫入試験	・盛土地盤に人力で静的にコーンを貫入し，コーン貫入抵抗値を求める。 ・地層構成や強度等が簡単に求められ，建設機械のトラフィカビリティーを判定する。

※内容又は特徴は，いずれか1つ記述すればよい。

※上記以外でも，「現場 CBR 試験」，「ベーン試験」，「一軸圧縮試験」，「圧密試験」等がある。

1級土木施工管理技術検定　第２次検定

Lesson 5

安全管理

Lesson 5 1級土木施工管理技術検定 第2次検定

安全管理

過去9年間の出題内容及び傾向と対策

■出題内容

年度	主な設問内容
令和4年	選択（1）【問題 6】現場における墜落等による危険の防止に関して，適切な語句を記入する。 選択（2）【問題 10】事業者が行う労働災害防止の安全管理について記述する。
令和3年	選択（1）【問題 6】車両系建設機械の安全対策に関して，適切な語句を記入する。 選択（2）【問題 10】移動式クレーン作業に関する労働災害防止対策について記述する。
令和2年	選択（1）【問題 5】足場工の安全対策に関して，適切な語句又は数値を記入する。 選択（2）【問題 10】機械掘削及び積込み作業に関する事故防止対策について記述する。
令和元年	選択（1）【問題 5】車両系建設機械の安全対策に関して，適切な語句又は数値を記入する。 選択（2）【問題 10】移動式クレーン作業に関する労働災害防止対策について記述する。
平成30年	選択（1）【問題 5】墜落危険防止に関して，適切な語句又は数値を記入する。 選択（2）【問題 10】明り掘削作業，型枠支保工の組立て又は解体作業の安全対策について記述する。
平成29年	選択（1）【問題 5】車両系建設機械の安全対策に関して，適切な語句を記入する。 選択（2）【問題 10】高所作業における墜落危険防止に関する労働災害防止対策について記述する。
平成28年	選択（1）【問題 5】土止め支保工の安全対策に関して，適切な語句を記入する。 選択（2）【問題 10】クレーン作業に関する労働災害防止対策について記述する。
平成27年	選択（1）【問題 5】型枠支保工，足場工の安全対策に関して，適切でない記述を訂正する。 選択（2）【問題 10】地山掘削作業に関する危険，有害要因とその防止対策について記述する。
平成26年	①車両系建設機械の安全対策に関して適切な語句を記入する。 ②建設工事現場での労働災害防止に関して，適切でない記述を訂正する。

※「安全帯」の名称が「要求性能墜落制止用器具」に改められ，2019年2月1日から施行されました。

■出題傾向（◎最重要項目　○重要項目　□基本項目　※予備項目　☆今後可能性）

出題項目	令和4年	令和3年	令和2年	令和元年	平成30年	平成29年	平成28年	平成27年	平成26年	重点
足場工			○					○		□
土止め支保工							○			□
墜落危険防止	○					○				□
移動式クレーン		○		○			○			○
型枠支保工					○			○		□
土工，掘削，法面			○		○			○		○
車両系建設機械		○		○		○			○	○
地下埋設，架空線										☆
土石流災害防止										☆
労働災害防止	○								○	□
道路工事保安施設										☆

■対　策

⑴「**足場工の安全対策**」及び「**土止め支保工**」については，出題は減少傾向であるが，安全管理における重要項目として準備が必要である。

- **足場工**：単管足場／枠組足場／つり足場／作業床／作業構台／手すり先行工法
- **土止め支保工**：鋼矢板／腹起し／切りばり／火打ち／中間杭／点検

⑵「**墜落危険防止**」,「**移動式クレーン**」及び「**型枠支保工**」については，時折出題されており，基礎知識は理解しておく。

- **墜落危険防止**：作業床，手すりの設置／防網設置／要求性能墜落制止用器具（安全帯）の着用／常時点検
- **移動式クレーン**：作業範囲／地盤状態／アウトリガー張出し／定格荷重／作業開始前点検
- **型 枠 支 保 工**：沈下防止／滑動防止／支柱継手／接続部，交差部の緊結／水平つなぎ

⑶「**掘削作業**」,「**法面施工**」及び「**車両系建設機械**」については，ほぼ隔年毎に出題されており，「**安全管理**」においては基本項目であるので，整理をしておく。

- **掘削作業**：掘削面の勾配制限／機械掘削作業／危険防止対策
- **法面施工**：安全勾配／作業開始前点検／作業中点検／降雨後点検
- **車両系建設機械**：前照灯／ヘッドガード／制限速度／誘導合図／主用途以外の使用禁止／安全移送

⑷その他の項目について出題頻度は少ないが，「安全管理」の基本項目であり，今後の出題可能性を含め，下記の基礎知識は把握しておく。

- **労働災害防止**：安全管理体制／安全衛生教育／作業主任者の職務
- **道路工事保安施設**：設置基準／道路標識
- **土石流災害防止**：事前調査／警戒・避難基準／点検整備／情報収集

■足場工の安全対策

足場工の安全対策については，下記に整理する。（労働安全衛生規則第 559 条以降）

⑴足場の種類と壁つなぎの間隔

種　類	垂直方向	水平方向	備　　考
丸太足場	5.5 m 以下	7.5 m 以下	第 569 条
単管足場	5.0 m 以下	5.5 m 以下	第 570 条
わく組足場（高さ 5 m 未満除く）	9.0 m 以下	8.0 m 以下	第 570 条

⑵鋼管足場（パイプサポート）の名称と規制（単管足場と枠組足場）

①鋼管足場

滑動又は沈下防止のためベース金具，敷板等を用い根がらみを設置する。

鋼管の接続部又は交差部は付属金具を用いて，確実に接続又は緊結する。

②単管足場

建地の間隔は，けた行方向 1. 85 m，はり間方向 1. 5 m 以下とする。

地上第一の布は 2 m 以下の位置に設ける。

建地間の積載荷重は，400 kg を限度とする。

最高部から測って 31 m を超える部分の建地は 2 本組とする。（建地の下端に作用する設計荷重が最大使用荷重を超えないときは，鋼管を 2 本組とすることを要しない。）

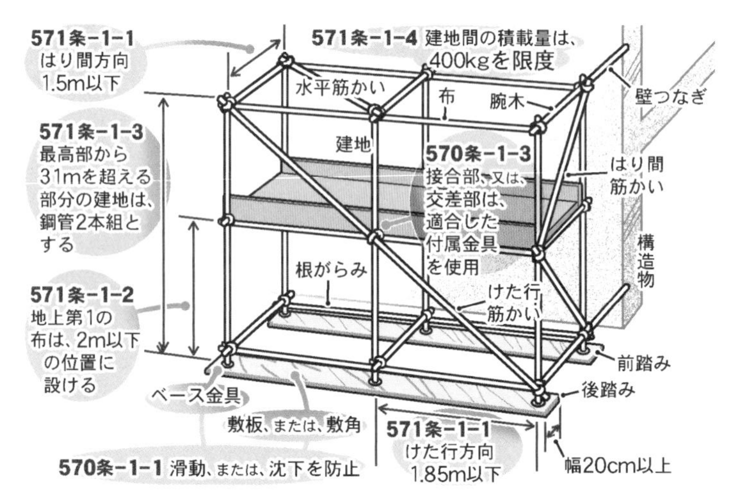

▲ 鋼管足場（単管足場）

③枠組足場

最上層及び5層以内ごとに水平材を設ける。

はり枠及び持送りわくは，水平筋かいにより横ぶれを防止する。

高さ20 m以上のとき，主わくは高さ2.0 m以下，間隔は1.85 m以下とする。

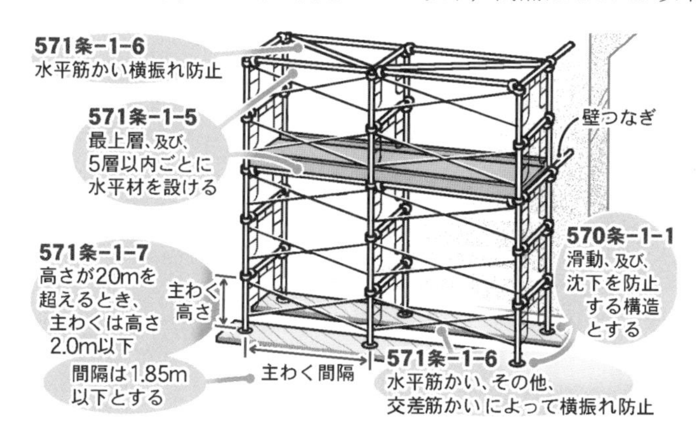

▲ 鋼管足場（枠組足場）

■土止め支保工の安全対策

土止め支保工の安全対策については，下記に整理する。(労働安全衛生規則第368条以降)

⑴部材の取付け等

- 切りばり及び腹おこしは，脱落を防止するため，矢板，くい等に確実に取り付ける。
- 圧縮材の継手は，突合せ継手とする。
- 切りばり又は火打ちの接続部及び切りばりと切りばりの交差部は当て板をあて，ボルト締め又は溶接などで堅固なものとする。
- 切りばりを建築物で支持する場合，荷重に耐えうるものとする。

⑵切りばり等の作業

- 関係労働者以外の労働者が立ち入ることを禁止する。
- 材料，器具又は工具を上げ，又はおろすときは，つり綱，つり袋等を労働者に使用させる。

⑶点　検

7日をこえない期間ごと，中震以上の地震の後，大雨等により地山が急激に軟弱化するおそれのあるときには，部材の損傷，変形，部材の接続状況等について点検し，異常を認めたときは直ちに補強，補修する。

⑷土止め支保工の名称と規制

※労働安全衛生法関連は「土止め」，国土交通省等の技術指針関連は「土留」又は「土留め」と記述されている。

土留工の設置：掘削深さ1.5 mを超える場合に設置，4 mを超える場合親杭横矢板工法又は鋼矢板とする。

根入れ深さ：杭の場合は1.5 m，鋼矢板の場合は3.0 m以上とする。

親杭横矢板工法：土留杭はH−300以上，横矢板最小厚は3 cm以上とする。

腹おこし：部材はH−300以上，継手間隔は6.0 m以上，垂直間隔は 3.0 m以内

切りばり：部材はH−300以上，継手間隔は3.0 m以上，垂直間隔は 3.0 m以内

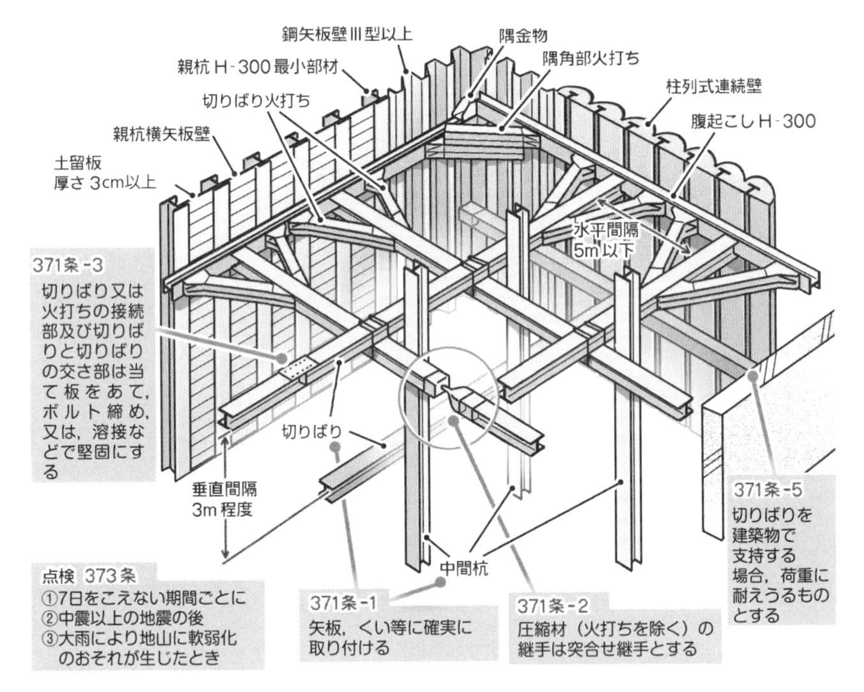

■墜落危険防止対策

墜落危険防止対策については，下記に整理する。

⑴作業床

高さ2 m以上で作業を行う場合，足場を組み立てる等により作業床を設け，また，墜落により労働者に危険を及ぼすおそれのある箇所には，次の設備を設ける。

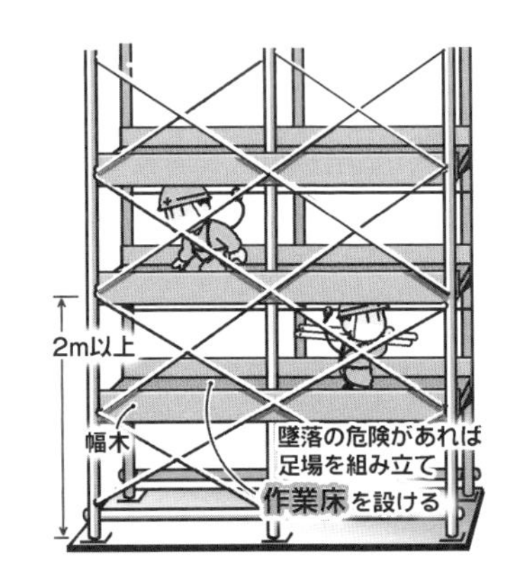

わく組足場	内容	・交さ筋かい ・高さ 15 cm 以上40 cm 以下の桟 ・若しくは高さ 15 cm 以上の幅木 ・又はこれらと同等以上の機能を有する設備 ・手すりわく (労働安全衛生規則第 563 条第 1 項第 3 号イ)
	設置例	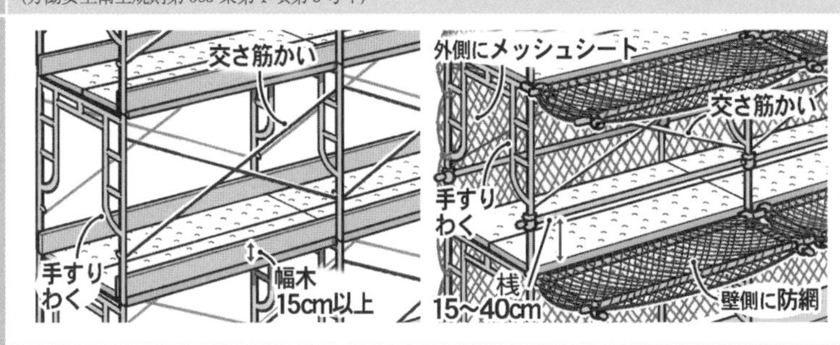
単管足場(わく組足場以外の足場) 作業構台	内容	・高さ 85 cm 以上の手すり ・高さ 35 cm 以上, 50 cm 以下の中桟 ・又はこれらと同等以上の機能を有する設備（手すり等）及び中桟 ・作業のため物体が落下することにより，労働者に危険を及ぼすおそれのあるときは，高さ 10 cm 以上の幅木，メッシュシート若しくは防網又はこれらと同等以上の機能を有する設備（幅木等）を設けること (労働安全衛生規則第 563 条第 1 項第 3 号ロ，同条第 6 号)
	設置例	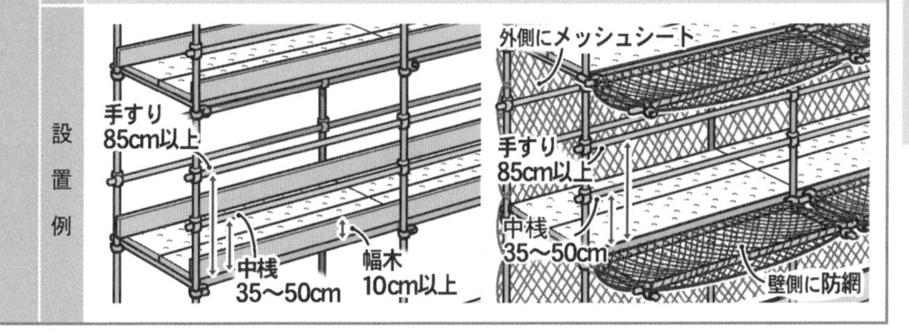

足場からの墜落防止措置を強化（平成 27 年 7 月 1 日施行）

足場からの墜落・転落による労働災害が多く発生していることから，足場に関する墜落防止措置などを定める労働安全衛生規則の一部が改正されました。

- 足場の組立て，解体又は変更の作業のための業務（地上又は堅固な床上での補助作業の業務を除く）に労働者を就かせるときは，**特別教育**が必要。
- 建設業，造船業の元請事業者等の**注文者は**，足場や作業構台の組立て・一部解体・変更後，次の作業を開始する前に**足場を点検・修理**。

・足場での高さ 2 m 以上の作業場所に設ける作業床の要件として，**床材と建地との隙間を 12 cm 未満。**

（「足場からの墜落・転落災害防止総合対策推進要綱」より抜粋）

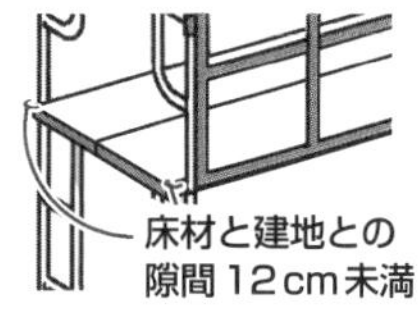

⑵要求性能墜落制止用器具

高さ 2 m 以上で作業を行う場合，85 cm 以上の手すり，覆い等を設けることが著しく困難な場合やそれらを取り外す場合，要求性能墜落制止用器具が取り付けられる設備を準備して，労働者に墜落制止用器具を使用させる等の措置をして，墜落による労働者の危険を防止しなければならない。

※「安全帯」の名称が「要求性能墜落制止用器具」に改められ，2019 年 2 月 1 日から施行されました。

⑶悪天候時の作業

高さ 2 m 以上で作業を行う場合，強風，大雨，大雪等の悪天候の時は危険防止のため，高さ 2 m 以上での作業をさせてはならない。

⑷照度の保持

高さ 2 m 以上で作業を行う場合，安全作業確保のため，必要な照度を保持しなければならない。

⑸昇降設備

高さ 1.5 m を超えるところで作業を行う場合，昇降設備を設けることが作業の性質上著しく困難である場合以外は，労働者が安全に昇降できる設備を設けなければならない。

■移動式クレーンの安全対策（クレーン等安全規則）

⑴適用の除外

クレーン，移動式クレーン，デリックで，つり上げ荷重が 0.5 t 未満のものは適用しない。

⑵作業方法等の決定

転倒等による危険防止のために以下の事項を定める。

①移動式クレーンによる作業の方法

②移動式クレーンの転倒を防止するための方法

③移動式クレーンの作業に係る労働者の配置及び指揮の系統

⑶特別の教育

つり上げ荷重が1t未満の運転は特別講習を行う。

⑷就業制限

移動式クレーンの運転士免許が必要（つり上げ荷重が1〜5t未満は技能講習修了者で可）

⑸過負荷の制限

定格荷重以上の使用は禁止する。

⑹使用の禁止

軟弱地盤等転倒のおそれのある場所での作業は禁止する。

⑺アウトリガー

アウトリガー又はクローラは，最大限に張り出す。

⑻運転の合図

一定の合図を定め，指名した者に合図を行わせる。

⑼搭乗の制限

労働者の運搬，つり上げての作業は禁止する。（ただし，やむを得ない場合は，専用の搭乗設備を設けて乗せることができる。）

⑽立入禁止

上部旋回体と接触する箇所，荷の下に労働者の立入りを禁止する。

⑾強風時の作業の禁止

強風のために危険が予想されるときは作業を禁止する。

⑿離脱の禁止

荷をつったままでの，運転位置からの離脱を禁止する。

⒀作業開始前の点検

その日の作業を開始する前に，巻過防止装置，過負荷警報装置その他の警報装置，ブレーキ，クラッチ及びコントローラの機能について点検する。

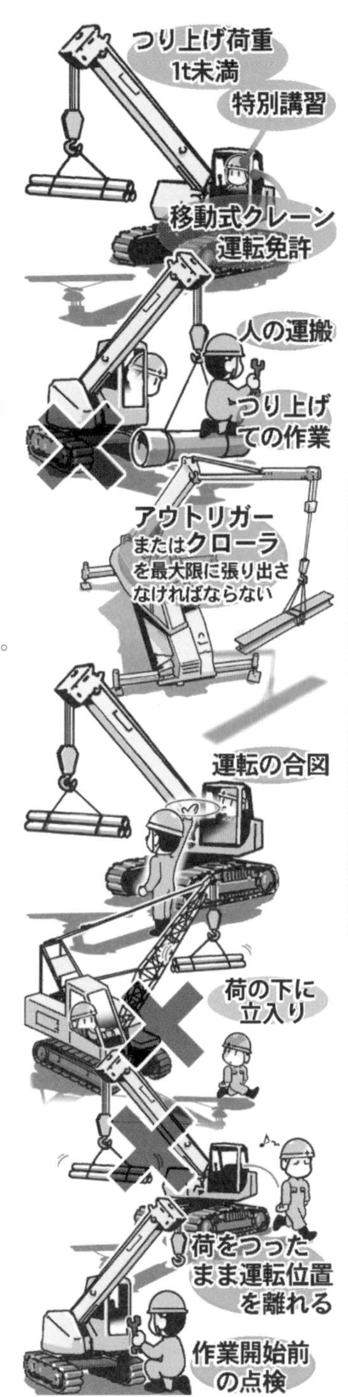

Lesson 5 安全管理

■型枠支保工の安全対策

型枠支保工の安全対策については，下記に整理する。（労働安全衛生規則第 237 条以降）

(1)組立図

組立図には，支柱，はり，つなぎ，筋かい等の配置，接合方法を明示する。

(2)型枠支保工

①滑動又は沈下防止のため，敷板，敷角等を使用する。

②支柱の継手は，突合せ継手又は差込み継手とする。

③鋼材の接続部又は交さ部はボルト，クランプ等の金具を用いて，緊結する。

④パイプサポートを 3 本以上継いで用いない。

⑤継いで用いるときは，4 つ以上のボルト又は専用金具で継ぐこと。

⑥高さが 3.5 m を超えるとき 2 m 以内ごとに 2 方向に水平つなぎを設ける。

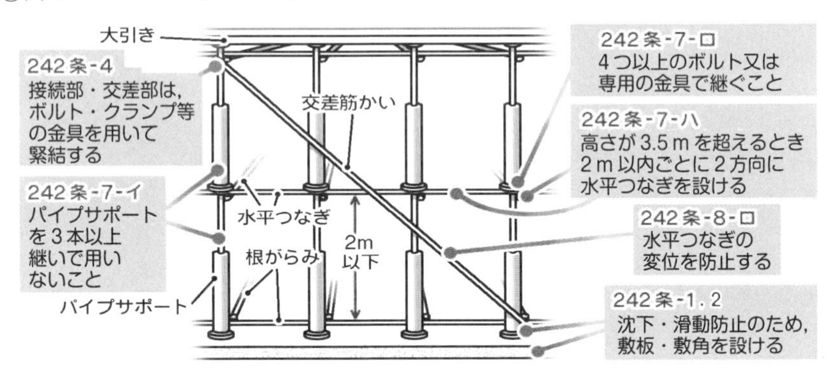

(3)コンクリート打設作業

①コンクリート打設作業の開始前に型枠支保工の点検を行う。

②作業中に異常を認めた際には，作業中止のための措置を講じておくこと。

■のり面施工の安全対策

のり面施工の安全対策については，下記に整理する。

(1)安全勾配

事前調査により，安全な勾配を定め（「Lesson 2　土工」参照），施工中においても常に勾配を点検する。

(2)作業開始前点検

上部の地山のすべり発生のき裂の有無，湧水の量，色調の変化，湧水場所等を確認，点検する。

⑶作業中

上部の地山のすべり発生のき裂の有無，湧水の量，色調の変化，湧水場所等を確認，点検する。

⑷降雨後

湧水の量，色調の変化，湧水場所等を確認，点検する。

■車両系建設機械の安全対策（労働安全衛生規則第2編第2章）

車両系建設機械の安全対策については，下記に整理する。

⑴前照燈の設置（労働安全衛生規則第152条）

前照燈を備える。（照度が保持されている場所を除く。）

⑵ヘッドガード（労働安全衛生規則第153条）

岩石の落下等の危険箇所では堅固なヘッドガードを備える。

⑶転落等の防止（労働安全衛生規則第157条）

運行経路における路肩の崩壊防止，地盤の不同沈下の防止を図る。

⑷接触の防止（労働安全衛生規則第158条）

接触による危険箇所への労働者の立入禁止及び誘導者の配置。

⑸合　図（労働安全衛生規則第159条）

一定の合図を決め，誘導者に合図を行わせる。

⑹運転位置から離れる場合（労働安全衛生規則第160条）

①バケット，ジッパー等の作業装置を地上におろす。

②原動機を止め，走行ブレーキをかける。

⑺移　送（労働安全衛生規則第161条）

積卸しは平坦な場所，道板は十分な長さ，幅，強度で取り付ける。

⑻主たる用途以外の使用制限（労働安全衛生規則第162条，第163条，第164条）

パワー・ショベルによる荷のつり上げ，クラムシェルによる労働者の昇降等の主たる用途以外の使用を禁止する。

■掘削作業の安全対策

掘削作業の安全対策については，下記に整理する。（労働安全衛生規則第2編第6章）

⑴作業箇所の調査

①形状，地質及び地層の状態　②き裂，含水，湧水及び凍結の有無

③埋設物等の有無　④高温のガス及び蒸気の有無

等を調査する。

⑵掘削面の勾配と高さ

地山の種類，高さにより下表の値とする。

地山の区分	掘削面の高さ	勾　配	備　考
岩盤又は堅い粘土からなる地山	5 m 未満 5 m 以上	90° 以下 75° 以下	掘削面の高さ 2 m以上 掘削面 2 m以上の水平段
その他の地山	2 m 未満 2～5 m 未満 5 m 以上	90° 以下 75° 以下 60° 以下	
砂からなる地山	勾配 35° 以下又は高さ 5 m未満		
発破等により崩壊しやすい状態の地山	勾配 45° 以下又は高さ 2 m未満		

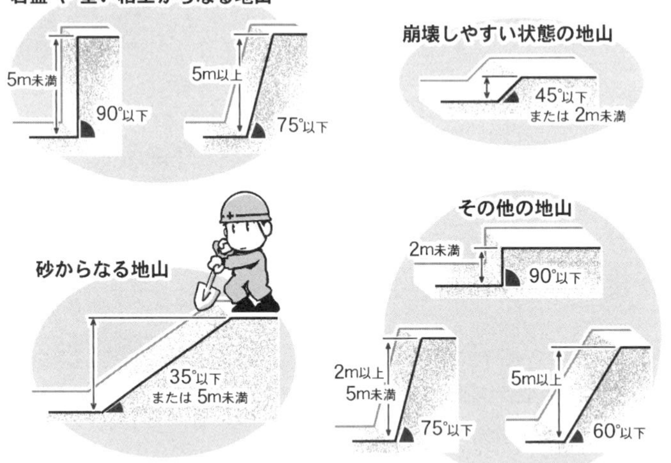

■安全管理体制（労働安全衛生規則）

安全管理体制については，下記に整理する。

⑴選任管理者の区分（建設業）

選任管理者の区分	労働者数	職務・要件	備　考
総括安全衛生管理者	単一企業常時100 人以上	①危険，健康障害防止②教育実施 ③健康診断の実施④労働災害の原因調査	安全，衛生管理者及び産業医の指揮，統括管理，安全衛生委員会設置
統括安全衛生責任者	複数企業常時50 人以上	①協議組織の設置・運営②作業間連絡調整 ③作業場所巡視④安全衛生教育の指導援助 ⑤工程，機械設備の配置計画⑥労働災害防止	トンネル，圧気，橋梁工事は 30 人
安全管理者	常時 50 人以上	安全に係る技術的事項の管理	300 人以上は 1 人を専任とする
衛生管理者	常時 50 人以上	衛生に係る技術的事項の管理	1,000 人以上は 1 人を専任とする
産業医	常時 50 人以上	月 1 回は作業場巡視	医師から選任

(2)作業主任者を選任すべき主な作業（労働安全衛生法施行令第 6 条）

作業内容	作業主任者	資　格
高圧室内作業	高圧室内作業主任者	免許を受けた者
アセチレンガス溶接	ガス溶接作業主任者	免許を受けた者
コンクリート破砕器作業	コンクリート破砕器作業主任者	技能講習を修了した者
2 m 以上の地山掘削及び土止め支保工作業	地山の掘削及び土止め支保工作業主任者	技能講習を修了した者
型枠支保工作業	型枠支保工の組立等作業主任者	技能講習を修了した者
つり，張出し，5 m 以上足場組立て	足場の組立等作業主任者	技能講習を修了した者
鋼橋(高さ 5 m 以上，スパン 30 m 以上)架設	鋼橋架設等作業主任者	技能講習を修了した者
コンクリート造の工作物 (高さ 5 m 以上)の解体	コンクリート造の工作物の解体等作業主任者	技能講習を修了した者
コンクリート橋(高さ 5 m 以上，スパン 30 m 以上)架設	コンクリート橋架設等作業主任者	技能講習を修了した者

(3)計画の届出（労働安全衛生法第 88 条）

提出期限	届出先	仕事の内容
30 日前まで	厚生労働大臣	・高さ 300 m 以上の塔の建設　・堤高 150 m 以上のダム ・最大支間 500 m 以上の橋梁　・長さ 3,000 m 以上のずい道 ・長さ 1,000 m 以上 3,000 m 未満のずい道で 50 m 以上のたて坑掘削 ・ゲージ圧力が 0.3 MPa 以上の圧気工事
30 日前まで	労働基準監督署長	・移動式を除くアセチレン溶接装置（6 ヵ月未満不要） ・軌道装置の設置，移動，変更（6 ヵ月未満不要） ・支柱高さ 3.5 m 以上の型枠支保工 ・高さ及び長さが 10 m 以上の架設通路（60 日未満不要） ・つり，張出し以外は高さ 10 m 以上の足場（60 日未満不要） ・つり上げ荷重 3 t 以上のクレーン，2 t 以上のデリック他の設置
14 日前まで	労働基準監督署長	・高さ 31 m を超える建築物，工作物　・最大支間 50 m 以上の橋梁 ・労働者が立ち入る，ずい道工事　・高さ又は深さ 10 m 以上の地山の掘削 ・圧気工事　・高さ又は深さ 10 m 以上の土石採取のための掘削 ・坑内掘による土石採取のための掘削

■現場における安全活動

現場における安全の確保のために，具体的な安全活動として下記のことを行う。

①ツールボックスミーティングの実施

作業開始前の話し合い。

②安全点検の実施

工事用設備，機械器具等の点検責任者による点検。

③作業環境の整備

安全通路の確保，工事用設備の安全化，工法の安全化等。

④安全講習会，研修会，見学会の実施

外部での講習会，見学会及び内部研修。

⑤安全掲示板，標識類の整備

ポスター，注意事項の掲示，安全標識類の表示。

⑥その他

責任と権限の明確化，安全競争・表彰，安全放送，安全標語等。

穴埋め問題

Lesson 5　安全管理

問題

車両系建設機械による労働災害防止のため，労働安全衛生規則の定めにより事業者が実施すべき安全対策に関する次の文章の［　　］の(イ)～(ホ)に当てはまる**適切な語句**を解答欄に記述しなさい。

(1) 岩石の落下等により労働者に危険が生ずるおそれのある場所で，ブルドーザ，トラクターショベル，パワーショベル等を使用するときは，当該車両系建設機械に堅固な［(イ)］を備えなければならない。

(2) 車両系建設機械の転落，地山の崩壊等による労働者の危険を防止するため，あらかじめ，当該作業に係る場所について地形，地質の状態等を調査し，その結果を［(ロ)］しておかなければならない。

(3) 路肩，傾斜地等であって，車両系建設機械の転倒又は転落により運転者に危険が生ずるおそれのある場所においては，転倒時［(ハ)］を有し，かつ，［(ニ)］を備えたもの以外の車両系建設機械を使用しないように努めるとともに，運転者に［(ニ)］を使用させるように努めなければならない。

(4) 車両系建設機械の転倒やブーム又はアーム等の破壊による労働者の危険を防止するため，その構造上定められた安定度，［(ホ)］荷重等を守らなければならない。

■**車両系建設機械による労働災害防止に関する問題**

車両系建設機械による労働災害防止に関しては，主に**「労働安全衛生規則第（152条～171条）」**に定められている。

解答例

(1) 岩石の落下等により労働者に危険が生ずるおそれのある場所で，ブルドーザ，トラクターショベル，パワーショベル等を使用するときは，当該車両系建設機械に堅固な **(イ) ヘッドガード** を備えなければならない。
（労働安全衛生規則第153条）

(2) 車両系建設機械の転落，地山の崩壊等による労働者の危険を防止するため，あらかじめ，当該作業に係る場所について地形，地質の状態等を調査し，その結果を **(ロ) 記録** しておかなければならない。（労働安全衛生規則第154条）

(3) 路肩，傾斜地等であって，車両系建設機械の転倒又は転落により運転者に危険が生ずるおそれのある場所においては，転倒時 **(ハ) 保護構造** を有し，かつ， **(ニ) シートベルト** を備えたもの以外の車両系建設機械を使用しないように努めるとともに，運転者に **(ニ) シートベルト** を使用させるように努めなければならない。（労働安全衛生規則第157条の2）

(4) 車両系建設機械の転倒やブーム又はアーム等の破壊による労働者の危険を防止するため，その構造上定められた安定度， **(ホ) 最大使用** 荷重等を守らなければならない。（労働安全衛生規則第163条）

(イ)	(ロ)	(ハ)	(ニ)	(ホ)
ヘッドガード	記録	保護構造	シートベルト	最大使用

※解答は「労働安全衛生規則」によるものなので，同一の語句が望ましい。

Lesson 5 安全管理

Lesson 5　安全管理

問題

下図は移動式クレーンでボックスカルバートの設置作業を行っている現場状況である。

この現場において**安全管理上必要な労働災害防止対策に関して「労働安全衛生規則」又は「クレーン等安全規則」に定められている措置の内容について，5つ**解答欄に記述しなさい。

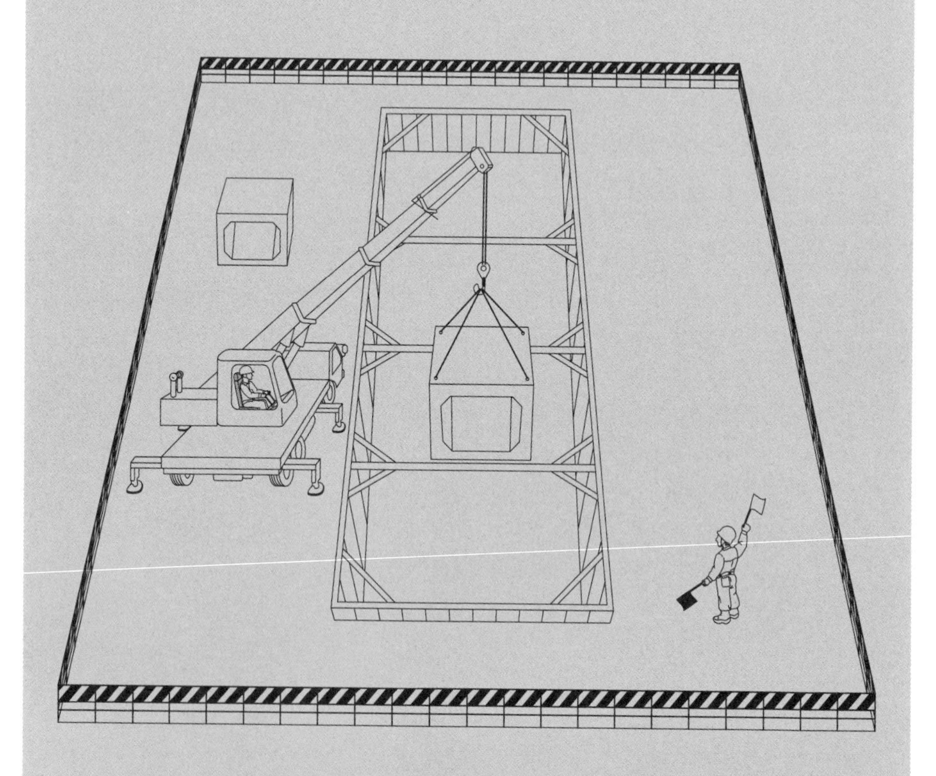

■クレーン作業における安全管理に関する問題

クレーン作業における安全管理に関しては，主に**「クレーン等安全規則」第3章　移動式クレーン**に定められている。

解答例

・移動式クレーンにその定格荷重をこえる荷重をかけて使用してはならない。（同規則第69条）
・地盤が軟弱であること，埋設物その他地下に存する工作物が損壊するおそれがあること等により移動式クレーンが転倒するおそれのある場所においては，移動式クレーンを用いて作業を行ってはならない。（同規則第70条の3）
・アウトリガーを使用する移動式クレーンを用いて作業を行うときは，アウトリガーを鉄板等の上で移動式クレーンが転倒するおそれのない位置に設置しなければならない。（同規則第70条の4）
・アウトリガーを有する移動式クレーンを用いて作業を行うときは，アウトリガーを最大限に張り出さなければならない。（同規則第70条の5）
・移動式クレーンの運転について一定の合図を定め，合図を行なう者を指名して，その者に合図を行なわせなければならない。（同規則第71条第1項）
・移動式クレーンの上部旋回体と接触することにより労働者に危険が生ずるおそれのある箇所に労働者を立ち入らせてはならない。（同規則第74条）
・つり上げられている荷の下に労働者を立ち入らせてはならない。（同規則第74条の2）
・強風のため，移動式クレーンに係る作業の実施について危険が予想されるときは，作業を中止しなければならない。（同規則第74条の3）
・移動式クレーンの運転者は，荷をつったままで，運転位置を離れてはならない。（同規則第75条第2項）

上記のうち，5つを選んで記述する。

問題

労働安全衛生規則に定められている，事業者の行う足場等の点検時期，点検事項及び安全基準に関する次の文章の［　　　］の(イ)～(ホ)に当てはまる**適切な語句又は数値**を解答欄に記述しなさい。

(1) 足場における作業を行うときは，その日の作業を開始する前に，足場用墜落防止設備の取り外し及び［ (イ) ］の有無について点検し，異常を認めたときは，直ちに補修しなければならない。

(2) 強風，大雨，大雪等の悪天候若しくは［ (ロ) ］以上の地震等の後において，足場における作業を行うときは，作業を開始する前に点検し，異常を認めたときは，直ちに補修しなければならない。

(3) 鋼製の足場の材料は，著しい損傷，［ (ハ) ］又は腐食のあるものを使用してはならない。

(4) 架設通路で，墜落の危険のある箇所には，高さ 85 cm 以上の［ (ニ) ］又はこれと同等以上の機能を有する設備を設ける。

(5) 足場における高さ 2 m 以上の作業場所で足場板を使用する場合，作業床の幅は［ (ホ) ］cm 以上で，床材間の隙間は，3 cm 以下とする。

■足場等の安全管理に関する問題

足場等の安全管理に関しては，主に**「労働安全衛生規則（第 518 条〜575 条)」**に定められている。

解答例

(1) 足場における作業を行うときは，その日の作業を開始する前に，足場用墜落防止設備の取り外し及び **(イ) 脱落** の有無について点検し，異常を認めたときは，直ちに補修しなければならない。（労働安全衛生規則第 567 条第 1 項）

(2) 強風，大雨，大雪等の悪天候若しくは **(ロ) 中震** 以上の地震等の後において，足場における作業を行うときは，作業を開始する前に点検し，異常を認めたときは，直ちに補修しなければならない。（労働安全衛生規則第 567 条第 2 項）

(3) 鋼製の足場の材料は，著しい損傷，**(ハ) 変形** 又は腐食のあるものを使用してはならない。（労働安全衛生規則第 559 条第 1 項）

(4) 架設通路で，墜落の危険のある箇所には，高さ 85 cm 以上の **(ニ) 手すり** 又はこれと同等以上の機能を有する設備を設ける。（労働安全衛生規則第 552 条第 1 項第 4 号イ）

(5) 足場における高さ 2 m 以上の作業場所で足場板を使用する場合，作業床の幅は **(ホ) 40** cm 以上で，床材間の隙間は，3 cm 以下とする。（労働安全衛生規則第 563 条第 1 項第 2 号イ，ロ）

(イ)	(ロ)	(ハ)	(ニ)	(ホ)
脱落	中震	変形	手すり	40

※解答は「労働安全衛生規則」によるものなので，同一の語句が望ましい。

Lesson 5 安全管理

問題

建設工事現場における機械掘削及び積込み作業中の事故防止対策として，労働安全衛生規則の定めにより，**事業者が実施すべき事項を 5 つ**解答欄に記述しなさい。

ただし，解答欄の（例）と同一内容は不可とする。

解説

■機械掘削及び積込み作業中の事故防止対策に関する問題

機械掘削及び積込み作業中の事故防止対策に関しては，主に「労働安全衛生規則第 355 条～第 367 条　掘削作業等における危険の防止」，「労働安全衛生規則第 154 条～第 164 条　車両系建設機械の使用に係る危険の防止」に定められている。

解答例

事業者が実施すべき事項

- 点検者を指名して，作業箇所及びその周辺の地山について，その日の作業を開始する前，大雨の後及び中震以上の地震の後，浮石及びき裂の有無及び状態並びに含水，湧水及び凍結の状態の変化を点検させること。（同規則第 358 条第 1 項第 1 号）
- 掘削面の高さが 2 m 以上となる地山の掘削を行う場合は，技能講習を修了した者のうちから地山の掘削作業主任者を選任する。（同規則第 359 条）
- 安全に作業を行うために必要な照度を保持する。（同規則第 367 条）
- 機械の運行の経路並びに土石の積卸し場所への機械の出入の方法を定めて，労働者に周知させる。（同規則第 364 条）
- 明り掘削の作業を行なう場合において，運搬機械等が，労働者の作業箇所に後進して接近するとき，又は転落するおそれのあるときは，誘導者を配置し，その者にこれらの機械を誘導させる。（同規則第 365 条第 1 項）
- 運転中の車両系建設機械に接触することにより労働者に危険が生ずるおそれのある箇所に，労働者を立ち入らせてはならない。（同規則第 158 条第 1 項）

・運転者が運転位置から離れるときは，バケット，ジッパー等の作業装置を地上に下ろすこと。(同規則第160条第1項第1号)
・当該車両系建設機械についてその構造上定められた安定度，最大使用荷重等を守る。(同規則 第163条)

上記のうち，5つを選んで記述する。

穴埋め問題

年度

Lesson 5　安全管理

問題

車両系建設機械による労働者の災害防止のため，労働安全衛生規則の定めにより，事業者が実施すべき安全対策に関する次の文章の［　　］の(イ)～(ホ)に当てはまる**適切な語句**を解答欄に記述しなさい。

(1) 車両系建設機械を用いて作業を行なうときは，運転中の車両系建設機械に［(イ)］することにより労働者に危険が生じるおそれのある箇所に，原則として労働者を立ち入らせてはならない。

(2) 車両系建設機械を用いて作業を行なうときは，車両系建設機械の転倒又は転落による労働者の危険を防止するため，当該車両系建設機械の［(ロ)］について路肩の崩壊を防止すること，地盤の［(ハ)］を防止すること，必要な幅員を確保すること等必要な措置を講じなければならない。

(3) 車両系建設機械の運転者が運転位置を離れるときは，バケット，ジッパー等の作業装置を地上に下ろさせるとともに，［(ニ)］を止め，かつ，走行ブレーキをかける等の車両系建設機械の逸走を防止する措置を講じさせなければならない。

(4) 車両系建設機械を，パワー・ショベルによる荷のつり上げ，クラムシェルによる労働者の昇降等当該車両系建設機械の主たる［(ホ)］以外の［(ホ)］に原則として使用してはならない。

■**車両系建設機械による労働者の災害防止に関する問題**

車両系建設機械による労働者の災害防止に関しては，主に**「労働安全衛生規則・車両系建設機械（第 154 条～171 条)」**に定められている。

解答例

(1) 車両系建設機械を用いて作業を行なうときは，運転中の車両系建設機械に **(イ) 接触** することにより労働者に危険が生じるおそれのある箇所に，原則として労働者を立ち入らせてはならない。(労働安全衛生規則第 158 条)

(2) 車両系建設機械を用いて作業を行なうときは，車両系建設機械の転倒又は転落による労働者の危険を防止するため，当該車両系建設機械の **(ロ) 運行経路** について路肩の崩壊を防止すること，地盤の **(ハ) 不同沈下** を防止すること，必要な幅員を確保すること等必要な措置を講じなければならない。(労働安全衛生規則第 157 条第 1 項)

(3) 車両系建設機械の運転者が運転位置を離れるときは，バケット，ジッパー等の作業装置を地上に下ろさせるとともに，**(ニ) 原動機** を止め，かつ，走行ブレーキをかける等の車両系建設機械の逸走を防止する措置を講じさせなければならない。(労働安全衛生規則第 160 条第 1 項)

(4) 車両系建設機械を，パワー・ショベルによる荷のつり上げ，クラムシェルによる労働者の昇降等当該車両系建設機械の主たる **(ホ) 用途** 以外の **(ホ) 用途** に原則として使用してはならない。(労働安全衛生規則第 164 条第 1 項)

(イ)	(ロ)	(ハ)	(ニ)	(ホ)
接触	運行経路	不同沈下	原動機	用途

※「労働安全衛生規則の定め」と指定されているので，解答は同一の語句でなければならない。

Lesson 5　安全管理

問題

下図は，移動式クレーンで土止め支保工に用いる H 型鋼の現場搬入作業を行っている状況である。

この現場において**安全管理上必要な労働災害防止対策に関して「クレーン等安全規則」に定められている措置の内容について 2 つ**解答欄に記述しなさい。

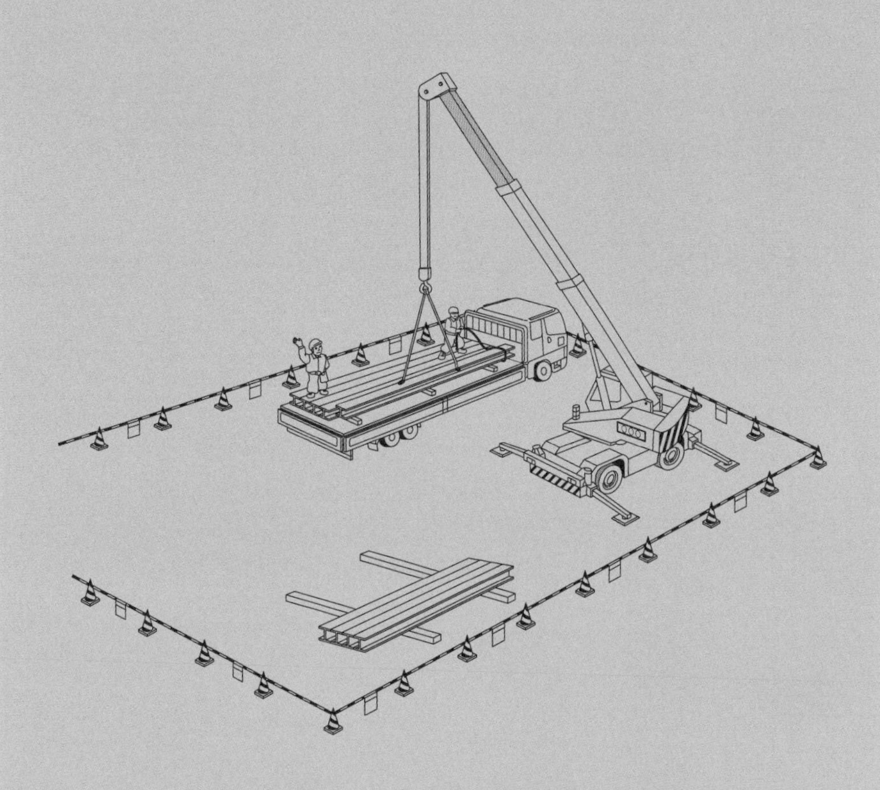

■クレーン作業における労働災害防止対策に関する問題

土止め支保工に用いるH型鋼の現場搬入作業における，労働災害防止対策に関しては，主に**「クレーン等安全規則」（第61条～第80条）**に定められている。

解答例

措置の内容

・移動式クレーンにその定格荷重をこえる荷重をかけて使用してはならない。（同規則第69条）
・地盤が軟弱であること，埋設物その他地下に存する工作物が損壊するおそれがあること等により移動式クレーンが転倒するおそれのある場所においては，移動式クレーンを用いて作業を行ってはならない。（同規則第70条の3）
・アウトリガーを使用する移動式クレーンを用いて作業を行うときは，アウトリガーを鉄板等の上で移動式クレーンが転倒するおそれのない位置に設置しなければならない。（同規則第70条の4）
・アウトリガーを有する移動式クレーンを用いて作業を行うときは，アウトリガーを最大限に張り出さなければならない。（同規則第70条の5）
・移動式クレーンの運転について一定の合図を定め，合図を行なう者を指名して，その者に合図を行なわせなければならない。（同規則第71条第1項）
・移動式クレーンの上部旋回体と接触することにより労働者に危険が生ずるおそれのある箇所に労働者を立ち入らせてはならない。（同規則第74条）
・つり上げられている荷の下に労働者を立ち入らせてはならない。（同規則第74条の2）
・強風のため，移動式クレーンに係る作業の実施について危険が予想されるときは，作業を中止しなければならない。（同規則第74条の3）
・移動式クレーンの運転者は，荷をつったままで，運転位置を離れてはならない。（同規則第75条第2項）

上記のうち，2つを選んで記述する。

Lesson 5　安全管理

問題

労働安全衛生規則の定めにより，事業者が行わなければならない「墜落等による危険の防止」に関する次の文章の［　　］の(イ)～(ホ)に当てはまる**適切な語句又は数値**を解答欄に記述しなさい。

(1)　事業者は，高さが［(イ)］m 以上の箇所で作業を行なう場合において墜落により労働者に危険を及ぼすおそれのあるときは，足場を組み立てる等の方法により［(ロ)］を設けなければならない。

(2)　事業者は，高さが［(イ)］m 以上の箇所で［(ロ)］を設けることが困難なときは，［(ハ)］を張り，労働者に［(ニ)］を使用させる等墜落による労働者の危険を防止するための措置を講じなければならない。

(3)　事業者は，労働者に［(ニ)］等を使用させるときは，［(ニ)］等及びその取付け設備等の異常の有無について，［(ホ)］しなければならない。

■墜落等による危険の防止に関する問題

墜落等による危険の防止に関しては，「**労働安全衛生規則**」第2編　第9章　第1節　墜落等による危険の防止（第518～533条）に定められている。

解答例

(1) 事業者は，高さが **(イ) 2** m以上の箇所で作業を行なう場合において墜落により労働者に危険を及ぼすおそれのあるときは，足場を組み立てる等の方法により **(ロ) 作業床** を設けなければならない。（労働安全衛生規則第518条第1項）

(2) 事業者は，高さが **(イ) 2** m以上の箇所で **(ロ) 作業床** を設けることが困難なときは， **(ハ) 防網** を張り，労働者に **(ニ) 要求性能墜落制止用器具** を使用させる等墜落による労働者の危険を防止するための措置を講じなければならない。（労働安全衛生規則第518条第2項）

(3) 事業者は，労働者に **(ニ) 要求性能墜落制止用器具** 等を使用させるときは， **(ニ) 要求性能墜落制止用器具** 等及びその取付け設備等の異常の有無について， **(ホ) 随時点検** しなければならない。（労働安全衛生規則第521条第2項）

※労働安全衛生規則において，「安全帯」は「墜落による危険のおそれに応じた性能を有する墜落制止用器具（以下「要求性能墜落制止用器具」という。）」に改められました。

（2019年2月1日施行）

(イ)	(ロ)	(ハ)	(ニ)	(ホ)
2	作業床	防網	要求性能墜落制止用器具	随時点検

※「労働安全衛生規則の定め」と指定されているので，解答は同一の語句でなければならない。

Lesson 5　安全管理

問題

建設工事現場における作業のうち，次の **(1) 又は (2) のいずれか 1 つの番号を選び，番号欄**に記入した上で，記入した番号の作業に関して労働者の危険を防止するために，労働安全衛生規則の定めにより**事業者が実施すべき安全対策について解答欄に 5 つ**記述しなさい。

(1)　明り掘削作業（土止め支保工に関するものは除く）

(2)　型わく支保工の組立て又は解体の作業

解説

■労働者の危険防止に関する問題

建設工事現場における作業における安全管理に関しては，「労働安全衛生規則」第 355～367 条（明り掘削の作業），及び第 237～247 条（型わく支保工）に定められている。

解答例

(1)　**明り掘削作業**

- 作業箇所及び周辺の地山についての調査
- 作業開始前，大雨の後，地震の後の地山の点検
- 地山の種類，高さ等により掘削面の勾配基準を守る。
- 地山の掘削作業主任者を専任し，定められた職務を行う。
- 地山の崩壊等による危険の防止
- 埋設物等による危険の防止
- 地下工作物の損壊のおそれがある場合の掘削機械の使用禁止

・運搬機械の運行経路等の周知
・誘導者の配置
・労働者の保護帽の着用
・照度の保持

(2) **型わく支保工の組立て又は解体の作業**

・関係労働者以外の労働者の立入禁止
・強風，大雨，大雪等の悪天候時には，当該作業に労働者を従事させない。
・材料，器具又は工具を上げ，又はおろすときは，つり綱，つり袋等を使用させる。
・型枠支保工の組立て等作業主任者を選任し，定められた職務を行わせる。
・組立図を作成し，その組立図により組立てる。
・敷角の使用，コンクリートの打設等支柱の沈下を防止する措置を講ずる。
・支柱の脚部の固定，根がらみの取付け等により支柱の脚部の滑動を防止する措置を講ずる。
・支柱の継手は，突合せ継手又は差込み継手とする。

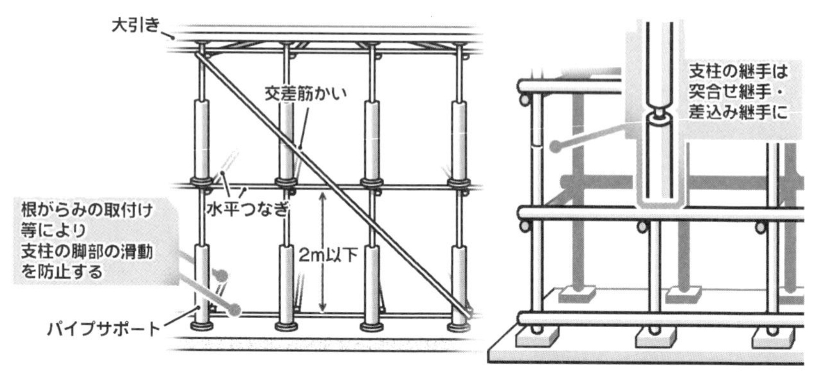

上記のうちいずれか1つの作業について，5つを選んで記述する。

問題

車両系建設機械による労働者の災害防止のため，労働安全衛生規則の定めにより，事業者が実施すべき安全対策に関する次の文章の［　　］の（イ）～（ホ）に当てはまる**適切な語句**を解答欄に記述しなさい。

(1) 車両系建設機械の転落，地山の崩壊等による労働者の危険を防止するため，あらかじめ，当該作業に係る場所について地形，［（イ）］の状態を調査し，その結果を［（ロ）］しておかなければならない。

(2) 岩石の落下等により労働者に危険が生ずるおそれのある場所で，ブルドーザやトラクターショベル，パワーショベル等を使用するときは，その車両系建設機械に堅固な［（ハ）］を備えていなければならない。

(3) 車両系建設機械の運転者が運転位置から離れるときは，バケット，ジッパー等の作業装置を［（ニ）］こと，また原動機を止め走行ブレーキをかける等の措置を講ずること。

(4) 車両系建設機械の転倒やブーム，アーム等の作業装置の破壊による労働者の危険を防止するため，構造上定められた安定度，［（ホ）］荷重等を守らなければならない。

■**車両系建設機械の安全管理に関する問題**

車両系建設機械の安全管理に関しては，主に「労働安全衛生規則　第 2 編第 2 章第 1 節車両系建設機械（第 152 条～171 条の 4)」に定められている。

解答例

(1) 車両系建設機械の転落，地山の崩壊等による労働者の危険を防止するため，あらかじめ，当該作業に係る場所について地形，**(イ) 地質** の状態を調査し，その結果を **(ロ) 記録** しておかなければならない。(労働安全衛生規則第 154 条)

(2) 岩石の落下等により労働者に危険が生ずるおそれのある場所で，ブルドーザやトラクターショベル，パワーショベル等を使用するときは，その車両系建設機械に堅固な **(ハ) ヘッドガード** を備えていなければならない。(労働安全衛生規則第 153 条)

(3) 車両系建設機械の運転者が運転位置から離れるときは，バケット，ジッパー等の作業装置を **(ニ) 地上に下ろす** こと，また原動機を止め走行ブレーキをかける等の措置を講ずること。(労働安全衛生規則第 160 条第 1 項)

(4) 車両系建設機械の転倒やブーム，アーム等の作業装置の破壊による労働者の危険を防止するため，構造上定められた安定度，**(ホ) 最大使用** 荷重等を守らなければならない。(労働安全衛生規則第 163 条)

(イ)	(ロ)	(ハ)	(ニ)	(ホ)
地質	記録	ヘッドガード	地上に下ろす	最大使用

Lesson 5　安全管理

問題

高所での作業において，墜落による危険を防止するために，労働安全衛生規則の定めにより，**事業者が実施すべき安全対策について 5 つ**解答欄に記述しなさい。

解説

■高所作業における安全管理に関する問題

高所作業における，墜落危険防止のための安全管理に関しては，主に「**労働安全衛生規則　墜落等による危険の防止（第 518 条～533 条）**」に定められている。

解答例

「労働安全衛生規則」に定められている安全対策

①高さ 2 m 以上の作業場所には，作業床を設置する。

②高さ 2 m 以上の作業床の端・開口部には，囲い，手すり等を設ける。

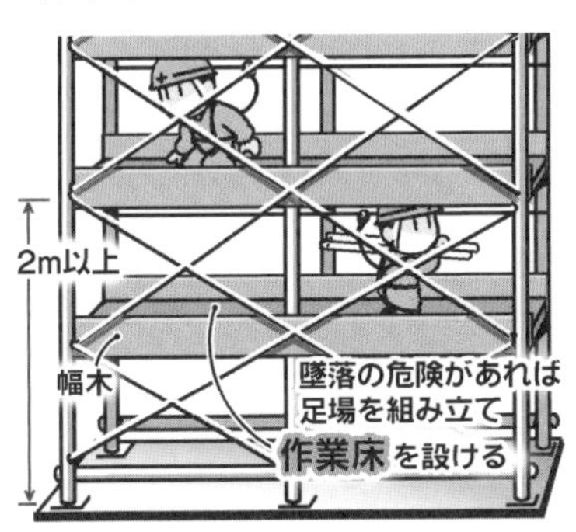

③作業床の床材の幅は 40 cm 以上とし，隙間は 3 cm 以下とする。

④床材には十分強度のあるものを使用し，変位，脱落しないように 2 箇所以上支持物に取り付ける。

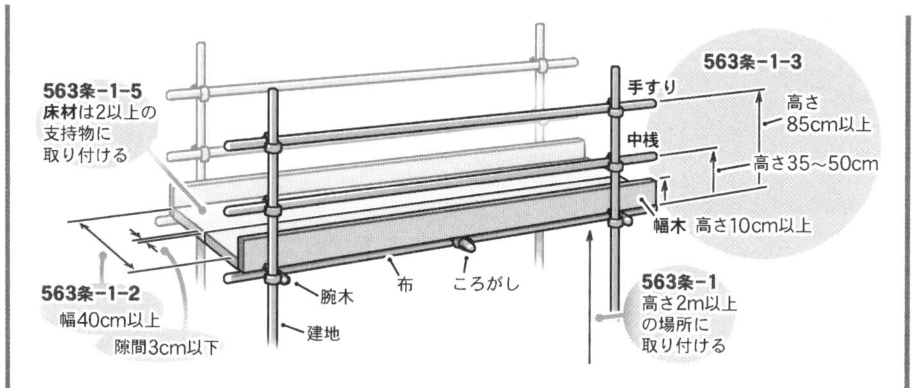

⑤足場等の作業床は，常に点検し，保守管理に努めること。

⑥足場材の緊結，取りはずし等の作業には要求性能墜落制止用器具※を使用する。

⑦材料，工具等の上げ下ろしは，つり綱，つり袋等を使用する。

⑧通路面は，つまずき，滑り，踏み抜き等の危険のない状態に保つ。

⑨夜間作業時は，必要な明るさの照明設備を設ける。

⑩悪天候時の作業は中止する。

上記のうち，5 つを選んで記述する。

※労働安全衛生規則において，「安全帯」は「墜落による危険のおそれに応じた性能を有する墜落制止用器具（以下「要求性能墜落制止用器具」という。）」に改められました。

（2019 年 2 月 1 日施行）

Lesson 5　安全管理

問　題

労働安全衛生規則の定めにより，事業者が行わなければならない土止め支保工の安全管理に関する次の文章の［　　］の（イ）～（ホ）に当てはまる**適切な語句**を解答欄に記述しなさい。

(1)　組立図

土止め支保工の組立図は，矢板，くい，背板，腹おこし，切りばり等の部材の配置，寸法及び材質並びに取付けの時期及び［（イ）］が示されているものでなければならない。

(2)　部材の取付け等

土止め支保工の部材の取付け等については，切りばり及び腹おこしは，脱落を防止するため，矢板，くい等に確実に取り付け，圧縮材（火打ちを除く。）の継手は，［（ロ）］継手とすること。

切りばり又は火打ちの［（ハ）］及び切りばりと切りばりとの交さ部は，当て板をあててボルトにより緊結し，溶接により接合する等の方法により堅固なものとすること。

(3)　点検

土止め支保工を設けたときは，その後 7 日をこえない期間ごと，［（ニ）］以上の地震の後及び大雨等により地山が急激に軟弱化するおそれのある事態が生じた後に，次の事項について点検し，異常を認めたときは，直ちに，補強し，又は補修しなければならない。

一　部材の損傷，変形，腐食，変位及び脱落の有無及び状態
二　切りばりの［（ホ）］の度合
三　部材の［（ハ）］，取付け部及び交さ部の状態

■土止め支保工の安全管理に関する問題

土止め支保工の安全管理に関しては，主に「労働安全衛生規則 第2編第6章第2款土止め支保工（第368条～375条)」に定められている。

解答例

(1) 組立図

土止め支保工の組立図は，矢板，くい，背板，腹おこし，切りばり等の部材の配置，寸法及び材質並びに取付けの時期及び **(イ) 順序** が示されているものでなければならない。

(2) 部材の取付け等

土止め支保工の部材の取付け等については，切りばり及び腹おこしは，脱落を防止するため，矢板，くい等に確実に取り付け，圧縮材（火打ちを除く。）の継手は，**(ロ) 突合せ** 継手とすること。

切りばり又は火打ちの **(ハ) 接続部** 及び切りばりと切りばりとの交さ部は，当て板をあててボルトにより緊結し，溶接により接合する等の方法により堅固なものとすること。

(3) 点検

土止め支保工を設けたときは，その後7日をこえない期間ごと，**(ニ) 中震** 以上の地震の後及び大雨等により地山が急激に軟弱化するおそれのある事態が生じた後に，次の事項について点検し，異常を認めたときは，直ちに，補強し，又は補修しなければならない。

一　部材の損傷，変形，腐食，変位及び脱落の有無及び状態

二　切りばりの **(ホ) 緊圧** の度合

三　部材の **(ハ) 接続部**，取付け部及び交さ部の状態

(イ)	(ロ)	(ハ)	(ニ)	(ホ)
順序	突合せ	接続部	中震	緊圧

Lesson 5 安全管理

問題

下図は，移動式クレーンで仮設材の撤去作業を行っている現場状況である。この現場において**安全管理上必要な労働災害防止対策に関して，「労働安全衛生規則」又は「クレーン等安全規則」に定められている措置の内容について2つ**解答欄に記述しなさい。

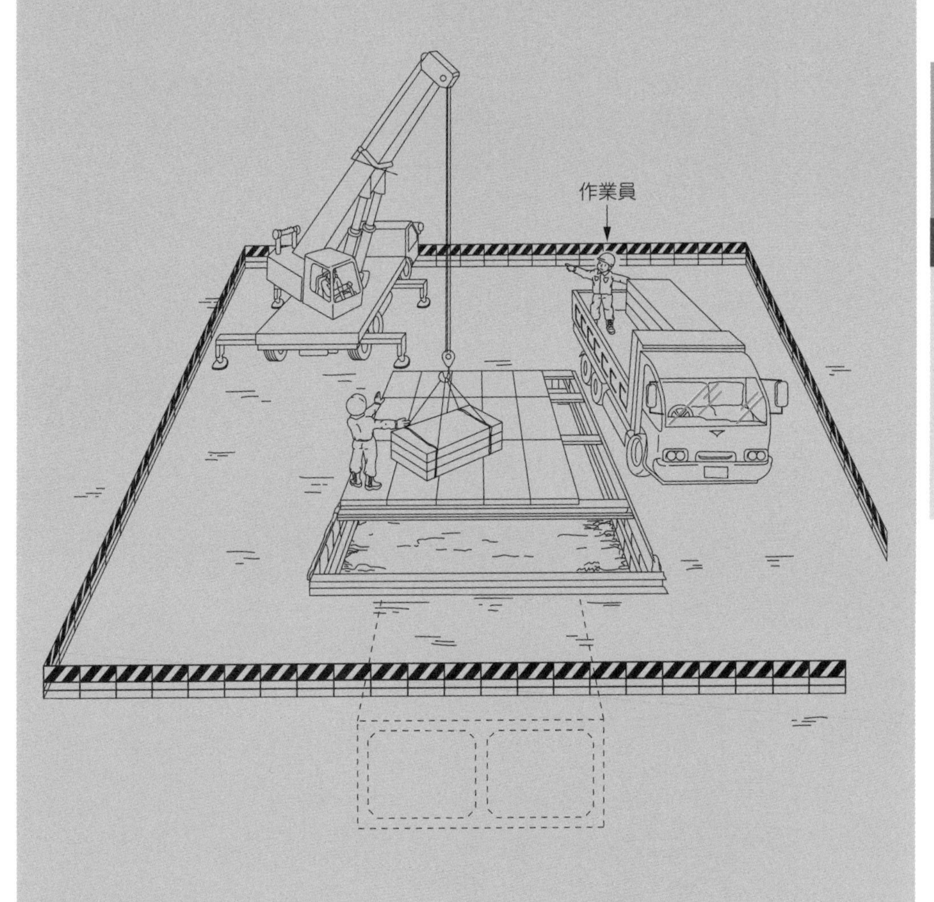

■クレーン作業における安全管理に関する問題

クレーン作業における安全管理に関しては，主に**「クレーン等安全規則」**に定められている。

解答例

・移動式クレーンにその定格荷重をこえる荷重をかけて使用してはならない。（同規則第 69 条）

・地盤が軟弱であること，埋設物その他地下に存する工作物が損壊するおそれがあること等により移動式クレーンが転倒するおそれのある場所においては，移動式クレーンを用いて作業を行ってはならない。（同規則第 70 条の 3）

・アウトリガーを使用する移動式クレーンを用いて作業を行うときは，アウトリガーを鉄板等の上で移動式クレーンが転倒するおそれのない位置に設置しなければならない。（同規則第 70 条の 4）

・アウトリガーを有する移動式クレーンを用いて作業を行うときは，アウトリガーを最大限に張り出さなければならない。（同規則第 70 条の 5）

・移動式クレーンの運転について一定の合図を定め，合図を行なう者を指名して，その者に合図を行なわせなければならない。（同規則第 71 条第 1 項）

・移動式クレーンの上部旋回体と接触することにより労働者に危険が生ずるおそれのある箇所に労働者を立ち入らせてはならない。（同規則第 74 条）

・つり上げられている荷の下に労働者を立ち入らせてはならない。（同規則第 74 条の 2）

・強風のため，移動式クレーンに係る作業の実施について危険が予想されるときは，作業を中止しなければならない。（同規則第 74 条の 3）

・移動式クレーンの運転者は，荷をつったままで，運転位置を離れてはならない。（同規則第 75 条第 2 項）

上記のうち，2 つを選んで記述する。

Lesson 5　安全管理

問題

型わく支保工，足場工に関する次の①～⑦の記述のうち，労働安全衛生規則に定められている語句又は数値が誤っているものが文中に含まれているものがある。**これらのうちから 3 つを抽出し，その番号をあげ誤っている語句又は数値と正しい語句又は数値**を解答欄に記入しなさい。

①型わく支保工の設計では，設計荷重として型わく支保工が支える物の重量に相当する荷重に，型わく 1 m^2 につき 100 kg 以上の荷重を加えた荷重を考慮する。

②型わく支保工に鋼管（パイプサポートを除く）を支柱として用いる場合は，高さ 2 m 以内ごとに鉛直つなぎを 2 方向に設ける。

③型わく支保工の材料については，著しい損傷，変形又は腐食があるものを使用してはならない。

④鋼管足場の作業床には，高さ 75 cm 以上の手すり又はこれと同等以上の機能を有する設備及び中さん等を設ける。

⑤鋼管足場の作業床の幅は，40 cm 以上とし，床材間のすき間は，3 cm 以下とする。

⑥鋼管足場の建地間の積載荷重は，500 kg を限度とする。

⑦わく組足場では，最上層及び 5 層以内ごとに筋かいを設ける。

■型枠支保工，足場工の安全管理に関する問題

「型枠支保工，足場工の安全管理に関しては，主に**「労働安全衛生規則第 3 章型わく支保工（第 237 条～ 247 条）」**及び**「同規則第 10 章第 2 節足場（第 559 条～ 575 条の 8）」**に定められている。

①型わく支保工の設計では，設計荷重として型わく支保工が支える物の重量に相当する荷重に，型わく 1 m^2 につき **100 kg**（**→150 kg**）以上の荷重を加えた荷重を考慮する。（同規則第 240 条第 3 項第 1 号）**（誤っている）**

②型わく支保工に鋼管（パイプサポートを除く）を支柱として用いる場合は，高さ 2 m 以内ごとに**鉛直つなぎ**（**→水平つなぎ**）を 2 方向に設ける。（同規則第 242 条第 6 号イ） **（誤っている）**

③型わく支保工の材料については，著しい損傷，変形又は腐食があるものを使用してはならない。（同規則第 237 条） **（正しい）**

④鋼管足場の作業床には，高さ **75 cm**（**→ 85 cm**）以上の手すり又はこれと同等以上の機能を有する設備及び中桟等を設ける。（足場からの墜落・転落災害防止総合対策推進要綱） **（誤っている）**

⑤鋼管足場の作業床の幅は，40 cm 以上とし，床材間の隙間は，3 cm 以下とする。（同規則第 563 条第 1 項第 2 号ロ） **（正しい）**

⑥鋼管足場の建地間の積載荷重は，**500 kg**（**→ 400 kg**）を限度とする。（同規則第 571 条第 1 項第 4 号） **（誤っている）**

⑦わく組足場では，最上層及び 5 層以内ごとに**筋かい**（**→水平材**）を設ける。（同規則第 571 条第 1 項第 5 号） **（誤っている）**

上記より誤っているもの 5 つのうち，3 つを選んで記述する。

解答例

番号	誤っている語句又は数値	正しい語句又は数値
①	100 kg 以上	150 kg 以上
②	鉛直つなぎ	水平つなぎ
④	75 cm 以上	85 cm 以上

年度

問題

下図は，油圧ショベル（バックホゥ）で地山の掘削作業を行っている現場状況である。

この現場において**予想される労働災害とその防止対策について，労働安全衛生規則に定められた事項をそれぞれ２つ**解答欄に記述しなさい。

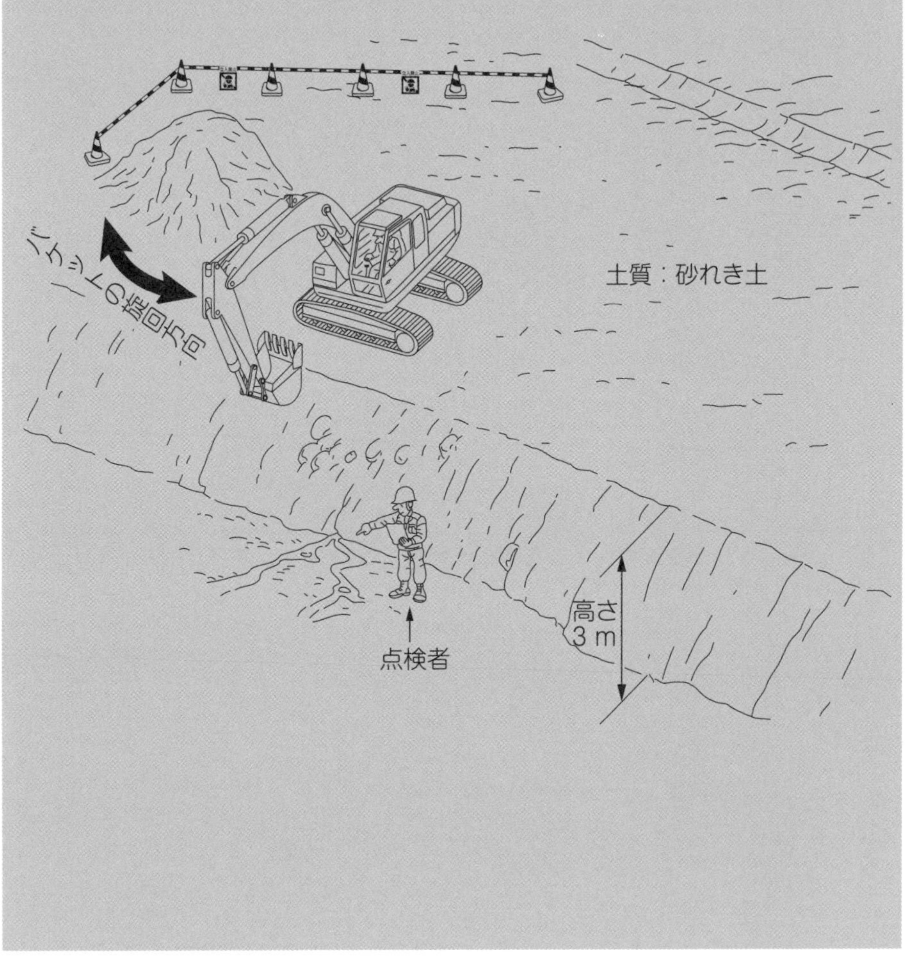

■地山の掘削作業における安全管理に関する問題

地山の掘削作業における安全管理に関しては，主に**「労働安全衛生規則第 6 章　掘削作業等における危険の防止（第 355条～367 条）」**に定められている。

解答例

予想される労働災害	防止対策
バックホウの掘削箇所への転落の危険	・バックホウの履帯の方向は掘削面に対し直角とする。 ・法面近くの地盤の不同沈下を防ぐため，鉄板等を敷設して支持力を確保する。
掘削斜面の崩壊による危険	・作業員の掘削作業中における掘削底面への立入りを禁止する。 ・地山の掘削作業主任者を配置し，作業の監視をさせる。 ・法面からの湧水，地盤の緩み，変位などにより危険が予想されるときは，直ちに作業を中止させる。
バックホウと誘導者，作業責任者との接触事故の危険	・バックホウの作業半径内への立入りを禁止する。 ・誘導者と合図を決め，誘導者の誘導により作業を行う。

上記のうち，それぞれ 2 つを選んで記述する。

Lesson 5　安全管理

設問 1

労働安全衛生法令に定められた車両系建設機械を用いた作業に関する次の文章の［　　　］に当てはまる**適切な語句**を解答欄に記入しなさい。

(1)　事業者は，車両系建設機械を用いて作業を行なうときは，車両系建設機械の［（イ）］又は転落による労働者の危険を防止するため，当該車両系建設機械の運行経路について路肩の［（ロ）］を防止すること，地盤の［（ハ）］を防止すること，必要な［（ニ）］を保持すること等必要な措置を講じなければならない。

(2)　事業者は，路肩，傾斜地等で車両系建設機械を用いて作業を行なう場合において，当該車両系建設機械の［（イ）］又は転落により労働者に危険が生ずるおそれのあるときは，［（ホ）］を配置し，その者に当該車両系建設機械を誘導させなければならない。

■車両系建設機械を用いた作業に関しての安全管理に関する問題

「車両系建設機械を用いた作業に関しての安全管理」の規定に関しては,「労働安全衛生規則第157条」においてそれぞれ規定されている。

解答例

(1) 事業者は,車両系建設機械を用いて作業を行なうときは,車両系建設機械の **(イ) 転倒** 又は転落による労働者の危険を防止するため,当該車両系建設機械の運行経路について路肩の **(ロ) 崩壊** を防止すること,地盤の **(ハ) 不同沈下** を防止すること,必要な **(ニ) 幅員** を保持すること等必要な措置を講じなければならない。(労働安全衛生規則第157条第1項)

(2) 事業者は,路肩,傾斜地等で車両系建設機械を用いて作業を行なう場合において,当該車両系建設機械の **(イ) 転倒** 又は転落により労働者に危険が生ずるおそれのあるときは, **(ホ) 誘導者** を配置し,その者に当該車両系建設機械を誘導させなければならない。(労働安全衛生規則第157条第2項)

(イ)	(ロ)	(ハ)	(ニ)	(ホ)
転倒	崩壊	不同沈下	幅員	誘導者

訂正問題

Lesson 5　安全管理

設問 2

建設工事現場で労働災害防止の安全管理に関する次の記述のうち①～⑥のすべてについて，労働安全衛生法令などに定められている語句又は数値が誤っているものが文中に含まれている。**①～⑥のうちから番号及び誤っている語句又は数値を2つ選び，正しい語句又は数値**を解答欄に記入しなさい。

① 事業者は，型わく支保工について支柱の高さが 10 m 以上の構造となるときは型わく支保工の構造などの記載事項と組立図及び配置図を労働基準監督署長に当該仕事の開始の日の 30 日前までに届け出なければならない。

② 事業者は，足場上で作業を行う場合において，悪天候若しくは中震以上の地震又は足場の組立てや一部解体若しくは変更後に作業する場合，作業の開始した後に足場を点検し，異常を認めたときは補修しなければならない。

③ 重要な仮設工事に土留め壁を用いて明り掘削を行う場合，切ばりの水平方向の設置間隔は 5 m 以下，鋼矢板の根入れ長は 1.0 m を下回ってはならない。

④ 事業者は，酸素欠乏症及び硫化水素中毒にかかるおそれのある暗きょ内などで労働者に作業をさせる場合には，作業開始前に空気中の酸素濃度，硫化水素濃度を測定し，規定値を保つように換気しなければならない。ただし，規定値を超えて換気することができない場合，労働者に防毒マスクを使用させなければならない。

⑤ 急傾斜の斜面掘削に際し，掘削面が高い場合は段切りし，段切りの幅は 2 m 以上とする。掘削面の高さが 3.5 m 以上の掘削の際は※安全帯等を使用させ，※安全帯はグリップなどを使用して親綱に連結させる。

⑥ 移動式クレーンで荷を吊り上げた際，ブーム等のたわみにより，吊り荷が外周方向に移動するためフックの位置はたわみを考慮して作業半径の少し外側で作業をすること。

※労働安全衛生規則において，「安全帯」は「要求性能墜落制止用器具」に改められました。
2019 年 2 月 1 日施行

Lesson 5 安全管理

■**建設工事現場での労働災害防止の安全管理に関する問題**

「建設工事現場での労働災害防止の安全管理」に関しては，**「労働安全衛生関係法令」**等においてそれぞれ規定されている。

① 事業者は，型わく支保工について支柱の高さが **10 m(→3.5 m)** 以上の構造となるときは型わく支保工の構造などの記載事項と組立図及び配置図を労働基準監督署長に当該仕事の開始の日の 30 日前までに届け出なければならない。(労働安全衛生法第 88 条第 2 項，同規則第 88 条，別表第 7 第 10 号)

② 事業者は，足場上で作業を行う場合において，悪天候若しくは中震以上の地震又は足場の組立てや一部解体若しくは変更後に作業する場合，**作業の開始した後（→作業を開始する前）**に足場を点検し，異常を認めたときは補修しなければならない。(労働安全衛生規則第 567 条)

③ 重要な仮設工事に土留め壁を用いて明り掘削を行う場合，切ばりの水平方向の設置間隔は 5 m 以下，鋼矢板の根入れ長は **1.0 m(→3.0 m)** を下回ってはならない。(仮設構造物工指針 2−9)

④ 事業者は，酸素欠乏症及び硫化水素中毒にかかるおそれのある暗きょ内などで労働者に作業をさせる場合には，作業開始前に空気中の酸素濃度，硫化水素濃度を測定し，規定値を保つように換気しなければならない。ただし，規定値を超えて換気することができない場合，労働者に**防毒マスク（→空気呼吸器等）**を使用させなければならない。(酸素欠乏症等防止規則第 5 条の 2)

⑤ 急傾斜の斜面掘削に際し，掘削面が高い場合は段切りし，段切りの幅は 2 m 以上とする。掘削面の高さが **3.5 m(→2.0 m)** 以上の掘削の際は※安全帯等を使用させ，※安全帯はグリップなどを使用して親綱に連結させる。

(労働安全衛生規則第 359 条，第 360 条，同法施行令第 6 条第 9 号)

⑥ 移動式クレーンで荷を吊り上げた際，ブーム等のたわみにより，吊り荷が外周方向に移動するためフックの位置はたわみを考慮して作業半径の少し**外側（→内側）**で作業をすること。(土木工事安全施工技術指針第 4 章第 5 節)

上記のうち，2 つ選んで記述する。

※労働安全衛生規則において，「安全帯」は「要求性能墜落制止用器具」に改められました。

2019 年 2 月 1 日施行

番号	誤っている語句又は数値	正しい語句又は数値
①	10 m	3.5 m
②	作業の開始した後	作業を開始する前

1級土木施工管理技術検定　第２次検定

Lesson 6

建設副産物・施工計画等

建設副産物・施工計画等

過去9年間の出題内容及び傾向と対策

■出題内容

年度	主な設問内容
令和4年	必須　【問題 2】埋設物・架空線等に近接した作業の具体的な対策について適切な語句を記入する。 選択（2）【問題 11】建設廃棄物を現場内で保管する場合の具体的措置について記述する。
令和3年	必須　【問題 3】施工計画立案について適切な語句を記入する。 選択（1）【問題 7】特定建設資材の再資源化促進の方策について適切な語句を記入する。 選択（2）【問題 11】管渠敷設の施工手順，留意事項について記述する。
令和2年	選択（1）【問題 6】施工計画作成時の留意すべき事項について適切な語句を記入する。 選択（2）【問題 11】騒音・振動防止対策について記述する。
令和元年	選択（1）【問題 6】特定建設資材の再資源化の方策等について適切な語句を記入する。 選択（2）【問題 11】施工計画書の記載内容について記述する。
平成30年	選択（1）【問題 6】建設副産物適正処理推進要綱の規定に関して適切な語句を記入する。 選択（2）【問題 11】プレキャストボックスカルバート設置の施工手順について記述する。
平成29年	選択（1）【問題 6】施工計画の立案に関して適切な語句を記入する。 選択（2）【問題 11】建設廃棄物の現場内保管に関しての具体的な対策について記述する。
平成28年	選択（1）【問題 6】建設副産物適正処理推進要綱の規定に関して適切な語句を記入する。 選択（2）【問題 11】施工計画書の記載内容について記述する。
平成27年	選択（1）【問題 6】管渠布設の施工手順及び出来形管理について記述する。 選択（2）【問題 11】建設廃棄物の現場内保管及び収集運搬に関しての具体的な事項について記述する。
平成26年	①特定建設資材の再資源化促進の方策について適切な語句を記入する。 ②施工計画における品質管理，出来形管理の確認項目について記述する。
平成25年	①建設副産物適正処理推進要綱の規定に関して適切な語句を記入する。 ②施工計画書作成に関しての具体的内容について記述する。

■出題傾向（◎最重要項目　○重要項目　□基本項目　※予備項目　☆今後可能性）

出題項目	令和4年	令和3年	令和2年	令和元年	平成30年	平成29年	平成28年	平成27年	平成26年	重点
廃棄物処理	○					○				○
建設副産物適正処理／建設リサイクル法		○		○	○		○	○	○	◎
施工計画	○	○○	○	○	○	○	○	○	○	◎
騒音・振動対策			○							☆
工程管理										※

■対　策

⑴「建設副産物適正処理」については,「建設リサイクル法」と共通する関連の出題が多く，毎年出題されており，整理しておく必要がある。
- **建設副産物**：建設発生土／建設廃棄物／産業廃棄物／指定副産物／特定建設資材
- **再 生 資 源** ：再生資源利用計画（搬入）／再生資源利用促進計画（搬出）／分別解体
- **元請業者の責務**：建設副産物発生抑制／分別解体／再資源化／適正処理

⑵「廃棄物処理」については，出題数は少ないが，内容を整理しておく。
- **廃　棄　物**：一般廃棄物／産業廃棄物／特別管理産業廃棄物
- **廃棄物処理法**：マニフェスト制度／排出業者の義務
- **最終処分場**：安定型／管理型／遮断型

⑶「騒音・振動対策」についても同様で，第１次検定試験における「騒音規制法・振動規制法」の要点は整理しておく。
- **騒音規制法**：指定地域／特定建設作業／届出／規制値
- **振動規制法**：指定地域／特定建設作業／届出／規制値

⑷「施工計画」に関しては，近年必ず出題されており，下記の基礎知識は把握しておく。
- **事前調査検討事項**：契約条件／現場条件
- **仮設備計画**：土留め工／指定仮設／任意仮設
- **施工計画**：現場組織／施工方法／資材調達

⑸「工程管理」に関しての出題はほとんどないが，第１次検定試験における工程表の知識は理解しておく。
- **工　程　表**：横線式工程表／斜線式工程表／ネットワーク式工程表／工程管理曲線
- **ネットワーク式工程表**：イベント／アクティビティ／フロート／クリティカルパス
- **工程管理曲線**：Ｓ字カーブ／バナナ曲線

■資源有効利用促進法（資源の有効な利用の促進に関する法律）

(1)建設指定副産物

建設工事に伴って副次的に発生する物品で，再生資源として利用可能なものとして，次の 4 種が指定されている。

建設指定副産物	再生資源
建設発生土	構造物埋戻し・裏込め材料／道路盛土材料／宅地造成用材料／河川築堤材料／水面埋立用材料
コンクリート塊	再生骨材／道路路盤材料／構造物基礎材
アスファルト・コンクリート塊	再生骨材／道路路盤材料／構造物基礎材
建設発生木材	製紙用及びボードチップ（破砕後）

(2)再生資源利用計画及び再生資源利用促進計画

	再生資源利用計画	再生資源利用促進計画
計画作成工事	次の各号のいずれかに該当する建設資材を搬入する建設工事 1. 土砂………体積 500 m³ 以上 2. 砕石………重量 500 t 以上 3. 加熱アスファルト混合物 ………重量 200 t 以上	次の各号のいずれかに該当する指定副産物を搬出する建設工事 1. 土建設発生土………体積 500 m³ 以上 2. コンクリート塊，アスファルト・コンクリート塊，建設発生木材 ………合計重量 200 t 以上
求める内容	1. 元請建設工事事業者等の商号，名称又は氏名 2. 工事現場に置く責任者の氏名 3. 建設資材ごとの利用量 4. 利用量のうち再生資源の種類ごとの利用量 5. そのほか再生資源利用に関する事項	1. 元請建設工事事業者等の商号，名称又は氏名 2. 工事現場に置く責任者の氏名 3. 指定副産物の種類ごとの工事現場内における利用量及び再資源化施設又は他の建設工事現場等への搬出量 4. そのほか指定副産物にかかわる再生資源の利用の促進に関する事項
保存	当該工事完成後 5 年間	当該工事完成後 5 年間

（令和 5 年 1 月 1 日改正施行）

■建設リサイクル法（建設工事に係る資材の再資源化等に関する法律）

⑴特定建設資材

①定　義

コンクリート，木材その他建設資材のうち，建設資材廃棄物になった場合におけるその再資源化が資源の有効な利用及び廃棄物の減量を図る上で特に必要であり，かつ，その再資源化が経済性の面において制約が著しくないと認められるものとして政令で定められるもの。

②種　類

・コンクリート
・コンクリート及び
　鉄から成る建設資材
・木材
・アスファルト・コンクリート

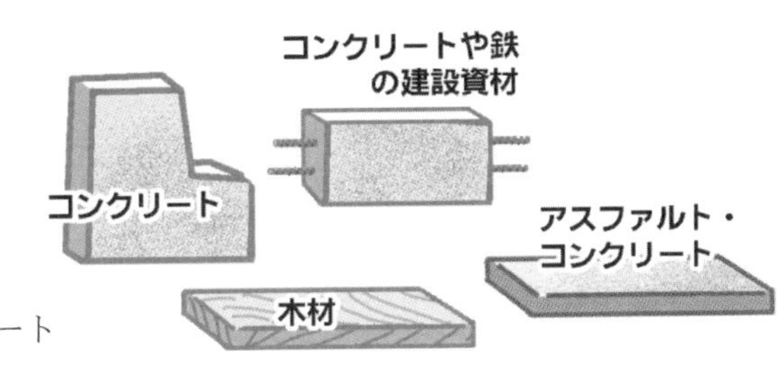

⑵分別解体及び再資源化等の義務

①対象建設工事の規模の基準

建築物の解体	床面積 80 m² 以上
建築物の新築	床面積 500 m² 以上
建築物の修繕・模様替	工事費 1 億円以上
その他の工作物（土木工作物等）	工事費 500 万円以上

②届　出

対象建設工事の発注者又は自主施工者は，工事着手の 7 日前までに，建築物等の構造，工事着手時期，分別解体等の計画について，都道府県知事に届け出る。

③解体工事業

建設業の許可が不要な小規模の解体工事業者も都道府県知事の登録を受け，5 年ごとに更新する。

■廃棄物処理法（廃棄物の処理及び清掃に関する法律）

廃棄物の種類

廃棄物の種類	処分できる廃棄物
一般廃棄物	産業廃棄物以外の廃棄物
産業廃棄物	事業活動に伴って生じた廃棄物のうち法令で定められた 20 種類のもの（燃え殻，汚泥，廃油，廃酸，廃アルカリ，紙くず，木くず等）
特別管理一般廃棄物及び特別管理産業廃棄物	爆発性，感染性，毒性，有害性があるもの

■産業廃棄物管理票（マニフェスト）

(1)マニフェスト制度

・排出事業者（元請人）が，廃棄物の種類ごとに収集運搬及び処理を行う受託者に交付する。

・マニフェストには，種類，数量，処理内容等の必要事項を記載する。

・収集運搬業者はA票を，処理業者はD票を事業者に返送する。

・排出事業者は，マニフェストに関する報告を都道府県知事に，年1回提出する。

・マニフェストの写しを送付された事業者，収集運搬業者，処理業者は，この写しを5年間保存する。

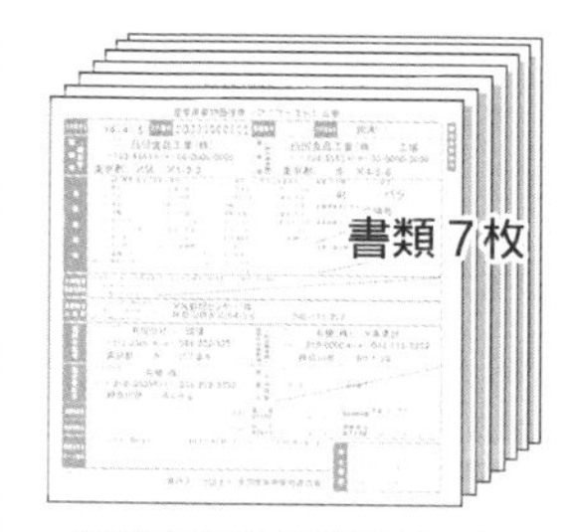

産業廃棄物管理票は，1冊が7枚綴りの複写で，A，B1，B2，C1，C2，D，Eの用紙が綴じ込まれている。

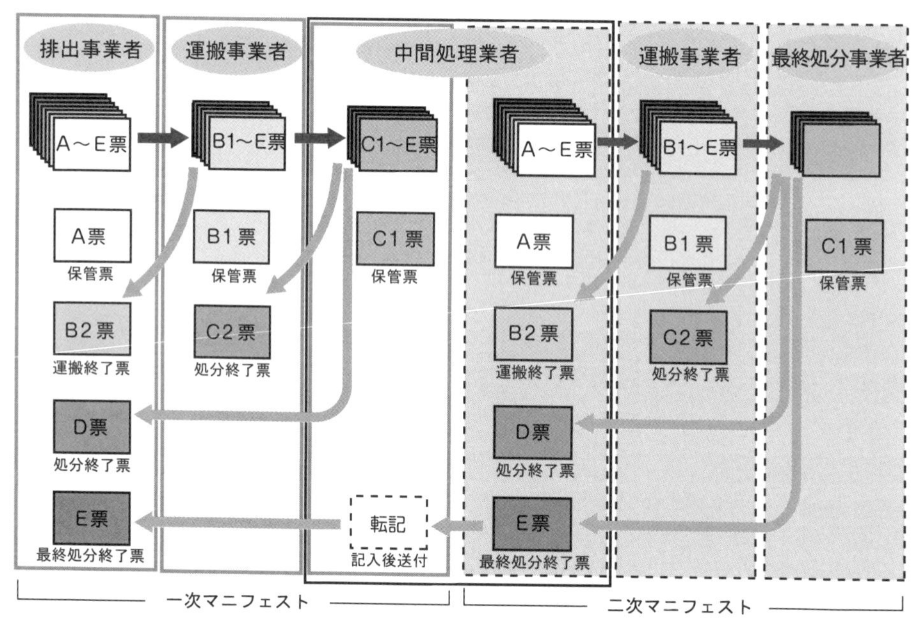

※産業廃棄物管理票は，それぞれ5年間保管すること。

⑵マニフェストが不要なケース

・国，都道府県又は市町村に産業廃棄物の運搬及び処分を委託するとき。
・産業廃棄物業の許可がいらない(厚生労働大臣が指定した者に限る)ものに処分を委託するとき。
・直結するパイプラインを用いて処分するとき。

⑶処分場の形式と処分できる廃棄物

（「廃棄物の処理と清掃に関する法律」第 12 条第 1 項，同法律施行令第 6 条）

処分場の形式	廃棄物の内容	処分できる廃棄物
安定型処分場	地下水を汚染するおそれのないもの	廃プラスチック類，ゴムくず，金属くず，ガラスくず及び陶磁器くず，がれき類
管理型処分場	地下水を汚染するおそれのあるもの	廃油（タールピッチ類に限る。），紙くず，木くず，繊維くず，汚泥，廃石膏ボード
遮断型処分場	有害な廃棄物	埋立処分基準に適合しない燃え殻，ばいじん，汚泥，鉱さい

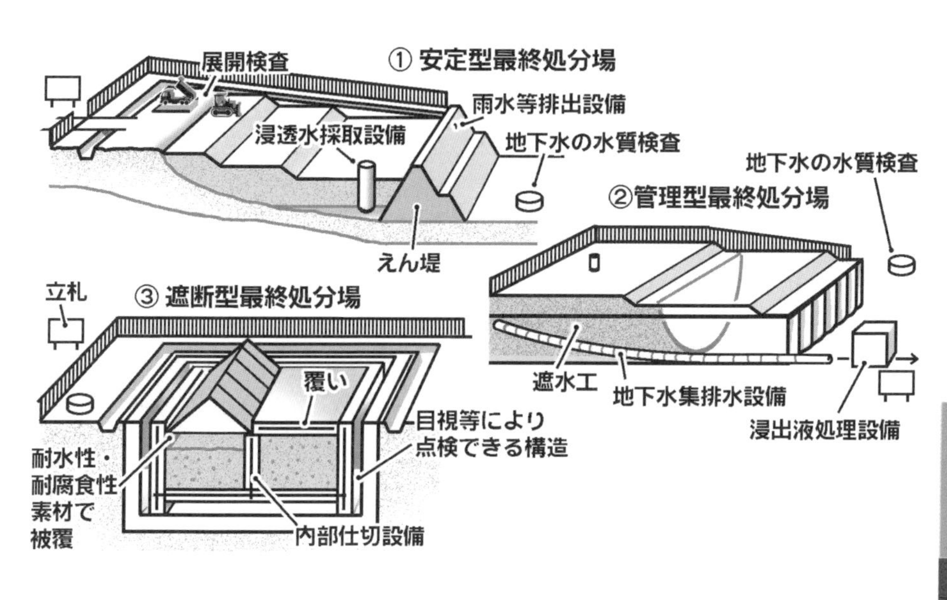

Lesson 6 建設副産物・施工計画等

■工程表の種類

工程表の種類及び特徴について，下記に整理する。

⑴ガントチャート工程表（横線式）

縦軸に工種（工事名，作業名），横軸に作業の達成度を（%）で表示する。各作業の必要日数は分からず，工期に影響する作業は不明である。

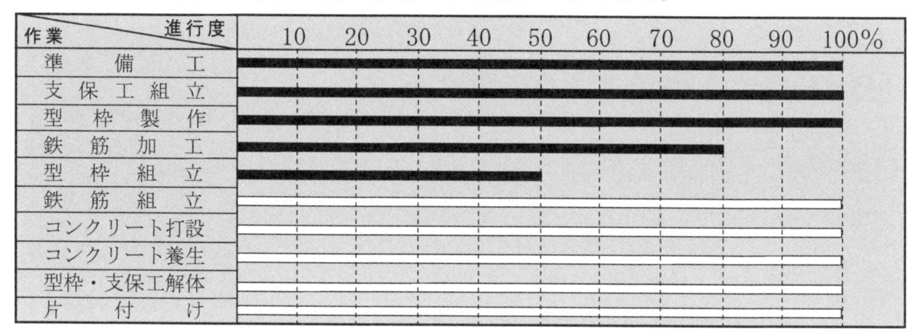

ガントチャート工程表（コンクリート構造物）

予定
実施（着手後30日現在）

⑵バーチャート工程表（横線式）

ガントチャートの横軸の達成度を工期に設定して表示する。漠然とした作業間の関連は把握できるが，工期に影響する作業は不明である。

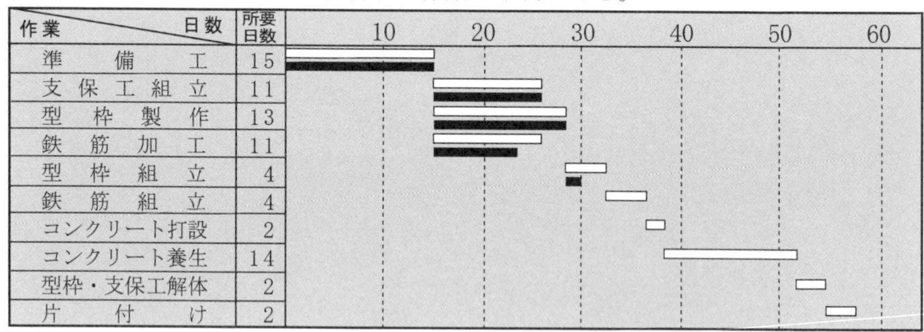

バーチャート工程表（コンクリート構造物）

予定
実施（着手後30日現在）

⑶斜線式工程表

縦軸に工期をとり，横軸に延長をとり，各作業毎に1本の斜線で，作業期間，作業方向，作業速度を示す。トンネル，道路，地下鉄工事のような線的な工事に適しており，作業進度が一目で分かるが作業間の関連は不明である。

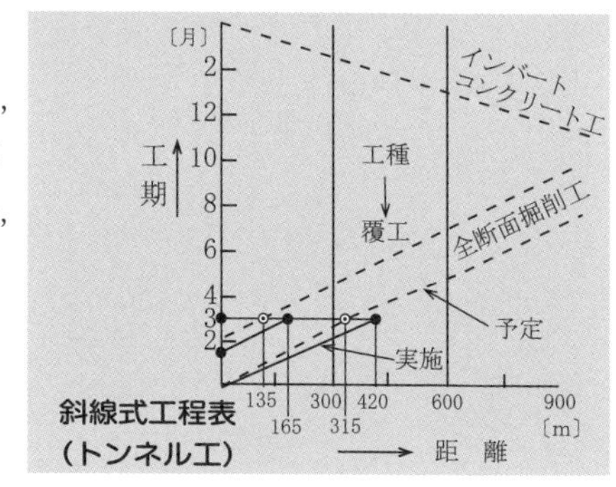

斜線式工程表（トンネル工）

⑷ネットワーク式工程表

各作業の開始点（イベント○）と終点（イベント○）を矢線→で結び，矢線の上に作業名，下に作業日数を書き入れたものをアクティビティといい，全作業のアクティビティを連続的にネットワークとして表示したものである。作業進度と作業間の関連も明確となる。

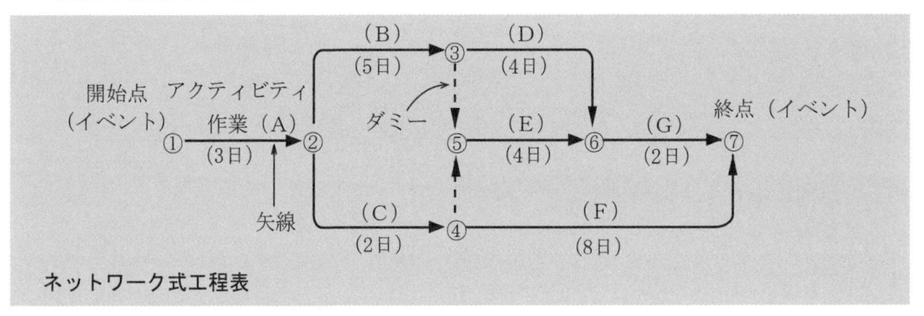

ネットワーク式工程表

⑸累計出来高曲線工程表（Ｓ字カーブ）

縦軸に工事全体の累計出来高(%)，横軸に工期(%)をとり，出来高を曲線に示す。毎日の出来高と，工期の関係の曲線は山形，予定工程曲線はＳ字形となるのが理想である。

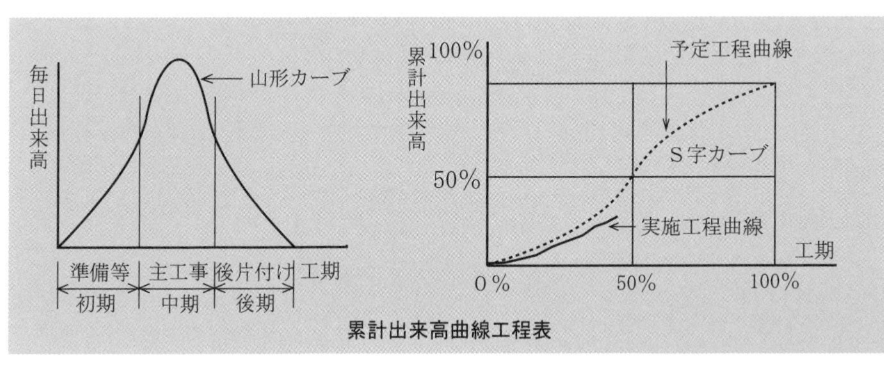

累計出来高曲線工程表

⑹工程管理曲線工程表（バナナ曲線）

工程曲線について，許容範囲として上方許容限界線と下方許容限界線を示したものである。実施工程曲線が上限を越えると，工程にムリ，ムダが発生しており，下限を越えると，突貫工事を含め工程を見直す必要がある。

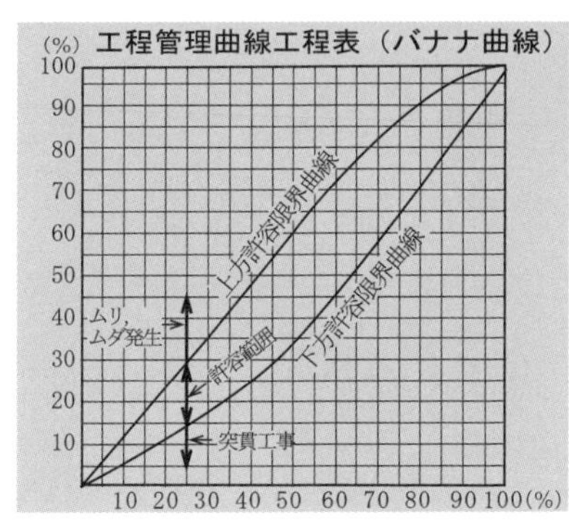

■各種工程図表の比較

各種工程図表の特徴，長所及び短所について，下記に整理する。

項　　目	ガントチャート	バーチャート	曲線・斜線式	ネットワーク式
作業の手順	不明	漠然	不明	判明
作業に必要な日数	不明	判明	不明	判明
作業進行の度合い	判明	漠然	判明	判明
工期に影響する作業	不明	不明	不明	判明
図表の作成	やや複雑	容易	やや複雑	複雑
適する工事	短期，単純工事	短期，単純工事	短期，単純工事	長期，大規模工事

■騒音規制法及び振動規制法の概要

各規制法の規制基準を，下記に整理する。

	項　　目	内　　　容
騒音規制法	指定地域（知事が指定）	静穏の保持を必要とする地域／住居が集合し，騒音発生を防止する必要がある地域／学校，病院，図書館，特養老人ホーム等の周囲 80 m の区域内
	特定建設作業	くい打機・くい抜機／びょう打機／削岩機／空気圧縮機／コンクリートプラント，アスファルトプラント／バックホウ／トラクターショベル／ブルドーザをそれぞれ使用する作業
	規制値	85 dB（デシベル）以下／連続 6 日，日曜日，休日の作業禁止
	届出	指定地域内で特定建設作業を行う場合に，7 日前までに都道府県知事（市町村長へ委任）へ届け出る。（災害等緊急の場合はできるだけ速やかに）
振動規制法	指定地域（知事が指定）	静穏の保持を必要とする地域／住居が集合し，騒音発生を防止する必要がある地域／学校，病院，図書館，特養老人ホーム等の周囲 80 m の区域内
	特定建設作業	くい打機・くい抜機／舗装版破砕機／ブレーカーをそれぞれ使用する作業／鋼球を使用して工作物を破壊する作業
	規制値	75 dB（デシベル）以下／連続 6 日，日曜日，休日の作業禁止
	届出	指定地域内で特定建設作業を行う場合に，7 日前までに都道府県知事（市町村長へ委任）へ届け出る。（災害等緊急の場合はできるだけ速やかに）

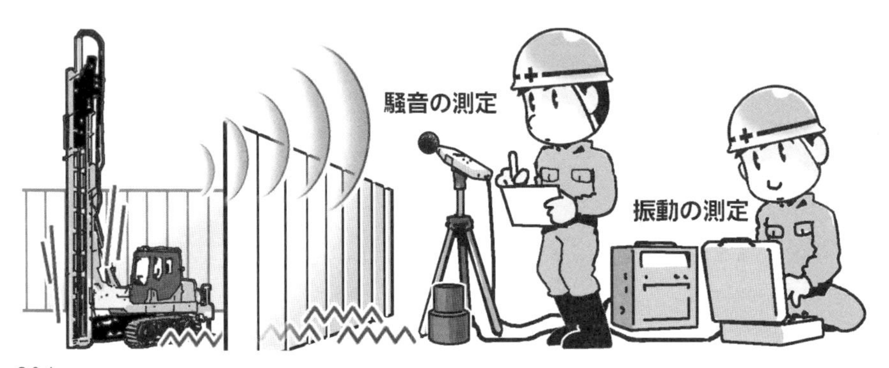

■契約条件の事前調査検討事項

契約条件及び現場条件の事前調査検討事項の内容について，下記に整理する。

区　分	項　目	内　容
契約条件事前調査検討事項	請負契約書の内容	工事内容／請負代金の額及び支払方法／工期／工事の変更，中止による損害の取扱／不可抗力による損害の取扱／物価変動に基づく変更の取扱／検査の時期及び方法並びに引き渡しの時期
	設計図書の内容	設計内容，数量の確認／図面と現場の適合の確認／現場説明事項の内容／仕様書，仮設における規格の確認
現場条件事前調査検討事項	地形	工事用地／測量杭／土取，土捨場／道水路状況／周辺民家
	地質	土質／地層，支持層／地下水
	気象・水文	降雨／積雪／風／気温／日照／波浪／洪水
	電力・水	工事用電源／工事用取水
	輸送	道路状況／鉄道／港
	環境・公害	騒音／振動／交通／廃棄物／地下水
	用地・利権	境界／地上権／水利権／漁業権
	労力・資材	地元，季節労働者／下請業者／価格，支払い条件／納期
	施設・建物	事務所／宿舎／病院／機械修理工場／警察，消防
	支障物	地上障害物／地下埋設物／文化財

■仮設備計画の留意点

仮設の種類，内容について，下記に整理する。

⑴指定仮設

契約により工種，数量，方法が規定されている。（契約変更の対象となる。）

⑵任意仮設

施工者の技術力により工事内容，現地条件に適した計画を立案する。（契約変更の対象とならない。ただし，図面などにより示された施工条件に大幅な変更があった場合には設計変更の対象となり得る。）

⑶直接仮設

工事用道路，軌道，ケーブルクレーン／給排水設備／給換気設備／電気設備／安全設備／プラント設備／土留め，締切設備／設備の維持，撤去，後片づけ

⑷共通仮設

現場事務所／宿舎／倉庫／駐車場／機械室

⑸仮設の設計

仮構造物であっても，使用目的，期間に応じ構造設計を行い，労働安全衛生法はじめ各種基準に合致した計画とする。

■土留め工の種類

土留め工法の形式と特徴について，下記に整理する。

工　法	特　　徴	
自立式	掘削側の地盤の抵抗によって土留め壁を支持する工法であり，掘削側に支保工がないので，掘削は容易であるが土留め壁の変形は大きくなる。	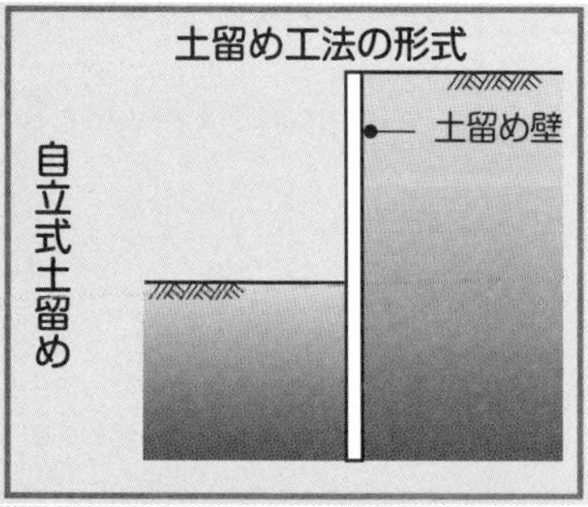 土留め工法の形式 自立式土留め 土留め壁
切ばり式	切ばり，腹起こし等の支保工と掘削側の地盤の抵抗によって土留め壁を支持する工法であり，現場の状況に応じて支保工の数，配置等の変更が可能であるが，機械掘削には支保工が障害となる。	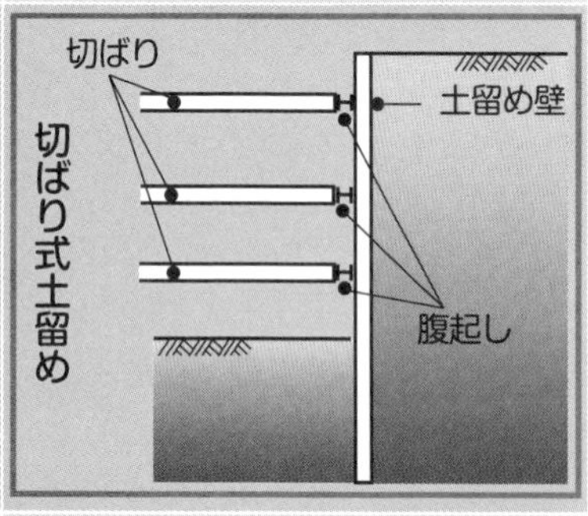 切ばり式土留め 切ばり 土留め壁 腹起し
アンカー式	土留めアンカーと掘削側の地盤の抵抗によって土留め壁を支持する工法であり，掘削面内に切ばりがないので機械掘削が容易であり，偏土圧が作用する場合や任意形状の掘削にも適応が可能である。	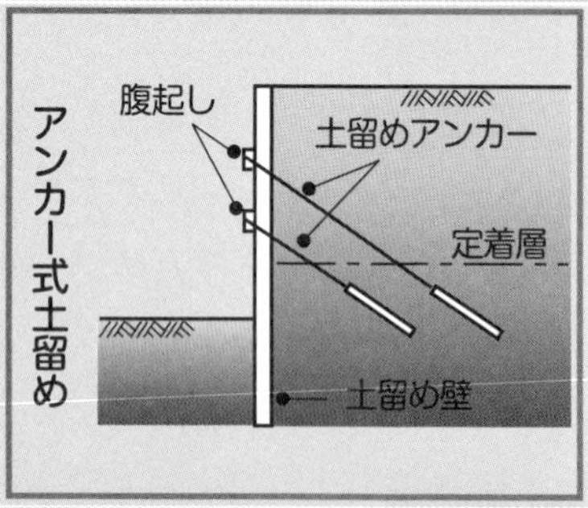 アンカー式土留め 腹起し 土留めアンカー 定着層 土留め壁
控え杭 タイロッド式	控え杭と土留め壁をタイロッドでつなぎ，これと地盤の抵抗により土留め壁を支持する工法であり，自立式では変位が大きくなる場合に用いられる。	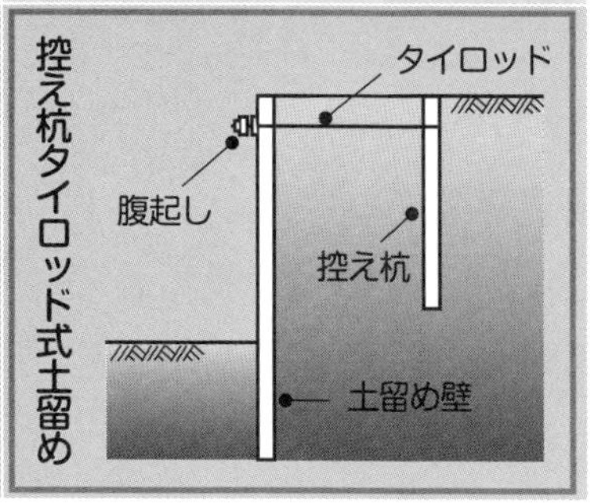 控え杭タイロッド式土留め タイロッド 腹起し 控え杭 土留め壁

過去 8 年間の問題と解説・解答例

記述問題

Lesson 6　建設副産物・施工計画等

問題

土木工事における，**施工管理の基本となる施工計画の立案に関して，下記の 5 つの検討項目**における検討内容をそれぞれ解答欄に記述しなさい。

ただし，（例）の検討内容と同一の内容は不可とする。

・契約書類の確認事項
・現場条件の調査（自然条件の調査）
・現場条件の調査（近隣環境の調査）
・現場条件の調査（資機材の調査）
・施工手順

解説

■施工計画の立案に関する問題

施工計画の立案に関しては，「契約条件の事前調査検討事項」，「現場条件の事前調査検討事項」について検討を行う。

解答例

検討項目		検討内容
契約書類の確認事項		・工事内容，工期，請負代金の額，及び支払い方法の確認。 ・工事の変更，中止による損害の取り扱い及び不可抗力による損害の取り扱いについての確認。 ・設計図書，設計内容，仕様書等の確認。
現場条件の調査	自然条件の調査	・気象，水文（降雨，積雪，気温，日照，風向等）に関して調査，資料収集を行う。 ・地質，地形（工事用地，土質，地盤，地下水等）に関して調査，資料収集を行う。
	近隣環境の調査	・環境，公害（騒音，振動の影響，道路・鉄道状況等）に関して調査，資料収集を行う。 ・電力，上下水（地下埋設物，送電線，上下水道管）等
	資機材の調査	・労力，資材（地元労働者，下請け業者，生コン，砂利，盛土材料等の価格，確保）に関して調査，資料収集を行う。 ・使用機械（施工規模による使用機械の規模，種類，組合わせ等）に関して検討を行う。
施工手順		・共通仮設（現場事務所，資材置場，駐車場等の確保等）の準備，手配を行う。 ・直接仮設（工事用道路，給排水設備，電気設備，土止め・締切り等）の図面作成，施工準備を行う。

上記各項目について，1 つずつ記述する。

問題

建設工事に係る資材の再資源化等に関する法律（建設リサイクル法）により再資源化を促進する特定建設資材に関する次の文章の［　　］の(イ)～(ホ)に当てはまる**適切な語句**を解答欄に記述しなさい。

(1) コンクリート塊については，破砕，選別，混合物の［(イ)］，［(ロ)］調整等を行うことにより再生クラッシャーラン，再生コンクリート砂等として，道路，港湾，空港，駐車場及び建築物等の敷地内の舗装の路盤材，建築物等の埋戻し材，又は基礎材，コンクリート用骨材等に利用することを促進する。

(2) 建設発生木材については，チップ化し，［(ハ)］ボード，堆肥等の原材料として利用することを促進する。これらの利用が技術的な困難性，環境への負荷の程度等の観点から適切でない場合には［(ニ)］として利用することを促進する。

(3) アスファルト・コンクリート塊については，破砕，選別，混合物の［(イ)］，［(ロ)］調整等を行うことにより，再生加熱アスファルト［(ホ)］混合物及び表層基層用再生加熱アスファルト混合物として，道路等の舗装の上層路盤材，基層用材料，又は表層用材料に利用することを促進する。

■再資源化を促進する特定建設資材に関する問題

「特定建設資材に係る分別解体等及び特定建設資材廃棄物の再資源化等の促進等に関する基本方針」（建設工事に係る資材の再資源化等に関する法律第３条）により定められている。

解答例

(1) コンクリート塊については，破砕，選別，混合物の(イ) 除去，(ロ) 粒度調整等を行うことにより再生クラッシャーラン，再生コンクリート砂等として，道路，港湾，空港，駐車場及び建築物等の敷地内の舗装の路盤材，建築物等の埋戻し材，又は基礎材，コンクリート用骨材等に利用することを促進する。

(2) 建設発生木材については，チップ化し，(ハ) 木質ボード，堆肥等の原材料として利用することを促進する。これらの利用が技術的な困難性，環境への負荷の程度等の観点から適切でない場合には(ニ) 燃料として利用することを促進する。

(3) アスファルト・コンクリート塊については，破砕，選別，混合物の(イ) 除去，(ロ) 粒度調整等を行うことにより，再生加熱アスファルト(ホ) 安定処理混合物及び表層基層用再生加熱アスファルト混合物として，道路等の舗装の上層路盤材，基層用材料，又は表層用材料に利用することを促進する。

(イ)	(ロ)	(ハ)	(ニ)	(ホ)
除去	粒度	木質	燃料	安定処理

※解答は「国土交通省の建設リサイクル法基本方針」によるものなので，同一の語句が望ましい。

下図のような管渠(かんきょ)を敷設(ふせつ)する場合の施工手順(せこうてじゅん)が次の表に示されているが，施工手順①～③のうちから**2つ選び，それぞれの番号，該当する工種名及び施工上の留意事項**（主要機械の操作及び安全管理に関するものは除く）について解答欄に記述しなさい。

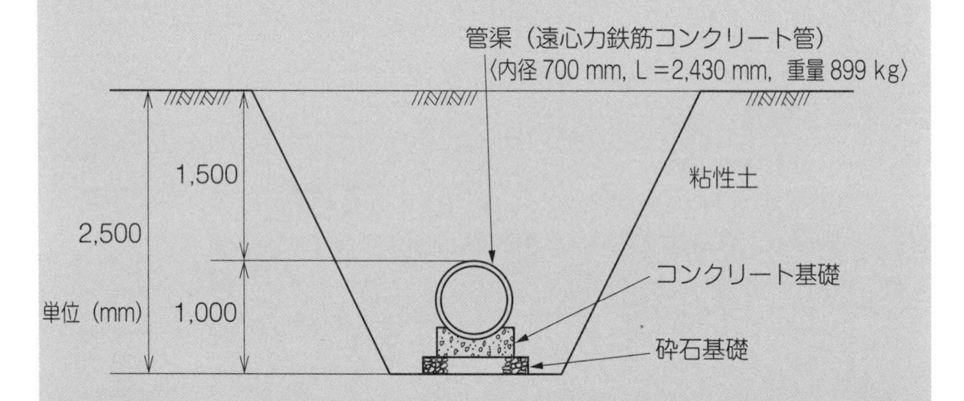

施工手順番号	工種名	施工上の留意事項（主要機械の操作及び安全管理に関するものは除く）
	準備工（丁張り）	・丁張りは，施工図に従って位置・高さを正確に設置する。
①	□（バックホウ）	□
	砕石基礎工	・基礎工は，地下水に留意しドライワークで施工する。
②	□（トラッククレーン）	□
	型枠工（設置）	
	コンクリート基礎工	・コンクリートは，管の両側から均等に投入し，管底まで充填（じゅうてん）するようにバイブレータ等を用いて入念に行う。
	養生工	
	型枠工（撤去）	
③	□（タンパ）	□
	残土処理	

解説

■管渠を敷設する場合の施工手順に関する問題

一般の管渠（遠心力鉄筋コンクリート管）設置の手順に従って施工する。

準備工（丁張）→**床掘工**→砕石基礎工→**管渠設置工**→型枠工（設置）→コンクリート基礎工→養生工→型枠工（撤去）→**埋戻し工**→残土処理

解答例

施工手順	工種名	施工上の留意事項
①	床掘工	床付け面は丁寧に掘削する。 支持地盤を深掘りしたり，乱さない。
②	管渠設置工	据付位置，高さを十分に確認して据付ける。 クレーンには均等な荷重をかけ据付ける。
③	埋戻し工	高まきを避け十分に締め固める。 左右均等に埋戻し，締固めを行う。 転圧の際に管渠に損傷を与えない。

上記のうち，いずれか 2 つの工種を選んで記述する。

問題

土木工事の施工計画作成時に留意すべき事項について，次の文章の［　　］の(イ)～(ホ)に当てはまる**適切な語句**を解答欄に記述しなさい。

(1) 施工計画は，施工条件などを十分に把握したうえで，［(イ)］，資機材，労務などの一般的事項のほか，工事の難易度を評価する項目を考慮し，工事の［(ロ)］施工が確保されるように総合的な視点で作成すること。

(2) 関係機関などとの協議・調整が必要となるような工事では，その協議・調整内容をよく把握し，特に都市内工事にあっては，［(ハ)］災害防止上の［(ロ)］確保に十分留意すること。

(3) 現場における組織編成及び［(ニ)］，指揮命令系統が明確なものであること。

(4) 作業員については，必要人員を確保するとともに，技術・技能のある人員を確保すること。やむを得ず不足が生じる時は，施工計画，［(イ)］，施工体制，施工機械などについて，対応策を検討すること。

(5) 工事による作業場所及びその周辺への振動，騒音，水質汚濁，粉じんなどを考慮した［(ホ)］対策を講じること。

■施工計画作成に関する問題

施工計画作成に関しては，各機関による**「土木工事安全施工技術指針」**（国土交通省）等に示されている。

解答例

(1) 施工計画は，施工条件などを十分に把握したうえで，**(イ) 工程**，資機材，労務などの一般的事項のほか，工事の難易度を評価する項目を考慮し，工事の **(ロ) 安全** 施工が確保されるように総合的な視点で作成すること。

(2) 関係機関などとの協議・調整が必要となるような工事では，その協議・調整内容をよく把握し，特に都市内工事にあっては，**(ハ) 第三者** 災害防止上の **(ロ) 安全** 確保に十分留意すること。

(3) 現場における組織編成及び **(ニ) 業務分担**，指揮命令系統が明確なものであること。

(4) 作業員については，必要人員を確保するとともに，技術・技能のある人員を確保すること。やむを得ず不足が生じる時は，施工計画，**(イ) 工程**，施工体制，施工機械などについて，対応策を検討すること。

(5) 工事による作業場所及びその周辺への振動，騒音，水質汚濁，粉じんなどを考慮した **(ホ) 環境** 対策を講じること。

(イ)	(ロ)	(ハ)	(ニ)	(ホ)
工程	安全	第三者	業務分担	環境

※解答は，意味が同じならば正解としてよい。

(イ) 工法，(ハ) 公衆，(ニ) 施工分担，(ホ) 環境保全

Lesson 6　建設副産物・施工計画等

問題

建設工事にともなう**騒音又は振動防止のための具体的対策について5つ**解答欄に記述しなさい。

ただし，騒音と振動防止対策において同一内容は不可とする。

また，解答欄の（例）と同一内容は不可とする。

解説

■建設工事現場における騒音又は振動防止対策に関する問題

建設工事現場における騒音又は振動防止対策については，**「建設工事に伴う騒音振動対策技術指針」**（国土交通省）において示されている。

解答例

騒音又は振動防止のための具体的対策

- 低騒音型建設機械を使用する。
- できる限り衝撃力による施工を避け，無理な負荷をかけないようにする。
- 不必要な高速運転やむだな空ぶかしを避けて，丁寧に運転する。
- 建設機械等は，整備不良による騒音，振動が発生しないように点検，整備を十分に行う。
- 作業待ち時には，建設機械等のエンジンをできる限り止める。
- 作業時間帯の設定等について十分留意する。
- 必要に応じ防音シート，防音パネル等の設置をする。

上記のうち，5つを選んで記述する。

問題

特定建設資材廃棄物の再資源化等の促進のための具体的な方策等に関する次の文章の［　　］の(イ)～(ホ)に当てはまる**適切な語句**を解答欄に記述しなさい。

(1) コンクリート塊については，破砕，［(イ)］，混合物除去，粒度調整等を行うことにより，再生［(ロ)］，再生コンクリート砂等として，道路，港湾，空港，駐車場及び建築物等の敷地内の舗装の［(ハ)］，建築物等の埋め戻し材又は基礎材，コンクリート用骨材等に利用することを促進する。

(2) ［(ニ)］については，チップ化し，木質ボード，堆肥等の原材料として利用することを促進する。これらの利用が技術的な困難性，環境への負荷の程度等の観点から適切でない場合には燃料として利用することを促進する。

(3) アスファルト·コンクリート塊については，破砕，［(イ)］，混合物除去，粒度調整等を行うことにより，［(ホ)］アスファルト安定処理混合物及び表層基層用［(ホ)］アスファルト混合物として，道路等の舗装の上層［(ハ)］，基層用材料又は表層用材料に利用することを促進する。

■建設副産物適正処理に関する問題

「特定建設資材に係る分別解体等及び特定建設資材廃棄物の再資源化等の促進等に関する基本方針」（建設工事に係る資材の再資源化等に関する法律第３条）により定められている。

解答例

(1) コンクリート塊については，破砕，**(イ) 選別**，混合物除去，粒度調整等を行うことにより，再生 **(ロ) クラッシャーラン**，再生コンクリート砂等として，道路，港湾，空港，駐車場及び建築物等の敷地内の舗装の **(ハ) 路盤材**，建築物等の埋め戻し材又は基礎材，コンクリート用骨材等に利用することを促進する。

(2) **(ニ) 建設発生木材** については，チップ化し，木質ボード，堆肥等の原材料として利用することを促進する。これらの利用が技術的な困難性，環境への負荷の程度等の観点から適切でない場合には燃料として利用することを促進する。

(3) アスファルト・コンクリート塊については，破砕，**(イ) 選別**，混合物除去，粒度調整等を行うことにより，**(ホ) 再生加熱** アスファルト安定処理混合物及び表層基層用 **(ホ) 再生加熱** アスファルト混合物として，道路等の舗装の上層 **(ハ) 路盤材**，基層用材料又は表層用材料に利用することを促進する。

(イ)	(ロ)	(ハ)	(ニ)	(ホ)
選別	クラッシャーラン	路盤材	建設発生木材	再生加熱

Lesson 6　建設副産物・施工計画等

問題

公共土木工事の施工計画書を作成するにあたり，次の 4 つの項目の中から **2 つを選び，施工計画書に記載すべき内容について**，解答欄の（例）を参考にして，それぞれの解答欄に記述しなさい。

ただし，解答欄の（例）と同一内容は不可とする。

・現場組織表
・主要資材
・施工方法
・安全管理

解説

■施工計画書作成に関する問題

施工計画書に記載すべき内容については，「土木工事共通仕様書」第 1 編 1-1-1-4　施工計画書，「土木工事施工管理の手引」第 2 編　施工管理編において定められている。

解答例

項　目	記載すべき内容
現場組織表	施工体系図，業務分担，監理（主任）技術者，専門技術者
主要資材	工事に使用する指定材料，主要資材について品質証明方法及び材料確認時期，資材搬入時期
施工方法	「主要な工種」毎の作業フロー，施工時期，作業時間，交通規制，関係機関との調整事項，仮設備の構造，配置計画，使用機械
安全管理	安全管理組織，第三者施設安全管理対策，工事安全教育，訓練等の活動計画，異常気象時の防災対策，安全巡視の実施方法

上記のうち，いずれか 2 つの項目について記述する。

問題

建設副産物適正処理推進要綱に定められている関係者の責務と役割等に関する次の文章の［　　］の(イ)～(ホ)に当てはまる**適切な語句**を解答欄に記述しなさい。

(1) 発注者は，建設工事の発注に当たっては，建設副産物対策の［(イ)］を明示するとともに，分別解体等及び建設廃棄物の再資源化等に必要な［(ロ)］を計上しなければならない。

(2) 元請業者は，分別解体等を適正に実施するとともに，［(ハ)］事業者として建設廃棄物の再資源化等及び処理を適正に実施するよう努めなければならない。

(3) 元請業者は，工事請負契約に基づき，建設副産物の発生の［(ニ)］，再資源化等の促進及び適正処理が計画的かつ効率的に行われるよう適切な施工計画を作成しなければならない。

(4) ［(ホ)］は，建設副産物対策に自ら積極的に取り組むよう努めるとともに，元請業者の指示及び指導等に従わなければならない。

■**建設副産物適正処理に関する問題**

建設副産物適正処理における関係者の責務と役割等に関しては，**「建設副産物適正処理推進要綱」**に定められている。

解答例

(1) 発注者は，建設工事の発注に当たっては，建設副産物対策の **(イ) 条件** を明示するとともに，分別解体等及び建設廃棄物の再資源化等に必要な **(ロ) 経費** を計上しなければならない。（建設副産物適正処理推進要綱第 12（1））

(2) 元請業者は，分別解体等を適正に実施するとともに，**(ハ) 排出** 事業者として建設廃棄物の再資源化等及び処理を適正に実施するよう努めなければならない。（建設副産物適正処理推進要綱第 6（2））

(3) 元請業者は，工事請負契約に基づき，建設副産物の発生の **(ニ) 抑制**，再資源化等の促進及び適正処理が計画的かつ効率的に行われるよう適切な施工計画を作成しなければならない。（建設副産物適正処理推進要綱第 13（3））

(4) **(ホ) 下請負人** は，建設副産物対策に自ら積極的に取り組むよう努めるとともに，元請業者の指示及び指導等に従わなければならない。
（建設副産物適正処理推進要綱第 7）

(イ)	(ロ)	(ハ)	(ニ)	(ホ)
条件	経費	排出	抑制	下請負人

※解答は意味が同じなら正解としてもよい。
(イ) 基本方針　(ロ) 費用　(ホ) 協力業者

Lesson 6 建設副産物・施工計画等

問題 下図のようなプレキャストボックスカルバートを施工する場合の施工手順が次の表に示されているが，施工手順①～③のうちから **2 つ選び，それぞれの番号，該当する工種名及び施工上の具体的な留意事項**（主要機械の操作及び安全管理に関するものは除く）を解答欄に記述しなさい。

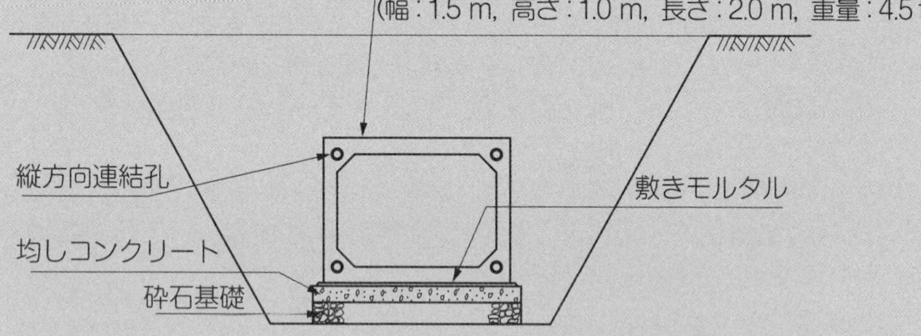

※連結方法　PC 鋼材による縦方向連結型

施工手順番号	工種名	施工上の具体的な留意事項（主要機械の操作及び安全管理に関するものは除く）
	準備工（丁張）	○丁張は，施工図面に従って位値・高さを正確に設置する。
①	［　　　］（バックホゥ）	［　　　］
	砕石基礎工	○基礎工は，地下水に留意しドライワークで施工する。
	均しコンクリート工	○均しコンクリートの施工にあたって沈下，滑動などが生じないようにする。
	敷きモルタル工	○ボックスカルバートの底面と砕石基礎が確実に面で密着するように，敷きモルタルを施工する。
②	［　　　］（トラッククレーン）（ジャッキ）	［　　　］
③	［　　　］（タンパ）	［　　　］
	後片づけ工	

■プレキャストボックスカルバートを設置する場合の施工手順に関する問題

一般のプレキャスト構造物設置の手順に従って施工する。

準備工（丁張）→ 床掘工 → 砕石基礎工 → 均しコンクリート工 → 敷きモルタル工 → プレキャストボックスカルバート設置 → 埋戻し工 → 後片付け工

プレキャストボックスカルバートの一例

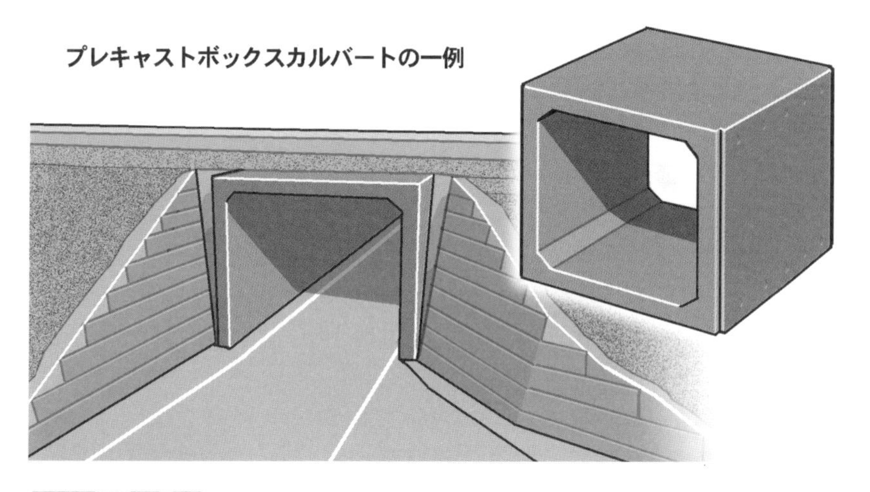

解答例

施工手順	工種名	施工上の具体的な留意事項
①	床掘工	床付け面は丁寧に掘削する。 支持地盤を深掘りしたり，乱したりしない。
②	プレキャスト ボックスカルバート設置	仮緊張を行った後，本緊張を行う。 PC 鋼材には所定の引張力で緊張する。
③	埋戻し工	高まきを避け，十分に締固める。 左右均等に埋戻し，締固めを行う。 転圧の際にカルバートに損傷を与えない。

上記のうち，2 つの工種を選んで記述する。

※解答は意味が同じならば，正解としてよい。

②据付工　布（敷）設工　③裏込め工

問題

施工計画の立案に際して留意すべき事項について，次の文章の［　　］の(イ)～(ホ) に当てはまる**適切な語句**を解答欄に記述しなさい。

(1) 施工計画は，設計図書及び［(イ)］の結果に基づいて検討し，施工方法，工程，安全対策，環境対策など必要な事項について立案する。

(2) 関係機関などとの協議・調整が必要となる工事では，その協議・調整内容をよく把握し，特に都市内工事にあたっては，［(ロ)］災害防止上の安全確保に十分留意する。

(3) 現場における組織編成及び［(ハ)］，指揮命令系統が明確であること。

(4) 環境保全計画の対象としては，建設工事における騒音，［(ニ)］，掘削による地盤沈下や地下水の変動，土砂運搬時の飛散，建設副産物の処理などがある。

(5) 仮設工の計画では，その仮設物の形式や［(ホ)］計画が重要なので，安全でかつ能率のよい施工ができるよう各仮設物の形式，［(ホ)］及び残置期間などに留意する。

■施工計画の立案に関する問題

施工計画の立案に関する主な留意点は下記のとおりである。

(1) 施工計画は，請負契約書，仕様書等の設計図書等について検討し，契約条件及び現場条件の事前調査結果により立案する。

(2) 土木工事の施工にあたっては，第三者に対する公衆災害を防止するために安全施工の確保に留意する。

(3) 現場における組織編成，施工分担関係，指揮命令系統を明確にする。

(4) 建設工事における騒音，振動対策をはじめとする環境保全計画は重要である。

(5) 仮設工の計画では，その仮設物の形式や設置計画が重要である。

解答例

(1) 施工計画は，設計図書及び **(イ) 事前調査** の結果に基づいて検討し，施工方法，工程，安全対策，環境対策など必要な事項について立案する。

(2) 関係機関などとの協議・調整が必要となる工事では，その協議・調整内容をよく把握し，特に都市内工事にあたっては，**(ロ) 第三者** 災害防止上の安全確保に十分留意する。

(3) 現場における組織編成及び **(ハ) 業務分担**，指揮命令系統が明確であること。

(4) 環境保全計画の対象としては，建設工事における騒音，**(ニ) 振動**，掘削による地盤沈下や地下水の変動，土砂運搬時の飛散，建設副産物の処理などがある。

(5) 仮設工の計画では，その仮設物の形式や **(ホ) 配置** 計画が重要なので，安全でかつ能率のよい施工ができるよう各仮設物の形式，**(ホ) 配置** 及び残置期間などに留意する。

(イ)	(ロ)	(ハ)	(ニ)	(ホ)
事前調査	第三者	業務分担	振動	配置

※解答は意味が同じなら正解としてもよい。

(イ) 契約条件，現場条件の事前調査　(ロ) 公衆 (ハ) 施工分担　(ホ) 設置

記述問題

年度

Lesson 6　建設副産物・施工計画等

問題

建設廃棄物の再生利用等による適正処理のために「分別･保管」を行う場合，廃棄物の処理及び清掃に関する法律の定めにより，**排出事業者が作業所（現場）内において実施すべき具体的な対策について５つ**解答欄に記述しなさい。

解説

■廃棄物処理に関する問題

建設廃棄物の再生利用等による適正処理のために「分別･保管」を行う場合，排出事業者が作業所（現場）内において実施すべき具体的な対策は，「廃棄物の処理及び清掃に関する法律施行規則　第８条」及び「建設廃棄物処理指針」（環境省）に定められている。

解答例

排出事業者が作業所（現場）内において実施すべき具体的な対策
「廃棄物の処理及び清掃に関する法律施行規則　第８条」

①保管場所は，周囲に囲いが設けられていること。
②見やすい箇所に，必要な要件の掲示板が設けられていること。
③保管場所から廃棄物が飛散，流出，地下に浸透及び悪臭が発散しない設備とすること。

④廃棄物の保管により汚水が生じるおそれがあるときは，排水溝を設け，底面を不浸透性の材料で覆うこと。
⑤屋外において容器を用いずに保管する場合は，定められた積み上げ高さを超えないようにすること。
⑥廃棄物の負荷がかかる場合は，構造耐力上安全であること。
⑦保管場所には，ねずみが生息し，及び蚊，はえその他の害虫が発生しないようにすること。
⑧特別管理産業廃棄物に他のものが混合しないように仕切りを設ける。
⑨石綿含有産業廃棄物に他のものが混合しないように仕切りを設ける。

「建設廃棄物処理指針　6.1 分別　6.2 作業所（現場）内保管」
①排出事業者は，あらかじめ，分別計画を作成するとともに，下請負人や処理業者に対し分別方法の周知徹底を図ること。
②処理施設の受入条件を十分検討し，条件に応じた分別計画を立てること。
③廃棄物集積場や分別容器に廃棄物の種類を表示し，現場の作業員が間違わずに分別できるようにすること。
④分別品目ごとに容器（小型ボックス，コンテナー等）を設け，分別表示板を取り付けること。
⑤可燃物の保管には消火設備を設けるなど火災時の対策を講ずること。
⑥作業員等の関係者に保管方法等を周知徹底すること。
⑦廃泥水等液状又は流動性を呈するものは，貯留槽で保管する。また，必要に応じ，流出事故を防止するための堤防等を設けること。
⑧がれき類は崩壊，流出等の防止措置を講ずるとともに，必要に応じ散水を行うなど粉塵防止措置を講ずること。

上記のうち，5 つを選んで記述する。

Lesson 6　建設副産物・施工計画等

問題

建設工事に伴い発生する建設副産物の適正な処理に関し「建設副産物適正処理推進要綱」に定められている次の文章の［　　　］の（イ）～（ホ）に当てはまる**適切な語句**を解答欄に記述しなさい。

(1) 元請業者は，分別解体等の計画に従い，残存物品の搬出の確認を行うとともに，［（イ）］に係る分別解体等の適正な実施を確保するために，付着物の除去その他の措置を講じること。

(2) 元請業者及び［（ロ）］は，解体工事及び新築工事等において，［（ハ）］促進計画，廃棄物処理計画等に基づき，以下の事項に留意し，工事現場等において分別を行わなければならない。

1）工事の施工に当たり，粉じんの飛散等により周辺環境に影響を及ぼさないよう適切な措置を講じること。

2）一般廃棄物は，産業廃棄物と分別すること。

3）［（イ）］廃棄物は確実に分別すること。

(3) 元請業者は，建設廃棄物の現場内保管にあたっては，周辺の生活環境に影響を及ぼさないよう「廃棄物の処理及び清掃に関する法律」に規定する保管基準に従うとともに，分別した廃棄物の［（ニ）］ごとに保管しなければならない。

(4) 元請業者は，建設廃棄物の排出にあたっては，［（ホ）］を交付し，最終処分（再生を含む）が完了したことを確認すること。

■建設工事に伴い発生する建設副産物の適正な処理に関する問題

建設工事に伴い発生する建設副産物の適正な処理に関しては，「建設副産物適正処理推進要綱」に定められている。

解答例

(1) 元請業者は，分別解体等の計画に従い，残存物品の搬出の確認を行うとともに，**(イ) 特定建設資材**に係る分別解体等の適正な実施を確保するために，付着物の除去その他の措置を講じること。

(2) 元請業者及び **(ロ) 下請負人** は，解体工事及び新築工事等において，**(ハ) 再生資源利用** 促進計画，廃棄物処理計画等に基づき，以下の事項に留意し，工事現場等において分別を行わなければならない。

1) 工事の施工に当たり，粉じんの飛散等により周辺環境に影響を及ぼさないよう適切な措置を講じること。

2) 一般廃棄物は，産業廃棄物と分別すること。

3) **(イ) 特定建設資材** 廃棄物は確実に分別すること。

(3) 元請業者は，建設廃棄物の現場内保管にあたっては，周辺の生活環境に影響を及ぼさないよう「廃棄物の処理及び清掃に関する法律」に規定する保管基準に従うとともに，分別した廃棄物の **(ニ) 種類** ごとに保管しなければならない。

(4) 元請業者は，建設廃棄物の排出にあたっては，**(ホ) 産業廃棄物管理票** を交付し，最終処分（再生を含む）が完了したことを確認すること。

(イ)	(ロ)	(ハ)	(ニ)	(ホ)
特定建設資材	下請負人	再生資源利用	種類	産業廃棄物管理票

＊(ホ) **マニフェスト**でもよい。

記述問題

Lesson 6　建設副産物・施工計画等

問題

公共土木工事の施工計画書を作成するにあたり，下記の 4 つの項目の中から 2 つを選び，**記載すべき内容**について，解答欄の（例）を参考にして，それぞれ解答欄に記述しなさい。

・現場組織表
・主要船舶・機械
・施工方法
・環境対策

解説

■施工計画書作成に関する問題

解答例

施工計画書記載項目	記載すべき内容
現場組織表	施工体系図，業務分担，監理（主任）技術者，専門技術者
主要船舶・機械	設計図書で指定されている機械（騒音振動，排ガス規制，標準操作等）以外の主要な機械，規格，性能，数量
施工方法	「主要な工種」毎の作業フロー，施工時期，作業時間，交通規制，関係機関との調整事項，仮設備の構造，配置計画
環境対策	騒音，振動対策，水質汚濁，ゴミ，ほこりの処理，事業損失防止対策（家屋調査，地下水観測等），産業廃棄物の対応

上記項目から，それぞれ 2 つ選んで記述する。

問　題

下図のような断面の条件において管きょを布設する場合の施工手順が次の表に示されているが，工種名，主な作業内容及び品質管理又は出来形管理の確認項目の欄における［　　　］の（イ)～(ホ）に当てはまる**適切な語句**を解答欄に記入しなさい。

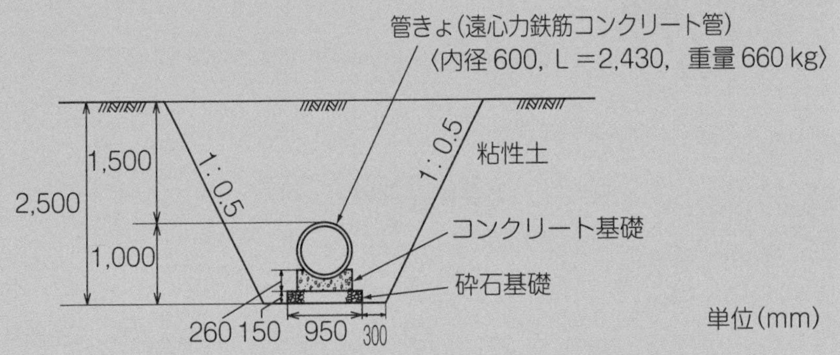

管きょ布設の施工手順

工種名	主な作業内容	品質管理又は出来形管理の確認項目
準備工	丁張り	
床掘工	(ロ)	幅，深さ
砕石基礎工	砕石敷均し 砕石締固め	
管布設工	管布設	(ニ)
型枠工（設置）		
コンクリート基礎工	コンクリート打ち込み	(ホ)
(イ)		
型枠工（撤去）		
埋戻し工	(ハ) 締固め	
残土処理		

■管渠を布設する場合の施工手順に関する問題

一般の管渠布設の手順に従って施工する。

準備工 → 掘削工 → 基礎工 → 型枠設置 → コンクリート工 → 養生 → 型枠撤去 → 埋戻し → 残土処理 → 後片付け

管渠布設の管理としては，勾配，延長，中心線変位が重点となる。

基礎工の管理としては，基準高，厚さ，幅が重点となる。

解答例

工種名	主な作業内容	品質管理又は出来形管理の確認項目
準備工	丁張り	
↓		
床掘工	（ロ）掘削・床均し	幅，深さ
↓		
砕石基礎工	砕石敷均し 砕石締固め	
↓		
管布設工	管布設	（ニ）勾配，延長，中心線変位
↓		
型枠工（設置）		
↓		
コンクリート基礎工	コンクリート打ち込み	（ホ）基準高，厚さ，幅
↓		
（イ）コンクリート養生		
↓		
型枠工（撤去）		
↓		
埋戻し工	（ハ）埋戻し・敷均し	
↓	締固め	
残土処理		

（イ）	コンクリート養生
（ロ）	掘削・床均し
（ハ）	埋戻し・敷均し
（ニ）	勾配，延長，中心線変位
（ホ）	基準高，厚さ，幅

Lesson 6　建設副産物・施工計画等

問題

建設工事等から生ずる廃棄物の適正処理のために「廃棄物の処理及び清掃に関する法律」に従って**建設廃棄物の下記の（1），（2）の措置について，元請業者が行うべき具体的事項をそれぞれ１つずつ**解答欄に記述しなさい。

ただし，特別管理産業廃棄物は対象としない。

（1）一時的な現場内保管

（2）収集運搬

解説

■建設廃棄物の適正処理に関する問題

建設廃棄物の適正処理に関しては，主に「廃棄物の処理及び清掃に関する法律」に定められている。（1）現場内保管に関しては主に「同法律施行規則第８条産業廃棄物保管基準」，（2）収集運搬に関しては主に「同法律第12条事業者の処理」に定められている。

解答例

	元請業者が行うべき具体的事項
（1）一時的な現場内保管	・保管場所の周囲には，囲いを設ける。 ・見やすい箇所に，必要な要件の掲示板を設ける。 ・保管場所から廃棄物が飛散，流出，地下に浸透及び悪臭が発散しない設備とする。 ・保管場所にはねずみが生息し，及び蚊，はえその他の害虫が発生しないようにする。
（2）収集運搬	・収集，運搬を委託する場合は，省令で定められた収集運搬業者に委託し，マニフェストの交付を行う。 ・収集，運搬に伴う悪臭，騒音又は振動によって生活環境に影響を与えないようにする。 ・収集，運搬によって廃棄物が飛散，流出しないような処置を講じる。 ・運搬車両には車両の表示及び許可証の写しを備える。

上記のうち，それぞれ１つ選んで記述する。

穴埋め問題

Lesson 6　建設副産物・施工計画等

設問 1

特定建設資材廃棄物の再資源化等の促進のための具体的な方策等に関する次の文章の［　　］に当てはまる**適切な語句**を解答欄に記入しなさい。

(1) コンクリート塊

コンクリート塊については，［(イ)］，選別，混合物除去，粒度調整等を行うことにより，再生［(ロ)］，再生コンクリート砂等として，道路，港湾，空港，駐車場及び建築物等の敷地内の舗装の［(ハ)］，建築物等の埋め戻し材又は基礎材，コンクリート用骨材等に利用することを促進する。

(2) 建設発生木材

建設発生木材については，分別したのち［(ニ)］し，木質ボード，堆肥等の原材料として利用することを促進する。これらの利用が技術的な困難性，環境への負荷の程度等の観点から適切でない場合には燃料として利用することを促進する。

(3) アスファルト・コンクリート塊

アスファルト・コンクリート塊については，［(イ)］，選別，混合物除去，粒度調整等を行うことにより，［(ホ)］アスファルト安定処理混合物及び表層基層用［(ホ)］アスファルト混合物として，道路等の舗装の上層［(ハ)］，基層用材料又は表層用材料に利用することを促進する。

■**建設副産物適正処理に関する問題**

「特定建設資材に係る分別解体等及び特定建設資材廃棄物の再資源化等の促進等に関する基本方針」（建設工事に係る資材の再資源化等に関する法律第3条）により定められている。

解答例

(1) コンクリート塊

コンクリート塊については，**(イ) 破砕**，選別，混合物除去，粒度調整等を行うことにより，再生**(ロ) クラッシャーラン**，再生コンクリート砂等として，道路，港湾，空港，駐車場及び建築物等の敷地内の舗装の**(ハ) 路盤材**，建築物等の埋め戻し材又は基礎材，コンクリート用骨材等に利用することを促進する。

(2) 建設発生木材

建設発生木材については，分別したのち**(ニ) チップ化**し，木質ボード，堆肥等の原材料として利用することを促進する。これらの利用が技術的な困難性，環境への負荷の程度等の観点から適切でない場合には燃料として利用することを促進する。

(3) アスファルト・コンクリート塊

アスファルト・コンクリート塊については，**(イ) 破砕**，選別，混合物除去，粒度調整等を行うことにより，**(ホ) 再生加熱**アスファルト安定処理混合物及び表層基層用**(ホ) 再生加熱**アスファルト混合物として，道路等の舗装の上層**(ハ) 路盤材**，基層用材料又は表層用材料に利用することを促進する。

(イ)	(ロ)	(ハ)	(ニ)	(ホ)
破砕	クラッシャーラン	路盤材	チップ化	再生加熱

Lesson 6　建設副産物・施工計画等

設問 2

下図のようなプレキャストL型擁壁を設置し路床面まで施工する場合，**施工手順①～③のうちから 2 つ選び，それぞれの該当する工種名とその工種で使用する主な建設機械名及び工種で実施する品質管理又は出来形管理の確認項目**を解答欄に記入しなさい。

ただし，排水工は考慮しないものとする。

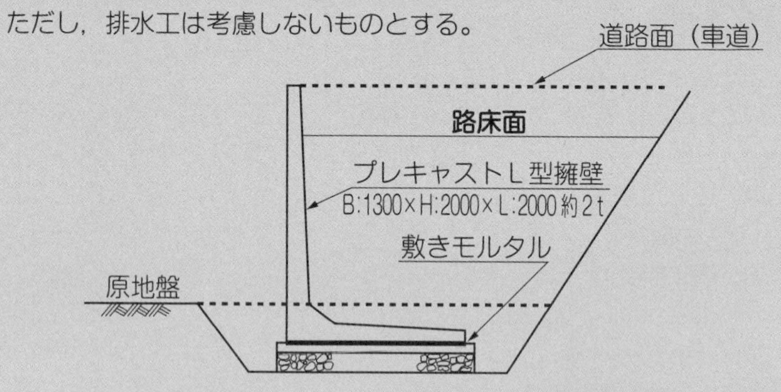

施工手順	工種名	主な建設機械名	品質管理又は出来形管理の確認項目
	準備工（丁張りなど）↓		
①	[　　　　]	[　　　]	[　　　　]
	↓ 基礎砕石工 ↓ 均しコンクリート工（型枠設置，コンクリート打込み，養生，型枠脱型）↓ 敷きモルタル工 ↓		
②	[　　　　]	[　　　]	[　　　　]
	↓ 埋戻し工 ↓		
③	[　　　　]	[　　　]	[　　　　]
	↓ 路床工 ↓ 後片付け工		

■プレキャストＬ型擁壁を設置する場合の施工手順に関する問題

一般のプレキャスト構造物設置の手順に従って施工する。

準備工 → 床掘工 → 基礎砕石工 → 均しコンクリート工 → コンクリート工（型枠設置，コンクリート打込み，養生，型枠脱型） → 敷モルタル → プレキャストＬ型擁壁設置 → 埋戻し工 → 路床面転圧工 → 路床工 → 後片付け工

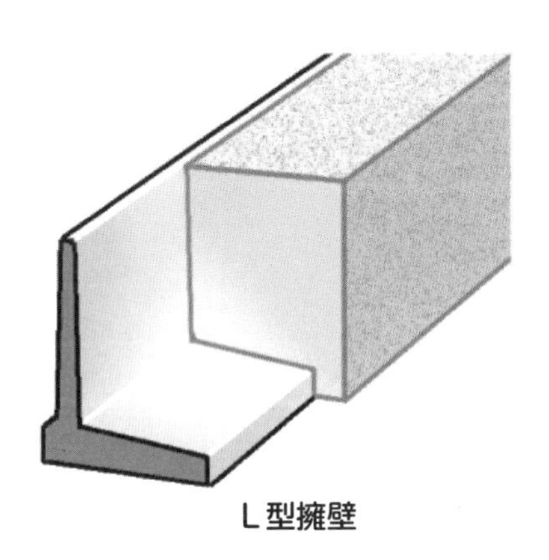

Ｌ型擁壁

解答例

手順	工種名	主な建設機械名	品質管理又は出来形管理の確認項目
①	床掘工	バックホウ	・地盤反力 ・法長，高さ，幅，延長
②	プレキャスト Ｌ型擁壁設置	移動式クレーン， トラッククレーン	・基準高，延長，線形
③	路床面転圧工	タンパ， 振動コンパクタ	・締固め度 ・まき出し厚，施工含水比

※建設機械名及び品質管理又は出来形管理の確認項目は，それぞれいずれか１つでよい。

図解でよくわかるシリーズ ホームページ

豊富な図解や写真，親しみある挿絵と解説の「図解でよくわかるシリーズ」の「ホームページ」には，「新刊本のお知らせ」，「本の内容を見る」，「正誤情報」，「各種書籍の購入」等ができます。ぜひご覧ください。

https：//www.henshupro.com

本書の内容についてお気づきの点は

「Lesson 1 経験記述」及び巻末付録**「令和 4 年度　第 2 次検定問題　解説と解答試案」を除く，本書に記載された記述**に限らせていただきます。**質問指導・受検指導**は行っておりません。

必ず**「1 級土木施工管理技術検定　第 2 次検定　2023 年版　○○ページ」と明記の上，郵便又は FAX**（03-5800-5725）でお送りください。

お問い合わせは，**2024 年 1 月 31 日で締切**といたします。締切以降のお問合せには，対応できませんのでご了承ください。

回答までには 2～3 週間程度かかる場合があります。

電話による直接の対応は一切行っておりません。あらかじめご了承ください。

令和4年度　1級土木施工管理技術検定

第2次検定試験問題

（令和4年10月2日実施）

※問題1～問題3は必須問題です。必ず解答してください。

問題1で

① 設問1の解答が無記載又は記入漏れがある場合，

② 設問2の解答が無記載又は設問で求められている内容以外の記述の場合，

どちらの場合にも問題2以降は採点の対象となりません。

必須問題

【問題　1】　あなたが経験した土木工事の現場において，その現場状況から特に留意した安全管理に関して，次の〔設問1〕，〔設問2〕に答えなさい。

〔注意〕 あなたが経験した工事でないことが判明した場合は失格となります。

〔設問1〕　あなたが**経験した土木工事**に関し，次の事項について解答欄に明確に記述しなさい。

〔注意〕「経験した土木工事」は，あなたが工事請負者の技術者の場合は，あなたの所属会社が受注した工事内容について記述してください。従って，あなたの所属会社が二次下請業者の場合は，発注者名は一次下請業者名となります。

なお，あなたの所属が発注機関の場合の発注者名は，所属機関名となります。

⑴ **工　事　名**

⑵ **工事の内容**

① **発注者名**

② **工事場所**

③ **工　　期**

④ **主な工種**

⑤ **施工量**（せこうりょう）

⑶ **工事現場における施工管理上のあなたの立場**

〔設問2〕　上記工事の**現場状況から特に留意した安全管理**に関し，次の事項について解答欄に具体的に記述しなさい。

ただし，交通誘導員の配置のみに関する記述は除く。

⑴ **具体的な現場状況**と特に留意した**技術的課題**

⑵ 技術的課題を解決するために**検討した項目と検討理由及び検討内容**

⑶ 上記検討の結果，**現場で実施した対応処置とその評価**

必須問題

【問題　2】

地下埋設物・架空線等に近接した作業に当たって，施工段階（せこうだんかい）で実施する具体的な対策について，次の文章の ☐ の（イ）～（ホ）に当てはまる**適切な語句**を解答欄に記述しなさい。

(1)　掘削影響範囲に埋設物があることが分かった場合，その［（イ）］及び関係機関と協議し，関係法令等に従い，防護方法，立会の必要性及び保安上の必要な措置等を決定すること。

(2)　掘削断面内に移設できない地下埋設物がある場合は，［（ロ）］段階から本体工事の埋戻し，復旧の段階までの間，適切に埋設物を防護し，維持管理すること。

(3)　工事現場における架空線等上空施設について，建設機械等のブーム，ダンプトラックのダンプアップ等により，接触や切断の可能性があると考えられる場合は次の保安措置を行うこと。

① 架空線等上空施設への防護カバーの設置

② 工事現場の出入り口等における［（ハ）］装置の設置

③ 架空線等上空施設の位置を明示する看板等の設置

④ 建設機械のブーム等の旋回・［（ニ）］区域等の設定

(4)　架空線等上空施設に近接した工事の施工に当たっては，架空線等と機械，工具，材料等について安全な［（ホ）］を確保すること。

必須問題

【問題　3】

盛土の品質管理における，**下記の試験・測定方法名①～⑤から 2 つ選び，その番号，試験・測定方法の内容及び結果の利用方法をそれぞれ**解答欄へ記述しなさい。

ただし，解答欄の（例）と同一内容は不可とする。

①　砂置換法

②　RI 法

③　現場 CBR 試験

④　ポータブルコーン貫入試験

⑤　プルーフローリング試験

問題４～問題 11 までは選択問題（1），（2）です。

※問題４～問題７までの選択問題（1）の４問題のうちから２問題を選択し解答してください。なお，選択した問題は，解答用紙の選択欄に○印を必ず記入してください。

選択問題（1）

【問題　4】

コンクリートの打継目の施工（せこう）に関する次の文章の［　　］の（イ）～（ホ）に当てはまる**適切な語句**を解答欄に記述しなさい。

⑴　打継目は，できるだけせん断力の［（イ）］位置に設け，打継面を部材の圧縮力の作用方向と直交させるのを原則とする。海洋及び港湾コンクリート構造物等では，外部塩分が打継目を浸透し，［（ロ）］の腐食を促進する可能性があるのでできるだけ設けないのがよい。

⑵　コンクリートを水平に打ち継ぐ場合には，既に打ち込まれたコンクリートの表面のレイタンス，品質の悪いコンクリート，緩んだ骨材粒等を完全に取り除き，コンクリート表面を［（ハ）］にした後，十分に吸水させなければならない。

⑶　既に打ち込まれ硬化したコンクリートの鉛直打継面は，ワイヤブラシで表面を削るか，［（ニ）］等により［（ハ）］にして十分吸水させた後，新しいコンクリートを打ち継がなければならない。

⑷　水密性を要するコンクリート構造物の鉛直打継目には，［（ホ）］を用いることを原則とする。

選択問題（1）

【問題　5】

土の締固めにおける試験及び品質管理に関する次の文章の［　　　］の(イ)～(ホ)に当てはまる**適切な語句**を解答欄に記述しなさい。

⑴　土の締固めで最も重要な特性として，下図に示す締固めの含水比と密度の関係が挙げられ，これは締固め曲線と呼ばれ，ある一定のエネルギーにおいて最も効率よく土を密にすることができる含水比を［（イ）］といい，その時の乾燥密度を最大乾燥密度という。

⑵　締固め曲線は土質によって異なり，一般に礫（れき）や［（ロ）］では，最大乾燥密度が高く曲線が鋭くなり，シルトや［（ハ）］では最大乾燥密度は低く曲線は平坦（へいたん）になる。

⑶　締固め品質の規定は，締め固めた土の性質の恒久性を確保するとともに，盛土に要求する［（ニ）］を確保できるように，設計で設定した盛土の所要力学特性を確保するためのものであり，［（ホ）］や施工部位（せこうぶい）によって最も合理的な品質管理方法を用いる必要がある。

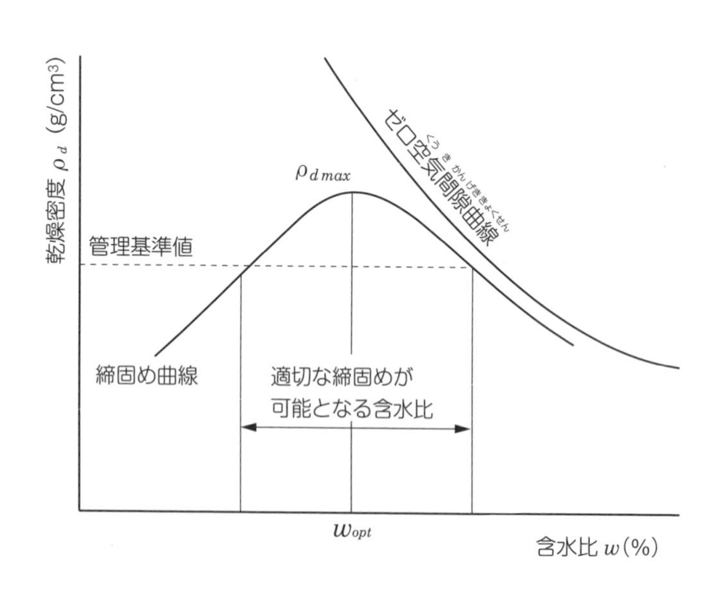

選択問題（1）

【問題　6】

建設工事の現場における墜落等による危険の防止に関する労働安全衛生法令上の定めについて，次の文章の［　　］の(イ)～(ホ)に当てはまる**適切な語句又は数値**を解答欄に記述しなさい。

(1)　事業者は，高さが 2 m 以上の［（イ）］の端や開口部等で，墜落により労働者に危険を及ぼすおそれのある箇所には，囲い，手すり，覆い等を設けなければならない。

(2)　墜落制止用器具は［（ロ）］型を原則とするが，墜落時に［（ロ）］型の墜落制止用器具を着用する者が地面に到達するおそれのある場合（高さが 6.75 m 以下）は胴ベルト型の使用が認められる。

(3)　事業者は，高さ又は深さが［（ハ）］m をこえる箇所で作業を行なうときは，当該作業に従事する労働者が安全に昇降するための設備等を設けなければならない。

(4)　事業者は，作業のため物体が落下することにより労働者に危険を及ぼすおそれのあるときは，［（ニ）］の設備を設け，立入区域を設定する等当該危険を防止するための措置を講じなければならない。

(5)　事業者は，架設通路で墜落の危険のある箇所には，高さ［（ホ）］cm 以上の手すり等と，高さが 35 cm 以上 50 cm 以下の桟等の設備を設けなければならない。

選択問題（1）

【問題　7】

情報化施工（じょうほうかせこう）における TS（トータルステーション）・GNSS（全球測位衛星システム）を用いた盛土の締固め管理に関する次の文章の［　　］の(イ)～(ホ)に当てはまる**適切な語句**を解答欄に記述しなさい。

(1)　施工現場周辺のシステム運用障害の有無，TS・GNSS を用いた盛土の締固め管理システムの精度・機能について確認した結果を［（イ）］に提出する。

(2)　試験施工において，締固め回数が多いと［（ロ）］が懸念（けねん）される土質の場合，［（ロ）］が発生する締固め回数を把握して，本施工での締固め回数の上限値を決定する。

(3)　本施工の盛土に使用する材料の［（ハ）］が，所定の締固め度が得られる［（ハ）］の範囲内であることを確認し，補助データとして施工当日の気象状況（天気・湿度・気温等）も記録する。

(4)　本施工では盛土施工範囲の［（ニ）］にわたって，試験施工で決定した［（ホ）］厚以下となるように［（ホ）］作業を実施し，その結果を確認するものとする。

※問題8～問題11までの選択問題（2）の4問題のうちから2問題を選択し解答してください。
なお，選択した問題は，解答用紙の選択欄に○印を必ず記入してください。

選択問題（2）

【問題　8】

下図のような切梁式（きりばりしき）土留め支保工内の掘削に当たって，下記の項目①～③から２つ選び，その番号，実施方法又は留意点を解答欄に記述しなさい。

ただし，解答欄の（例）と同一内容は不可とする。

① 掘削順序

② 軟弱粘性土地盤の掘削

③ 漏水，出水時の処理

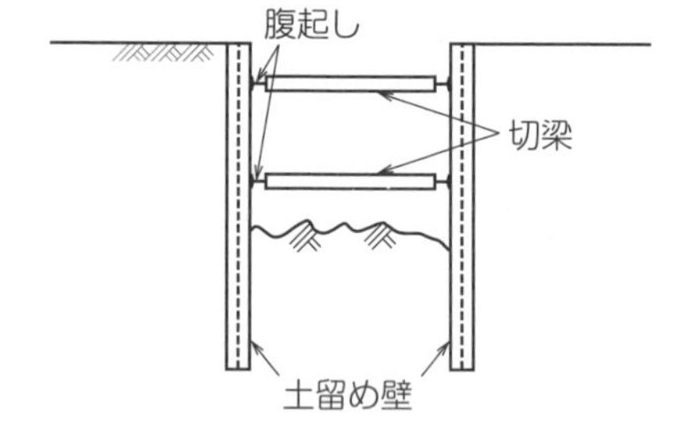

選択問題（2）

【問題　9】

コンクリートに発生したひび割れ等の**下記の状況図①～④から ２ つ選び，その番号，防止対策**を解答欄に記述しなさい。

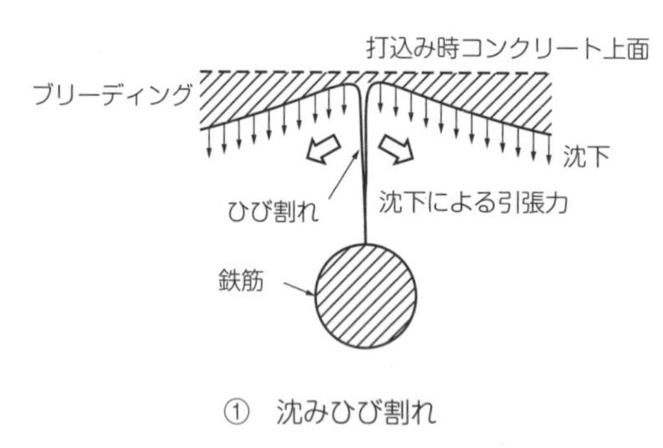

①　沈みひび割れ

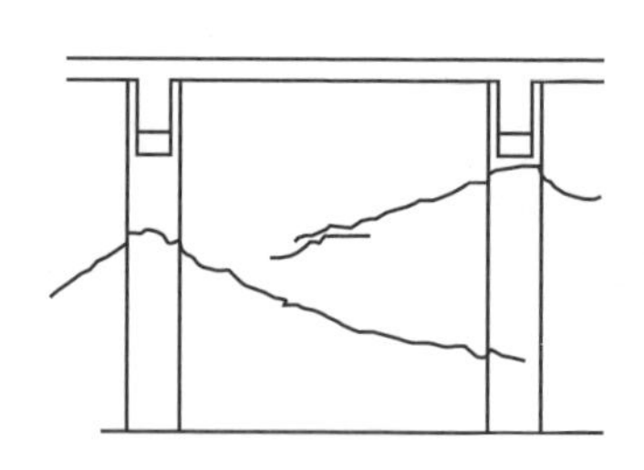

②　コールドジョイント

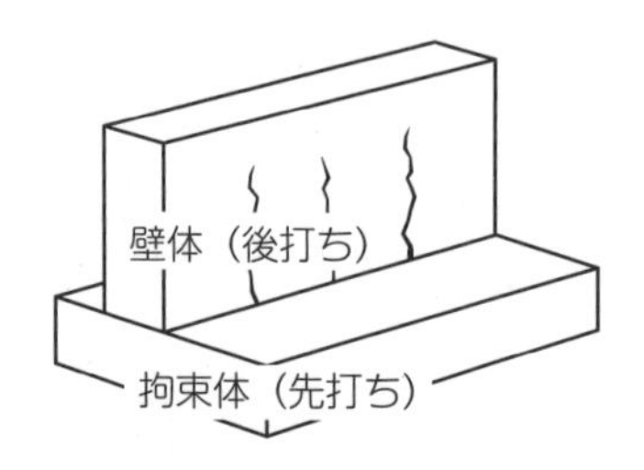

③　水和熱による温度ひび割れ

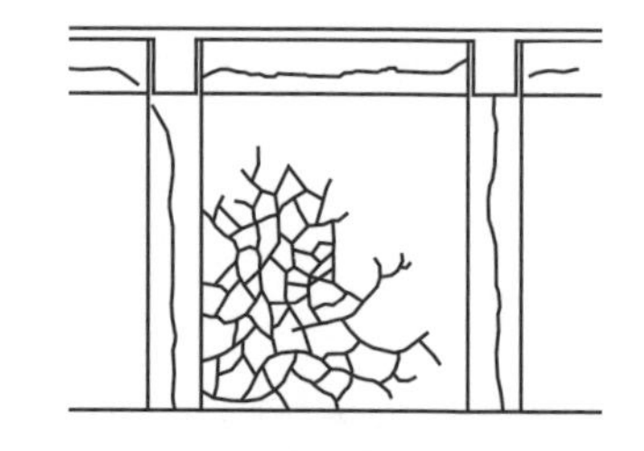

④　アルカリシリカ反応によるひび割れ

選択問題（2）

【問題　10】

建設工事現場で事業者が行なうべき労働災害防止の安全管理に関する次の文章の①～⑥のすべてについて，労働安全衛生法令等で定められている語句又は数値の誤りが文中に含まれている。

①～⑥から 5 つ選び，その番号，「誤っている語句又は数値」及び「正しい語句又は数値」を解答欄に記述しなさい。

① 高所作業車を用いて作業を行うときは，あらかじめ当該高所作業車による作業方法を示した作業計画を定め，関係労働者に周知させ，当該作業の指揮者を届け出て，その者に作業の指揮をさせなければならない。

② 高さが 3 m 以上のコンクリート造の工作物の解体等の作業を行うときは，工作物の倒壊，物体の飛来又は落下等による労働者の危険を防止するため，あらかじめ当該工作物の形状，き裂の有無，周囲の状況等を調査し作業計画を定め，作業を行わなければならない。

③ 土石流危険河川において建設工事の作業を行うときは，作業開始時にあっては当該作業開始前 48 時間における降雨量を，作業開始後にあっては１時間ごとの降雨量を，それぞれ雨量計等により測定し，記録しておかなければならない。

④ 支柱の高さが 3.5 m 以上の型枠支保工を設置するときは，打設しようとするコンクリート構造物の概要，構造や材質及び主要寸法を記載した書面及び図面等を添付して，組立開始 14 日前までに所轄の労働基準監督署長に提出しなければならない。

⑤ 下水道管渠（げすいどうかんきょ）等で酸素欠乏危険作業に労働者を従事させる場合は，当該作業を行う場所の空気中の酸素濃度を 18%以上に保つよう換気しなければならない。しかし爆発等防止のた換気することができない場合等は，労働者に防毒マスクを使用させなければならない。

⑥ 土止め支保工の切りばり及び腹おこしの取付けは，脱落を防止するため，矢板，くい等に確実に取り付けるとともに，火打ちを除く圧縮材の継手は重ね継手としなければならない。

【問題　11】

建設工事において，排出事業者が「廃棄物の処理及び清掃に関する法律」及び「建設廃棄物処理指針」に基づき，建設廃棄物を現場内で保管する場合，周辺の生活環境に影響を及ぼさないようにするための**具体的措置を５つ**解答欄に記述しなさい。

ただし，特別管理産業廃棄物は対象としない。

令和４年度　１級土木施工管理技術検定
第２次検定試験　解説と解答試案

（令和４年10月２日実施）

第２次検定試験については，試験実施機関から解答の公表はありません。この「解説と解答試案」は，本書の執筆者が独自に試験問題を解析した解答試案です。内容についてのお問合せは，一切お受けできませんのでご注意ください。

【問題　1】　施工経験記述問題

〔設問 1〕

・自らの経験記述の問題であるので，解答は省略するが，参考としての記述例を下記に示す。（合格点を保証するものではない。）

〔記述例〕

〔設問　1〕

⑴　工事名

工 事 名	総合治水対策特定河川工事

⑵　工事の内容

①	発注者名	埼玉県〇〇県土整備事務所
②	工事場所	埼玉県〇〇市〇〇地先
③	工　　期	令和〇〇年9月12日～令和〇〇年2月14日
④	主な工種	護岸工
⑤	施 工 量	張りブロック式護岸　法長4.6 m 施工延長 360 m

⑶　工事現場における施工管理上のあなたの立場

立　　場	工事主任

〔設問　2〕

⑴　具体的な現場状況と特に留意した技術的課題

本工事は、二級河川〇〇川の法面を補強するためのコンクリート護岸工事である。

護岸の施工にあたり、河川内へ盛土にて仮締め切りを行ったところ、仮締め切りからの湧水が多く基礎部コンクリートの施工が困難な状態になった。よって、湧水に対し安全に施工することを課題とした。

(2) 技術的課題を解決するために検討した項目と検討理由及び検討内容

湧水に対し、仮締め切りの安定を確保し、安全に施工するために、次のことを検討した。

盛土による仮締め切り内には、φ100 mmの水中ポンプ4台を設置して掘削を行ったが、砂質分が多いことから、湧水により法面に崩壊が生じた。そこで、仮設盛土法面に土木シートを張って遮水することとした。また、土木シートがはがれないように、法尻等を土のうで押さえることとした。掘削工事側の法面については、盛土を補強する目的で、法尻部に土のうを積み、押さえ盛土とすることで安全を確保した。

(3) 上記検討の結果，現場で実施した対応処置とその評価

仮締め切り盛土を安定させるために、以下のことを行った。

土木シートは、河川側の遮水だけではなく、掘削工事側の法面も、雨水の侵食防止で敷設した。法尻の補強は、土のうを6段積み、単管パイプを立てて周囲を固定し、崩れないようにすることで安全に施工することができた。

評価できる事項としては、仮締め切り施工時の湧水に的確に対応することができ、安全に工期内で施工することができたことである。

【問題　2】「施工計画」解説と解答例

〔解　説〕 地下埋設物・架空線等の近接工事に関する問題

地下埋設物・架空線等に近接した作業の具体的な対策は，**「土木工事安全施工技術指針　第3章 地下埋設物・架空線等上空施設一般」(国土交通省)** において示されている。

〔解答例〕

⑴ 掘削影響範囲に埋設物があることが分かった場合，その **(イ) 埋設物の管理者** 及び関係機関と協議し，関係法令等に従い，防護方法，立会の必要性及び保安上の必要な措置等を決定すること。

⑵ 掘削断面内に移設できない地下埋設物がある場合は，**(ロ) 試掘** 段階から本体工事の埋戻し，復旧の段階までの間，適切に埋設物を防護し，維持管理すること。

⑶ 工事現場における架空線等上空施設について，建設機械等のブーム，ダンプトラックのダンプアップ等により，接触や切断の可能性があると考えられる場合は次の保安措置を行うこと。
① 架空線等上空施設への防護カバーの設置
② 工事現場の出入り口等における **(ハ) 高さ制限** 装置の設置
③ 架空線等上空施設の位置を明示する看板等の設置
④ 建設機械のブーム等の旋回・**(ニ) 立入り禁止** 区域等の設定

⑷ 架空線等上空施設に近接した工事の施工に当たっては，架空線等と機械，工具，材料等について安全な **(ホ) 離隔** を確保すること。

(イ)	(ロ)	(ハ)	(ニ)	(ホ)
埋設物の管理者	**試掘**	**高さ制限**	**立入り禁止**	**離隔**

【問題　3】「品質管理」解説と解答例

〔解　説〕 土質調査の方法とその利用方法に関する問題

測定方法は「土質調査法」などから理解しておく。また，**「道路土工－盛土工指針」**等を参考に「結果の利用方法」を整理する。

〔解答例〕

①砂置換法

【測定方法の内容】 砂置換法は，試験孔から掘り取った土の質量と，掘った試験孔に密度のわかっている砂を入れて充填した砂の質量から，原位置の土･砕石の密度を求める。

【結果の利用方法】 砂置換工法による単位体積質量試験は，湿潤密度と乾燥密度を求め，締固め施工管理に用いる。

②RI 法

【測定方法の内容】 RI 計器を地盤に設置し，線源から放出されるガンマ線，中性子線を RI計器で読み取り，密度，含水量を測定する。

【結果の利用方法】 RI 計器を用いた単位体積質量試験は，湿潤密度と乾燥密度を求め，締固め施工管理に用いる。

③現場CBR試験

【測定方法の内容】 測定箇所の表面を直径 30 cm の水平な面に仕上げ，試験装置の貫入ピストンで荷重を加える。貫入量と荷重値を読みとり，貫入終了後試験箇所から試料を採取し含水比を求める。

【結果の利用方法】 地盤の支持力値（CBR値）を求め，締固めの施工管理，路床や路盤材の強度評価としても用いられる。

④ポータブルコーン貫入試験

【測定方法の内容】 人力で地盤の静的コーンを貫入させ，コーンの貫入抵抗値を読み取る。

【結果の利用方法】 コーン貫入抵抗から，深さ方向の硬軟，軟弱層の地盤構成や厚さ，粘性土の粘着力などを推定する。

⑤プルーフローリング試験

【測定方法の内容】 プルーフローリングの測定は施工した路床や路盤面においてダンプトラック等を走行させ，輪荷重による表面の沈下量を観測する。

【結果の利用方法】 舗装面のたわみや不良箇所の有無，締固めの適正さなどを確認する。

上記①～⑤から，**2つ選んで記述する。**

【問題　4】「コンクリート」解説と解答例

〔解　説〕 コンクリートの打継目に関する問題

コンクリートの打継目の施工に関しては，主に「コンクリート標準示方書［施工編］」施工標準：9章　継目において示されている。

〔解答例〕

(1) 打継目は，できるだけせん断力の **(イ) 小さい** 位置に設け，打継面を部材の圧縮力の作用方向と直交させるのを原則とする。海洋及び港湾コンクリート構造物等では，外部塩分が打継目を浸透し，**(ロ) 鉄筋** の腐食を促進する可能性があるのでできるだけ設けないのがよい。

(2) コンクリートを水平に打ち継ぐ場合には，既に打ち込まれたコンクリートの表面のレイタンス，品質の悪いコンクリート，緩んだ骨材粒等を完全に取り除き，コンクリート表面を **(ハ) 粗** にした後，十分に吸水させなければならない。

(3) 既に打ち込まれ硬化したコンクリートの鉛直打継面は，ワイヤブラシで表面を削るか，**(ニ) チッピング** 等により **(ハ) 粗** にして十分吸水させた後，新しいコンクリートを打ち継がなければならない。

(4) 水密性を要するコンクリート構造物の鉛直打継目には，**(ホ) 止水板** を用いることを原則とする。

(イ)	(ロ)	(ハ)	(ニ)	(ホ)
小さい	**鉄筋**	**粗**	**チッピング**	**止水板**

【問題　5】「品質管理」解説と解答例

〔解　説〕 土の締固め管理に関するに関する問題

土の締固め管理に関しては，**「道路土工ー盛土工指針」**を参考に試験方法，品質管理の方法を理解しておく。

〔解答例〕

⑴ 土の締固めで最も重要な特性として，下図に示す締固めの含水比と密度の関係が挙げられ，これは締固め曲線と呼ばれ，ある一定のエネルギーにおいて最も効率よく土を密にすることができる含水比を (イ) **最適含水比** といい, その時の乾燥密度を最大乾燥密度という。

⑵ 締固め曲線は土質によって異なり，一般に礫や (ロ) **砂** では，最大乾燥密度が高く曲線が鋭くなり，シルトや (ハ) **粘性土** では最大乾燥密度は低く曲線は平坦になる。

⑶ 締固め品質の規定は，締め固めた土の性質の恒久性を確保するとともに，盛土に要求する (ニ) **性能** を確保できるように，設計で設定した盛土の所要力学特性を確保するためのものであり, (ホ) **盛土材料** や施工部位によって最も合理的な品質管理方法を用いる必要がある。

(イ)	(ロ)	(ハ)	(ニ)	(ホ)
最適含水比	**砂**	**粘性土**	**性能**	**盛土材料**

【問題　6】「安全管理」解説と解答例

〔解　説〕 作業時の墜落等による危険の防止に関する問題

墜落等による危険の防止に関しては，**「労働安全衛生規則　第 9 章　墜落，飛来崩壊等による危険の防止」**等に定められている。

〔解答例〕

⑴ 事業者は，高さが 2 m 以上の (イ) **作業床** の端や開口部等で，墜落により労働者に危険を及ぼすおそれのある箇所には，囲い，手すり，覆い等を設けなければならない。(労働安全衛生規則第 519 条第 1 項)

⑵ 墜落制止用器具は (ロ) **フルハーネス** 型を原則とするが，墜落時に (ロ) **フルハーネス** 型の墜落制止用器具を着用する者が地面に到達するおそれのある場合（高さが 6.75 m 以下）は胴ベルト型の使用が認められる。(墜落制止用器具の安全な使用に関するガイドライン　厚生労働省)

⑶ 事業者は，高さ又は深さが (ハ) **1.5** m をこえる箇所で作業を行なうときは，当該作業に従事する労働者が安全に昇降するための設備等を設けなければならない。(労働安全衛生規則第 526 条第 1 項)

⑷ 事業者は，作業のため物体が落下することにより労働者に危険を及ぼすおそれのあるときは, (ニ) **防網** の設備を設け，立入区域を設定する等当該危険を防止するための措置を講じなければならない。(労働安全衛生規則第 537 条)

(5) 事業者は，架設通路で墜落の危険のある箇所には，高さ［(ホ) 85］cm 以上の手すり等と，高さが 35 cm 以上 50 cm 以下の桟等の設備を設けなければならない。(労働安全衛生規則第 552 条第 1 項第 4 号)

(イ)	(ロ)	(ハ)	(ニ)	(ホ)
作業床	**フルハーネス**	**1.5**	**防網**	**85**

【問題　7】「土工」解説と解答例

〔解　説〕 情報化施工に関する問題

情報化施工の各方法等については，**「TS·GNSS を用いた盛土の締固め管理要領」**(国土交通省)，**「道路土工－盛土工指針」**により定められている。

〔解答例〕

(1) 施工現場周辺のシステム運用障害の有無，TS・GNSS を用いた盛土の締固め管理システムの精度・機能について確認した結果を［(イ) **監督職員**］に提出する。

(2) 試験施工において，締固め回数が多いと［(ロ) **過転圧**］が懸念される土質の場合，［(ロ) **過転圧**］が発生する締固め回数を把握して，本施工での締固め回数の上限値を決定する。

(3) 本施工の盛土に使用する材料の［(ハ) **含水比**］が，所定の締固め度が得られる［(ハ) **含水比**］の範囲内であることを確認し，補助データとして施工当日の気象状況（天気・湿度・気温等）も記録する。

(4) 本施工では盛土施工範囲の［(ニ) **全面**］にわたって，試験施工で決定した［(ホ) **まき出し**］厚以下となるように［(ホ) **まき出し**］作業を実施し，その結果を確認するものとする。

(イ)	(ロ)	(ハ)	(ニ)	(ホ)
監督職員	**過転圧**	**含水比**	**全面**	**まき出し**

【問題　8】「土工」解説と解答例

〔解　説〕 土留め工の施工に関する問題

切梁式土留め工の施工方法等に関しては，主に**「道路土工－仮設工指針」**等において示されている。

〔解答例〕

①掘削順序

【実施方法】 偏土圧が作用しないように左右対称に掘削し，応力的に不利な状態を短くするために中央部から掘削する。

【留意点】 過掘りを防止するために，設計上の余掘りを守り，山留支保工の設置高さ－1.0 m まで掘削を行ってから支保工を設置する。

②軟弱粘性土地盤の掘削

【実施方法】　土留壁の根入れ長さを確実に確保して，背面圧によるヒービングの発生に留意する。

【留意点】　ボーリング調査などで掘削底面下の被覆地下水層がある場合は，盤ぶくれに留意する。

③漏水，出水時の処理

【実施方法】　掘削底面に釜場を設け，水中ポンプで湧水等を排除する。

【留意点】　埋設管などからの漏水に注意する。コンクリートによる地山の被覆や過掘りに注意する。出水時は，掘削面の崩壊と浸水区域を最小限に抑えるなどの処置を検討しておく。

上記①～③から **2 つ選んで実施方法又は留意点を記述する。**

【問題　9】「コンクリート施工」解説と解答例

〔解　説〕コンクリートのひび割れ防止対策に関する問題

コンクリートの施工に関しては，主に **「コンクリート標準示方書［施工編］」施工標準** において示されている。

〔解答例〕

①沈みひび割れ

・A E 剤, A E 減水剤等を用い単位水量を少なくする。

・こて仕上げの段階で，タンピングを行い，沈みひび割れを押さえ，修復する。

②コールドジョイント

・棒状バイブレーターを下層のコンクリートに 10 cm 程度挿入し，下層と上層のコンクリートを一体化する。

・許容打ち重ね時間（外気温 25℃以上で 2.0 時間以内，外気温 25℃以下で 2.5 時間以内）を守る。

③水和熱による温度ひび割れ

・中庸熱ポルトランド，フライアッシュセメントを使用する。

・高性能減水剤，高性能 A E 減水剤を用いる。

④アルカリシリカ反応によるひび割れ

・コンクリートのアルカリ総量を 3.0 kg/m³ 以下とする。

・アルカリシリカ反応抑制効果のある混合セメント（高炉セメント B 種，C 種, フライアッシュセメント B 種，C 種）を使用する。

上記①～④から **2 つ選んで記述する。**

【問題　10】「安全管理」解説と解答例

〔解　説〕建設工事現場での労働災害防止の安全管理に関する問題

労働災害防止の安全管理に関しては，**「労働安全衛生規則」** 等に定められている。

〔解答例〕

番号	誤っている語句又は数値	正しい語句又は数値
①	届け出	定め
②	3 m	5 m
③	48 時間	24 時間
④	14 日前	30 日前
⑤	防毒マスク	空気呼吸器等
⑥	重ね継手	突合せ継手

①労働安全衛生規則第 194 条の 9，第 194 条の 10
②労働安全衛生規則第 517 条の 14，同法施行令第 6 条第 15 号の 5
③労働安全衛生規則第 575 条の 11
④労働安全衛生法第 88 条，同規則第 86 条第 1 項，別表第 7 第 10 号
⑤酸素欠乏症等防止規則第 5 条第 1 項，第 5 条の 2 第 2 項
⑥労働安全衛生規則第 371 条第 2 号

上記①～⑥から**5 つ選んで記述する。**

【問題　11】「建設副産物」解説と解答例

〔解　説〕 廃棄物処理に関する問題

排出事業者が建設廃棄物を現場内で「保管」を行う場合の具体的な対策は，「廃棄物の処理及び清掃に関する法律施行規則　第 8 条」及び「建設廃棄物処理指針」（環境省）に定められている。

〔解答例〕

「廃棄物の処理及び清掃に関する法律施行規則　第 8 条」

①保管場所は，周囲に囲いが設けられていること。
②見やすい箇所に，必要な要件の掲示板が設けられていること。
③保管場所から廃棄物が飛散，流出，地下に浸透及び悪臭が発散しない設備とすること。
④廃棄物の保管により汚水が生じるおそれがあるときは，排水溝を設け，底面を不浸透性の材料で覆うこと。
⑤屋外において容器を用いずに保管する場合は，定められた積み上げ高さを超えないようにすること。
⑥廃棄物の負荷がかかる場合は，構造耐力上安全であること。
⑦保管場所には，ねずみが生息し，及び蚊，はえその他の害虫が発生しないようにすること。
⑧石綿含有産業廃棄物に他のものが混合しないように仕切りを設ける。

「建設廃棄物処理指針　6.2 作業所（現場）内保管」

①可燃物の保管には消火設備を設けるなど火災時の対策を講ずること。
②作業員等の関係者に保管方法等を周知徹底すること。
③廃泥水等液状又は流動性を呈するものは，貯留槽で保管する。また，必要に応じ，流出事故を防止するための堤防等を設けること。
④がれき類は崩壊，流出等の防止措置を講ずるとともに，必要に応じ散水を行うなど粉塵防止措置を講ずること。

上記のうち，**5 つを選んで記述する。**

著　者　紹　介

速水　洋志　はやみ　ひろゆき

東京農工大学 農学部 農業生産工学科(土木専攻)卒業
主な資格:技術士(総合技術監理・農業土木)/測量士/
環境再生医(上級)
主な著書:図解でよくわかる
1級土木施工管理技術検定 第1次検定
図解でよくわかる
2級土木施工管理技術検定 第1次検定
図解でよくわかる
2級土木施工管理技術検定 第2次検定
図解でよくわかる
1級造園施工管理技術検定 第1次検定・第2次検定

吉田　勇人　よしだ　はやと

国土建設学院卒業
主な資格:1級土木施工管理技士/RCCM(農業土木)
主な著書:図解でよくわかる
1級土木施工管理技術検定 第1次検定
図解でよくわかる
2級土木施工管理技術検定 第1次検定
図解でよくわかる
2級土木施工管理技術検定 第2次検定

企画・取材・編集・制作■内藤編集プロダクション

図解でよくわかる
1級土木施工管理技術検定 第2次検定 2023年版

2023年3月8日　発　行　　NDC 510

著　　者　速水洋志　吉田勇人

イラスト　なかどくにひこ

発行者　小川雄一

発行所　株式会社 誠文堂新光社
〒113-0033　東京都文京区本郷3-3-11
電話 03-5800-5780
https://www.seibundo-shinkosha.net/

印刷・製本　図書印刷 株式会社

ISBN978-4-416-52364-3